“十二五”职业教育国家规划教材
普通高等教育“十一五”国家级规划教材
高职高专建筑装饰专业系列教材

建筑装饰设计

（第4版）

主　编　焦　涛
副主编　袁新华
主　审　刘德泉

武汉理工大学出版社
·武　汉·

内 容 简 介

本书从职业岗位分析入手，以职业技术领域和岗位群的工作任务和职业技能要求为出发点，系统地介绍了建筑装饰设计概述、室内空间组织、室内空间界面设计、室内光环境设计、室内色彩设计、家具与陈设、室内绿化设计、建筑外部装饰设计、居住空间装饰设计、办公空间装饰设计、商业空间装饰设计、餐饮空间装饰设计和旅馆建筑装饰设计等内容。

本书是高职高专建筑装饰工程技术、室内设计、装饰艺术设计等专业的教学用书，也可用作工程技术人员或建筑装饰企业项目经理、设计人员、施工人员的岗位培训教材或参考书。

图书在版编目（CIP）数据

建筑装饰设计/焦涛主编. —4 版. —武汉：武汉理工大学出版社，2022.9
ISBN 978-7-5629-6666-1

Ⅰ.①建…　Ⅱ.①焦…　Ⅲ.①建筑装饰-建筑设计-教材　Ⅳ.①TU238

中国版本图书馆 CIP 数据核字（2022）第 164846 号

项目负责人：张淑芳　戴皓华　丁　冲
责 任 编 辑：丁　冲
责 任 校 对：赵星星
排　　版：芳华时代
出 版 发 行：武汉理工大学出版社
社　　址：武汉市洪山区珞狮路 122 号
邮　　编：430070
网　　址：http://www.wutp.com.cn
经　　销：各地新华书店
印　　刷：崇阳文昌印务股份有限公司
开　　本：787×1092　1/16
印　　张：19.25
字　　数：478 千字
版　　次：2022 年 9 月第 4 版
印　　次：2022 年 9 月第 1 次印刷　总第 15 次印刷
印　　数：3000 册
定　　价：65.00 元
凡购本书，如有缺页、倒页、脱页等印装质量问题，请向出版社发行部调换。
本社购书热线电话：(027)87391631　87523148

前　言

本书是高职高专建筑装饰工程技术、建筑室内设计、艺术设计等专业的教学用书。

建筑装饰设计是集工程技术与视觉艺术于一体的综合性学科，实用性强。本教材创新教材编写模式，从职业岗位分析入手，以职业技术领域和岗位群的工作任务和职业技能要求为出发点，以培养技术应用能力和综合素质为主线，构建项目驱动教学模式，营造出基于工作过程的学习情境，在任务驱动下，引导学生"做中学"、"学中做"，突出了学生的学习主体性和扩展性，实现了理论与实践的一体化，达到"教"、"学"、"做"、"用"相结合，充分体现职业教育"以能力为本位"的培养理念。教材以价值塑造与能力培养、知识传授三位一体为建设目标，以"习近平新时代中国特色社会主义思想"为指导设计课程思政主题及活动，挖掘"文化自信、工匠精神、创新精神、绿色环保"等思政元素的契合点，以润物无声的方式将社会主义核心价值观传递给读者。教材内容注重与 $1+x$ 职业技能等级标准相衔接，科学设计教学目标和项目任务。在编写中力求做到内容精练、条理清晰、图文并茂、通俗易懂，以够用为度，而在教学设计中努力营造自主学习、拓展学习的理念和条件，引导学生真正学会学习，为其知识与技能的不断积累、更新打下良好的基础。

本教材也可用于工程技术人员进行自学，或作为建筑装饰企业项目经理、设计人员、施工人员的岗位培训教材和参考书。

本教材由河南建筑职业技术学院焦涛主编，河南建筑职业技术学院袁新华任副主编，河南建筑职业技术学院周莹莹、冯蓓蓓、王一鸣、黄保富，中建七局建筑装饰工程有限公司焦通参与编写。具体分工如下：焦涛编写单元 1、6、7；袁新华编写单元 2、12；周莹莹编写单元 3、单元 10；冯蓓蓓编写单元 5、单元 8；王一鸣编写单元 4、单元 11，黄保富编写单元 9，焦通编写单元 13。全书由泰利建设集团有限公司刘德泉主审。

此外，本教材在编写过程中参考了许多文献资料，谨此对文献资料和图片的作者表示诚挚的感谢。

由于编写水平有限，时间仓促，书中难免有不足之处，敬请读者批评指正，以便修改补充。

目　录

单元一　建筑装饰设计概述

单元二　室内空间组织

单元三 室内空间界面设计

单元四　室内光环境设计

单元五　室内色彩设计

单元六 家具与陈设

单元七 室内绿化设计

单元八 建筑外部装饰设计

单元九 居住空间装饰设计

单元十 办公空间装饰设计

单元十一 商业空间装饰设计

单元十二 餐饮空间装饰设计

单元十三 旅馆建筑装饰设计

单元一　建筑装饰设计概述

<table>
<tr><td>项目名称</td><td colspan="3">公园小茶室装饰设计构思</td></tr>
<tr><td>项目任务</td><td colspan="3">某公园小茶室建筑装饰设计构思，设计条件见图 1-1，设计风格不限，要求立意明确，构思新颖</td></tr>
<tr><td>活动策划</td><td>工作任务</td><td colspan="2">相关知识点</td></tr>
<tr><td>学习情境 1</td><td>建筑装饰设计认知</td><td colspan="2">1.1 建筑装饰设计的含义
1.2 建筑装饰设计的内容与要素
1.3 建筑装饰设计的发展</td></tr>
<tr><td>学习情境 2</td><td>装饰设计之旅</td><td colspan="2">1.4 建筑装饰设计的程序、依据和方法</td></tr>
<tr><td>学习情境 3</td><td>人体工程学应用实践</td><td colspan="2">1.5 人体工程学与建筑装饰设计</td></tr>
<tr><td>学习情境 4</td><td>建筑装饰设计构思技能训练</td><td colspan="2"></td></tr>
<tr><td>教学目标</td><td colspan="3">能够正确分析、理解建筑装饰设计的含义、设计内容与设计要素；能够把握建筑装饰设计发展趋势；能够理解建筑装饰的设计程序、设计依据和设计方法，并在设计中加以运用；能够分析、理解人体工程学与建筑装饰设计的关系，并在设计中灵活运用。培养学生正确的职业观，增强文化认同感，正确理解中国优秀传统文化的时代价值</td></tr>
<tr><td>教学重点
与难点</td><td colspan="3">重点：建筑装饰设计的内容与要素；建筑装饰设计的程序和方法
难点：人体工程学在建筑装饰设计中的应用、建筑装饰设计构思方法</td></tr>
<tr><td>教学资源</td><td colspan="3">教学课件、教案、专业图书资料、优秀设计案例、网络资源</td></tr>
<tr><td>教学方法建议</td><td colspan="3">项目教学法、案例分析法、考察法、讨论法、头脑风暴法、模拟演练法</td></tr>
<tr><td rowspan="4">思政元素</td><td>思政契合点
（案例或知识点）</td><td>教学活动（思政内涵）</td><td>思政落脚点</td></tr>
<tr><td>中国古代建筑装饰</td><td>中国传统建筑文化博大精深，如何结合专业传承和发展优秀的中国传统文化</td><td>文化自信
文化传承
创新精神</td></tr>
<tr><td>建筑装饰设计的依据</td><td>讨论如何树立以人为本的设计理念；学习查阅现行设计标准、规范</td><td>职业精神
科学态度</td></tr>
<tr><td>建筑装饰设计的方法</td><td>形象联想与概念联想的运用</td><td>创新精神
文化传承</td></tr>
</table>

学习情境 1 建筑装饰设计认知

<table>
<tr><td>工作任务描述</td><td colspan="3">实地参观当地典型的公共建筑及居住建筑的装饰设计案例，如博物馆、购物中心、餐馆、家居等不同类型建筑装饰空间（或通过多媒体播放实景图片），引导学生感受各类建筑室内外空间的环境氛围和装饰风格，观察、思考装饰设计的含义、设计内容、设计要素、风格流派等，并搜集相关图片资料，制作 PPT</td></tr>
<tr><td rowspan="5">工作过程建议</td><td colspan="2">学生工作</td><td>老师工作</td></tr>
<tr><td colspan="2">步骤 1：参观当地典型的公共建筑及居住建筑的装饰设计案例（或通过多媒体播放实景图片）</td><td>引导学生观察</td></tr>
<tr><td colspan="2">步骤 2：分享参观感受，思考、讨论老师提出的问题</td><td>提出问题</td></tr>
<tr><td colspan="2">步骤 3：搜集、整理相关图片资料，选取适用图片；按任务要求设计制作 PPT</td><td>指导</td></tr>
<tr><td colspan="2">步骤 4：PPT 讲评</td><td>总结</td></tr>
<tr><td colspan="2">工作环境</td><td colspan="2">学生知识与能力准备</td></tr>
<tr><td colspan="2">校外参观场所、教学做一体化教室（多媒体、网络、电脑、工作台）、专业图书资料室</td><td colspan="2">办公软件应用能力、资料搜集与分析能力、建筑装饰基础知识、艺术设计初步知识</td></tr>
<tr><td>预期目标</td><td colspan="3">能够正确分析、理解建筑装饰设计的含义、设计内容与设计要素；了解建筑装饰设计的发展，能够把握建筑装饰设计发展趋势，掌握主要设计风格流派的设计特点</td></tr>
</table>

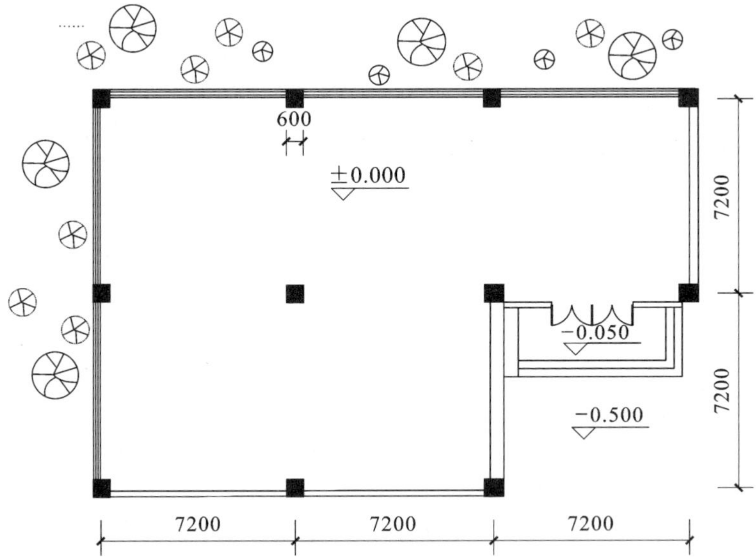

图 1-1 公园小茶室原始平面图

（框架结构，层高 4m，柱截面 500mm×500mm，梁高 400mm）

知识要点

1.1　建筑装饰设计的含义

1.1.1　建筑装饰设计的概念

建筑是人类在改造自然的过程中为满足各种生产、生活需要而有目的营造的空间环境。随着人类文明的发展、科技的进步和物质生活水平的提高，建筑不仅要满足人们基本的生产、生活的物质需求，还要满足人们日益提高的精神生活需要，如赏心悦目的环境、适宜的氛围、个性的彰显等。因此，必须对建筑空间进行进一步完善和美化，使其物质功能更加合理，并尽可能满足人们日益提高的精神需求。

建筑装饰设计就是通过物质技术手段和艺术手段，为满足人们生产、生活活动的物质需求和精神需求而进行的建筑室内外空间环境的创造活动。如图 1-2 所示。

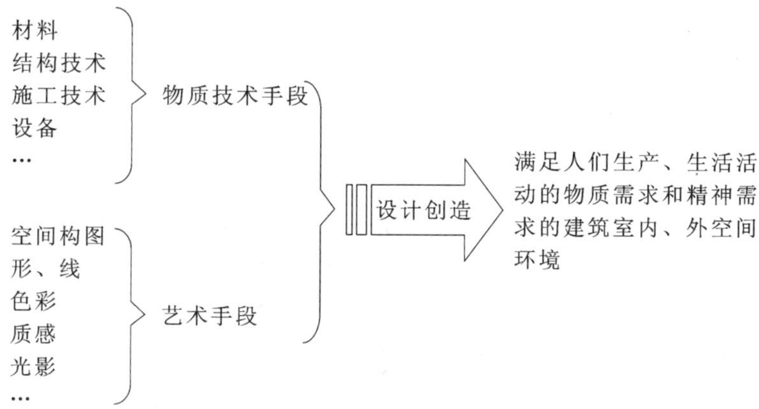

图 1-2　建筑装饰设计示意图

不能把建筑装饰设计简单等同于建筑装潢或建筑装修。装潢是指器物或商品外表的修饰，建筑装潢着重从视觉艺术的角度来研究建筑室内外界面的表面处理，如界面的造型处理、界面装饰材料的质感和色彩等，其中也涉及到家具、陈设的选配问题。建筑装修主要是指建筑工程完成之后对地面、墙面、顶棚、门窗、隔墙等的修饰作业，其更侧重于构造做法、施工工艺等工程技术方面的问题。而建筑装饰设计不仅包括视觉艺术和工程技术两方面的问题，还包括空间组织设计，声、光、热等物理环境设计，环境氛围及意境的创造，文化内涵的体现等方面的内容。

1.1.2　建筑装饰设计的目的与任务

建筑装饰设计的目的首先是以人为本，创造适宜的室内外空间环境，以满足人们在生产、生活活动中物质与精神的需求。在物质需求方面，使功能更加合理，改善声、光、热等物理环境以满足人的生理要求，使生产、生活活动更加安全、舒适、便捷、高效。其次是在精神需求方面，创造符合现代人审美情趣的、与建筑使用性质相适宜的空间艺术氛围，保障人的心理健康，彰显个性，表现时代精神、历史文脉等。

建筑装饰设计的任务就是根据建筑物的使用性质，通过分析建筑空间的使用功能、环境、建设标准、物质技术条件等多个因素，综合运用工程技术手段（材料、设备、构造方法、施工工艺等）和艺术手段（均衡、比例、节奏、韵律等形式美的法则），创造出满足人们生产、生活活动的物质功能和精神功能要求的室内外空间环境。

1.1.3　建筑装饰设计的分类

根据研究对象的不同，建筑装饰设计可分为室内设计和建筑外部装饰设计两大类。

依据建筑类型的不同，建筑装饰设计可分为居住建筑装饰设计、公共建筑装饰设计、工业建筑装饰设计、农业建筑装饰设计（图 1-3）。

依据建筑类型进行分类的目的可使设计师明确建筑空间的使用性质，便于设计定位。不同类型的建筑，其主要功能空间设计的要求和侧重点各不相同，如展览建筑对文化内涵、艺术氛围等精神功能的设计要求就比较突出（图 1-4）；观演建筑的表演空间则对声、光等物理环境方面的设计要求较高；而工业、农业等生产性建筑的车间和用房，更注重生产工艺流程以及温度、湿度等物理环境方面的设计要求。即便是使用功能相同的空间，如门厅、电梯厅、卫生间、接待室、会议室等，其设计标准、环境气氛也应根据建筑的使用性质不同而区别对待。

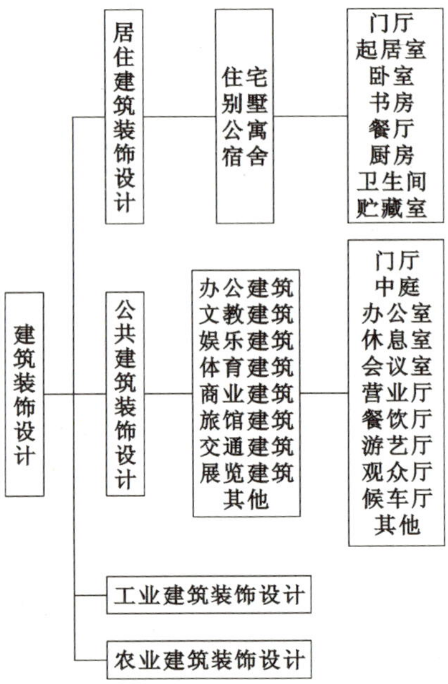

图 1-3　建筑装饰设计的分类

图 1-4　河南省博物院中厅空间

1.2　建筑装饰设计的内容与要素

1.2.1　建筑装饰设计的内容

1. 功能分区与空间组织

在设计过程中，依据建筑的使用功能、人们的行为模式和活动规律等进行功能分析，合理布置、调整功能区，并通过分隔、渗透、衔接、过渡等设计手法进行空间的组织，使功能更趋合理、交通路线流畅、空间利用率提高、空间效果完善。

2. 空间内含物选配

在设计过程中，依据建筑空间的功能、意境和气氛创造的需求进行家具、陈设以及绿化、小品等内含物的选型与配置。这里的空间内含物不仅包括室内空间中的家具、器具、艺术品、生活用品等，也包括室外空间中室外家具、建筑小品、雕塑、绿化等。如图 1-5 所示，某餐厅内的餐桌椅、灯具、钢琴、餐具等陈设以及绿化等都属于内含物。

图 1-5　某餐厅空间的内含物

3. 物理环境设计

在设计过程中，对空间的光环境、声环境、热环境等方面按空间的使用功能要求进行规划设计，并充分考虑室内水、电、音响、弱电、空调(或通风)等设备的安装位置，使其布局合理，并尽量改善通风采光条件，提高其保温隔热、隔声能力，降低噪音，控制室内环境温湿度，改善室内外小气候，以达到使用空间的物理环境指标。

4. 界面装饰与环境氛围创造

无论室内或室外空间，都需要一个适宜的环境氛围。在设计过程中，通过地面、侧界面(墙面或柱面)、顶棚等界面的装饰造型设计，材料及构造做法的选择，充分利用界面材料和内含物的色彩及肌理特性，结合不同照明方式所带来的光影效果，创造良好的视觉艺术效果和适宜的环境气氛。如图 1-6 所示，某民族风餐厅以清水砖墙、地面和布满苗族图案的隔墙等形成了风格鲜明的界面装饰，与云朵吊灯、本木桌椅、绿色植物等，进一步烘托出朴素自然的乡土风情。

图 1-6　餐厅室内界面装饰与环境氛围

1.2.2　建筑装饰的设计要素

建筑装饰的设计要素主要有空间、光影、色彩、陈设、技术等，它们既相对独立，又互相联系。

1. 空间要素

空间是建筑装饰设计的主导要素。空间由点、线、面、体等基本要素构成，通过界面进行构筑和限定，从而表现出一定的空间形态、容积、尺度、比例和相互关系。在装饰设计中，通过对室内外空间进行组织、调整和再创造，使其功能更完善，使用更方便，环境更适宜。

2. 光影要素

光照包括天然采光和人工照明两部分，人工照明是对天然采光的有效补充。光是人们通过视觉感知外界的前提条件，而且，光照所带来的丰富的光影、光色、亮度及灯具造型的变化，更能有效地烘托环境气氛，成为现代建筑装饰设计中一个重要因素。如图 1-7 所示，某餐厅室内利用人工照明营造出生动的光影效果。

3. 色彩要素

色彩是在装饰设计中最为生动、最为活跃的因素。它最具视觉冲击力，人们通过视觉感受而产生生理和心理方面的感知效应，进而形成丰富的联想、深刻的寓意和象征。色彩存在的基本条件有光源、物体、人的眼睛及视觉系统。有了光才有色彩，光和色是密不可分的；而且色彩还必须依附于界面、家具、陈设、绿化等物体。

4. 陈设要素

在建筑空间中，陈设品用量大、内容丰富，与人的活动息息相关，甚至经常“亲密”接触，如家具、灯具、电器、玩具、生活器具、艺术品、工艺品等。陈设品造型多变、风格突出、装饰性极强，易引起视觉关注，在烘托环境气氛、强化设计风格等方面起到举足轻重的作用。如图 1-8 所示，淮海战役纪念馆内的雕塑及四周浮雕带，一下子把人带入战火纷飞的年代，对英雄们的崇敬之情油然而生。

图 1-7　某餐厅室内光环境

图 1-8　淮海战役纪念馆室内

5. 技术要素

日新月异的装饰材料及相应的构造方法与施工工艺，不断发展的采暖、通风、温湿调节、消防、通信、视听、吸声降噪、节能等技术措施与设备，为改善空间物理环境、创造安全、舒适、健康的空间环境提供技术保障，成为建筑装饰的设计要素之一。

1.3　建筑装饰设计的发展

1.3.1　建筑装饰设计发展概述

1. 中国古代建筑装饰

中国古代建筑以其独特的木构架结构体系、卓越的建筑群组合布局著称于世，同时也创造了特征鲜明的外观形象和建筑装饰方法。

上古时代，原始人类因地制宜地创造出木骨泥墙建筑和干阑式建筑两种居住方式。这时的建筑已有简单的空间分隔，如龙山文化时期出现的两间相连的“吕”字形房屋(图 1-9)，内外两室分工明确，反映出以家庭为单位的生活方式；地面已采用白灰抹面，光洁明亮又防潮；墙面上绘有图案，应是中国最早的建筑装饰。

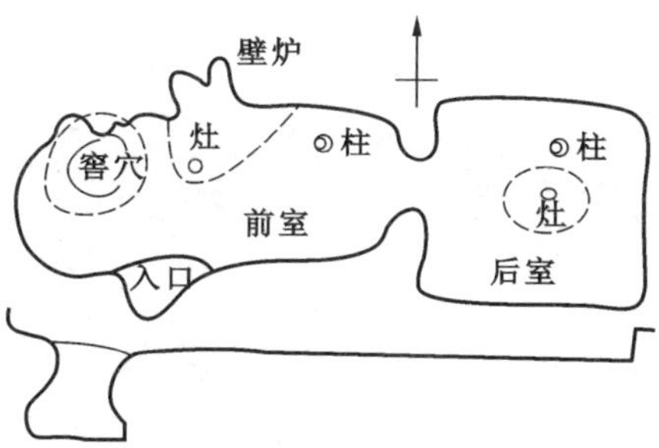

图 1-9　西安客省庄龙山文化房屋遗址平面

自夏商周至春秋时期，木构架形式已略具雏形，瓦的发明使建筑从茅茨土阶的简陋状态进入高一级阶段；建筑装饰和色彩也有很大发展，据《论语》所载“山节藻棁”和《春秋穀梁传注疏》所载“礼楹，天子丹，诸侯黝垩，大夫苍，士黄”，可见当时的建筑已施彩，而且在用色方面有了严格的等级制度。

战国至秦汉时期，木构架体系基本形成，斗拱普遍使用，屋顶形式也多样化，古建筑的主要特征都已具备；从出土的瓦当、器皿等实物以及画像石、画像砖中描绘的窗棂、栏杆图案来看，当时的建筑装饰相当精细和华丽(图 1-10)；室内家具已相当丰富，床、榻、席、屏风、几案、箱柜等普遍使用。

魏晋南北朝时期的民族大融合，使室内家具发生了很大变化，高坐式家具如椅子、方凳、圆凳等，由西域传入中原；佛教的传入也带来了许多新的装饰纹样，装饰风格由粗犷、稚嫩趋向雄浑刚劲而带秀丽柔和。

唐代是木构建筑的成熟期。这时期的建筑气魄宏伟、舒展开朗、色彩明快端庄、门窗朴实无华，但艺术加工真实，达到力与美的统一。室内常以帷幔、帘幕分隔空间，家具仍以低坐式家具为主，但垂足而坐渐成风尚，高坐式家具类型增多。至五代，垂足而坐的起居方式成为主流(参见图 6-10)。

宋辽金时期，手工业水平的提高促使建筑装饰与色彩有了很大发展。格子门、格子窗开始

图 1-10 汉代的瓦当、画像石与明器

普遍使用,门窗格子有球纹、古钱纹等多种式样,既丰富了装饰效果,又改善了室内采光。建筑木架部分开始采用华丽的彩画,加上琉璃瓦的使用,使建筑外观形象趋于柔和秀丽。室内空间分隔多采用木装修,高坐式家具的普及使室内空间高度增加,室内陈设也日益精美和多样化。图 1-11 所示为宋画《十八学士图》,图中反映了当时的家具及陈设。

图 1-11 宋画《十八学士图》

明清时期,木构架建筑重新定型,形象趋于严谨稳重。官式建筑的装饰日趋定型化,如彩画、门窗、天花等都已基本定型,建筑色彩因运用琉璃瓦、红墙、汉白玉台基、青绿点金彩画等鲜明色调而产生了强烈对比和极为富丽的效果(图 1-12、图 1-13、图 1-14)。以造型简洁秀美著称的明代家具成为中国家具的杰出代表。

图 1-12　北京故宫角楼

图 1-13　隔扇门及檐下彩画

图 1-14　平綦天花与藻井

2. 西方古代建筑装饰

古希腊建筑装饰艺术达到相当高的水平。神庙建筑的发展促使多立克、爱奥尼、科林斯三种柱式的发展和定型(图 1-15)。这些性格鲜明、比例恰当、逻辑严谨的柱式和山花部位的精美雕刻成为主要的建筑外部装饰，如雅典卫城的帕提农神庙，以多立克柱式形成围廊，使整个建筑庄严雄伟(图 1-16)；其内部装饰也极为精彩，正殿内的多立克柱廊采用了双层叠柱式，不仅使空间比较开敞，而且将殿内耸立的雅典娜塑像衬托得更加高大。

图 1-15　古希腊柱式

(a)多立克柱式；(b)爱奥尼柱式；(c)科林斯柱式

图 1-16　帕提农神庙

古罗马建筑以拱券结构为主，继承并发展了古希腊柱式，建筑类型增多，建筑及装饰的形式和手法相当丰富。如古罗马万神庙以单纯有力的空间形体、严谨有序的构图、精巧的细部装饰、圣洁庄严的环境气氛，成为集中式空间造型最卓越的典范（图 1-17）。另外，从庞贝城遗址中贵族宅邸的内墙面壁画、大理石地面、金属和大理石家具等来看，当时的室内装饰已相当成熟。尤其是壁画，已呈现多种风格，有的在墙、柱面上用石膏仿造彩色大理石板镶拼的效果；有的用色彩描绘具有立体感的建筑形象，从而获得扩大空间的效果；有的则强调平面感和纯净的装饰。这些成为当时室内装饰的主要特点。

欧洲中世纪基督教文化繁荣，建筑装饰的成就主要表现在教堂建筑上。拜占庭建筑以华丽的彩色大理石贴面和玻璃马赛克顶画、粉画作为主要室内装饰，创造出色彩斑斓、灿烂夺目的装饰效果。罗马式建筑以典型的罗马拱券结构为基础，创造了高直、狭长的教堂内部空间，强化了空间的宗教氛围。哥特式建筑大量运用尖券、尖拱和尖塔，形成了动感强烈、直插云霄的外部形象。中厅空间狭长高耸，嶙峋峻峭的骨架结构营造出强烈的向上的动势，体现了神圣的基督精神；色彩斑斓的彩色玻璃窗，又增添了一分庄严与艳丽（图 1-18）。

图 1-17 古罗马万神庙内景

图 1-18 哥特式教堂的彩色玻璃窗

文艺复兴建筑在装饰上最明显的特征是重新采用体现着和谐与理性的古希腊、古罗马时期的柱式构图要素，并将人体雕塑、大型壁画、线型图案的铸铁饰件等用于室内装饰，几何造型成为主要的室内装饰母题。

随着文艺复兴运动的衰退，巴洛克风格以热情奔放、追求动感、装饰华丽的特点风靡欧洲。在室内装饰上主要表现为强调空间层次，追求变化与动感，打破建筑、雕刻、绘画之间的界限，使它们互相渗透，并使用鲜艳的色彩，以金银、宝石等贵重材料为装饰，营造出奢华的风格和欢快的气氛。如彩图，法国凡尔赛宫镜厅的室内装饰效果。

18 世纪初，更加纤巧、华丽的洛可可风格在法国兴起，其主要表现在室内装饰上。在室内排斥一切建筑母体，使用千变万化的舒卷着纠缠着的草叶、贝壳、棕榈等具有自然主义倾向的装饰题材，喜欢娇艳的色彩和闪烁的光泽。

18 世纪中叶，复古思潮再次兴起，新古典主义重新采用古典柱式，提倡自然的简洁和理性的规则，几何造型再次成为主要的装饰形式，并开始寻求功能的合理性。浪漫主义追求中世纪的艺术形式和异国情调，尤以复兴哥特式建筑为突出表现。折中主义没有固定程式，任意模仿历史上的各种风格，或自由组合，但讲究比例、追求纯形式的美。图 1-19 为巴黎歌剧院室内装饰效果。

图 1-19　巴黎歌剧院室内装饰效果

3. 近现代建筑装饰

19 世纪中叶以后，随着工业革命的蓬勃发展，建筑与装饰设计领域进入了崭新的时代。工艺美术运动、新艺术运动等一系列设计创新运动，在净化造型、注重功能和经济、适应工业化生产等方面开拓创新。图 1-20 为工艺美术运动的代表作——莫里斯红屋的室内装饰，图 1-21 为新艺术运动代表人物霍塔设计的布鲁塞尔都灵路 12 号住宅楼梯间装饰。20 世纪初，表现主义、风格派等一些富有个性的艺术风格也对建筑装饰艺术的变革产生了激发作用。到 20 年代后期，设计思想和创作活动的活跃，设计教育的发展，促使现代主义建筑艺术走向成熟，成为占主导地位的设计潮流。

图 1-20　莫里斯红屋室内

图 1-21　布鲁塞尔都灵路 12 号住宅

现代主义建筑的影响是广泛而深远的，空间的主体地位得到肯定，使用功能受到重视，成为设计的出发点；从内到外的设计方法被推广，新的设计理念和处理手法不断涌现……以格罗皮乌斯、密斯 · 凡 · 德 · 罗、勒 · 柯布西耶、赖特等为代表的现代建筑大师，在建筑和室内设计领域以及家具设计方面，做出了卓有成效的探索和创新(图 1-22、图 1-23)。

20 世纪后期，现代设计不断发展创新，新的思想理论、新的风格流派层出不穷，建筑装饰明显表现出多元化发展态势。

图 1-22 赖特设计的流水别墅

图 1-23 阿尔瓦·阿尔托设计的玛利亚别墅

1.3.2 建筑装饰设计的风格流派

所谓风格是指一定时期社会元素（文化、经济、社会意识形态等）在哲学、建筑、艺术等领域中具有的个性化特征；流派是指在这一时期对个性化特征的不同认识而形成的派别。建筑装饰设计的风格流派一般总是与建筑及家具的风格流派紧密联系，有时也与绘画、造型艺术，甚至文学、音乐等的风格和流派密切相关。

1. 建筑装饰设计风格

从现代建筑装饰设计所表现的艺术特点分析，建筑装饰设计的风格主要可归纳为传统风格、现代风格、后现代风格、自然风格、混合型风格等。

（1）传统风格

传统风格是指在空间布局、线形、色调以及家具、陈设的造型等方面，吸取传统装饰"形"、"神"的特征。如在我国传统风格的空间中运用木构架建筑中的隔扇、漏窗、天花藻井、罩以及明清家具等。西方传统风格有仿罗马风、洛可可、古典主义等。此外，还有日本传统风格、印度传统风格、伊斯兰传统风格等。传统风格的空间环境体现出历史文脉的延续和民族地域的文化特征。

(2)现代风格

现代风格是随着现代主义建筑的发展而发展的。现代主义重视功能本身的形式美,造型简洁,反对多余装饰。在装饰设计方面,常根据功能的需要和具体的使用特征,确定空间的体量与形状,灵活自由地布置空间。室内空间多采用开敞形式,使室内外通透。室内装饰及陈设常选用工业产品家具和日用品,造型简洁、质地纯正、工艺精细。现在,广义的现代风格泛指造型简洁新颖、具有时代感的建筑形象和室内环境。

(3)后现代风格

后现代主义是在 20 世纪 50 年代逐渐形成的一种文化思潮。后现代风格是对现代风格纯理性倾向的批判,其强调建筑及室内应具有历史的延续性,但又不拘泥于传统的逻辑思维方式,探索创新造型手法,讲究人情味。后现代主义室内设计的造型特点趋向繁多和复杂,强调象征隐喻的形体特征和空间关系。常常利用新的手法重组传统建筑装饰元件或将其与新的元件混合、叠加,最终表现出设计语言的双重译码和含混的特点,并大胆运用图案装饰和色彩,往往采用夸张、变形、断裂、折射、错位、扭曲、矛盾共处等构图手法,家具、陈设往往突出其象征意义。如汉斯·霍莱因设计的维也纳奥地利旅行社中庭空间(图 1-24),中庭的天花是拱形的发光天棚,天棚仅由一根从古典柱式的残断处挺然升起的不锈钢柱支撑,钢柱的周围散布着九棵金属制成的棕榈树,透过棕榈树叶可以望见具有浓郁印度风格的休息亭,当人们从休息亭回头眺望时,会看到一堵金字塔形的倾斜墙面……这种设计创造了一个梦幻般、跨越时空的室内空间环境与气氛。

图 1-24　维也纳奥地利旅行社中庭空间

(4)自然风格

自然风格倡导回归自然。美学上推崇自然、结合自然,因此室内多用木料、织物、石材等天然材料,显示材料的纹理,清新淡雅。田园风格也是自然风格的一种表现。田园风格在室内环境中力求表现悠闲、舒畅、自然的田园生活情趣,常常运用天然木、石、藤、竹等材质质朴的纹理,并且巧妙进行室内绿化的设置,创造自然、简朴、高雅的氛围。

(5)混合风格

随着建筑装饰设计的多元化发展,一种多元文化特征兼容并蓄的空间环境被人们接受,称之为混合风格。混合风格在室内布置中既趋于现代实用,又吸取传统的特征,在装饰设计中融古今中西于一体，如传统的屏风、摆设和茶几，配以现代风格的墙面及门窗装修、新型的沙发；欧式古典的琉璃灯具和壁面装饰，配以东方传统的家具和埃及的陈设等。混合型风格在设计中不拘一格，并且匠心独具，深入推敲形体、色彩、材质等方面的总体构图和视觉效果。

2. 建筑装饰设计流派

在建筑装饰设计的发展历程中，各种流派纷呈，有的昙花一现，有的影响深远。具有代表性的有：新古典主义、新地方主义、高技派、光亮派、白色派、超现实主义、孟菲斯派、解构主义等。

(1)新古典主义

新古典主义在设计中运用传统美学法则，使用现代材料与结构，追求规整、端庄、典雅、高贵的空间效果，反映了现代人的怀旧情绪和传统情结。新古典主义讲求风格，常采用现代材料和加工技术去表现简化了的传统历史样式，追求神似；注重装饰效果，往往照搬古代家具设施及陈设艺术品来增强历史文脉，烘托室内氛围(图 1-25)。

(2)新地方主义

新地方主义是一种强调地方特色或民俗风格的设计创作倾向，强调乡土味和民族化。新地方主义没有严格的、一成不变的设计规则和模式，以反映某个地区的风格样式以及艺术特色为要旨。注重建筑、室内与当地风土环境的融合，往往从传统的建筑和民居中吸收营养，尽量使用地方材料与做法，表现出因地制宜的设计特色，室内陈设品亦强调地方特色和民俗特色。如图 1-26 所示，华裔建筑大师贝聿铭设计的北京香山饭店，具有中国江南园林和民居的典型特征，是新地方主义的代表作品。

图 1-25　夏宫中餐厅门厅

图 1-26　香山饭店中庭

(3)高技派

高技派又称重技派，突出工业化技术成就，崇尚“机械美”，强调运用新技术手段反映建筑和室内环境的工业化风格，创造出一种富有时代感和个性的美学效果。高技派常将内部构造外翻，以暴露、展示内部构造和管道线路，注重过程和程序的表现，强调透明和半透明的空间效果，着意表现新型框架及构件的轻巧，以及工业技术特征和现代感。代表作有法国巴黎蓬皮杜国家艺术与文化中心、香港汇丰银行(图 1-27)等。

(4)光亮派

光亮派也称银色派，追求丰富、夸张、富于戏剧性变化的室内气氛和光彩夺目、豪华绚丽、人动景移、交相辉映的效果。在设计中夸耀新型材料及现代加工工艺的精密细致及光亮效果，往往在室内大量采用镜面及玻璃、不锈钢、磨光石材或光滑的复合材料等装饰面材，注重室内的光环境效果，惯用反射光以增加室内空间的灯光气氛，形成光彩照人、绚丽夺目的室内环境。

图 1-27　香港汇丰银行内景

(5)白色派

白色派在设计中大量运用白色。白色给人纯净的感觉，又增加了室内亮度，再配以装饰和纹样，产生出明快的室内效果。白色派注重空间和光线的设计，墙面和天花一般均为白色材质，或在白色中隐约带一点色彩倾向，显露材料的肌理效果，配置简洁、精美和色彩鲜艳的现代艺术品等陈设以取得生动的效果(图1-28)。

(6)超现实主义

超现实主义追求所谓超越现实的纯艺术效果，力求在建筑所限定的“有限空间”内运用不同的设计手法以扩大空间感觉，来创造所谓“无限空间”。超现实主义在设计中常采用奇形怪状的令人难以捉摸的室内空间形式，浓重、强烈的色彩，追求五光十色、变幻莫测的光影效果，配置造型奇特的家具与设施，有时还以现代绘画或雕塑来烘托超现实的室内环境气氛。在空间造型上则运用流动的线条及抽象的图案。

(7)孟菲斯派

1981 年以索特萨斯为首的一批设计师在米兰结成了孟菲斯集团。他们反对单调冷峻的现代主义，提倡装饰，强调手工艺的制作方法，以现代艺术和传统民间艺术为参考，努力把设计变成大众文化的一部分。在室内设计上，空间布局不拘一格，具有任意性和展示性；常常对室内界面进行表面涂饰，具有舞台布景般的非恒久性特点；常用新型材料、明亮的色彩和富有新意的图案来改造一些传世的经典家具；在构图上运用波型曲线、曲面与直线、平面的组合来取得意外的空间效果。图 1-29 所示为孟菲斯派代表人物索特萨斯设计的书架。

图 1-28　白色派室内空间

图 1-29　孟菲斯派家具示例

孟菲斯派对现代工业产品设计、视觉传递设计、商品包装、服装设计等方面均产生了很大的影响。

(8)解构主义

解构主义是 20 世纪 60 年代,法国哲学家雅克·德里达基于对语言学中的结构主义的批判而提出的哲学观念。解构主义作为一种设计风格的探索兴起于 20 世纪 80 年代。解构主义对传统古典构图规律等均采取否定的态度,强调不受历史文化和传统理性的约束,由此产生新的意义。解构主义用分解的观念,强调打碎、叠加、重组,反对总体统一而创造出支离破碎和不确定感。其精神实质是无绝对权威、非中心、恒变,没有预定的设计,多元,非同一化的,破碎,凌乱,模糊。

解构主义设计的特征表现为:散乱,呈打散、分离形态;残缺,构件不完整,留有悬念,以利想象来补充;突变,构件之间连接很突然,没有过渡、生硬;动势,用倾倒、扭转、弯曲、波浪形等富有动态的体型,造成失稳、失重、滑动、滚动、错移、翻倾、坠落等错觉,创造奇特的新形象。代表作品有毕尔巴鄂古根海姆美术馆、广州大剧院(图 1-30)等。

图 1-30　广州大剧院内景

1.3.3　建筑装饰设计的发展趋势

随着社会的发展和科学技术的进步,建筑装饰设计已发展成为一门独立的综合性学科,并呈现出以下几个发展趋势:

1. 人性化设计的发展趋势

建筑装饰设计的目的就是为了创造满足人们生产、生活活动的物质功能和精神功能要求的室内外空间环境,因此,贯彻以人为中心的基本原则,最大限度地满足人的行为方式,体现人的情感,使人感到舒适,是建筑装饰设计的必然趋势。

2. 多元化背景下的强化本土文化内涵的设计趋势

受当今社会意识形态、文化、生活方式的多元化发展的影响,建筑装饰设计趋向于多层次、多风格的发展趋势。与此同时,越是进入高度发展的后工业时代、信息时代,人们越是怀念和向往本土文化。因此,在多元化的大背景下,挖掘本民族、本地域文化内涵,用现代设计理念进行全新的诠释和传承,将成为未来设计的发展趋势。

3. 高科技智能化设计的趋势

随着现代科学技术的不断进步，越来越多的现代化智能型信息设备设施进入人们的生活，影响着人们的生活方式和审美情趣，高科技智能化设计已成为装饰设计的发展潮流。

4. 生态、环保、可持续发展趋势

注重生态环境的健康发展、节能环保、走可持续发展的道路，已成为时代的要求。建筑装饰设计应建立生态学的设计理念，强调人与环境的和谐关系，优先采用绿色环保的装饰材料，改善物理环境，降低能耗，为减少污染、节约能源、保护生态环境做出贡献。

5.“动态设计”因素下的标准化、科学化发展趋势

在现代社会生活中，建筑装饰工程往往需要周期性更新，且更新周期较短，甚至改变建筑的使用性质，尤其在各类商业建筑中更为突出。因此，在装饰工程中树立“动态”的设计理念十分重要。受这种“动态设计”因素的影响，传统的施工工艺将逐步淘汰、更新，取而代之的标准化、系列化、通用化的装饰构件及产品和科学化的装配式施工技术，必将使装饰工程更加快捷、高效。在建筑装饰设计中优先采用标准化构件和科学化施工，也是未来设计的一大发展趋势。

学习情境 2　装饰设计之旅

<table>
<tr><td>工作任务描述</td><td colspan="3">到当地装饰公司考察调研，并与设计师座谈，了解装饰设计部门的组织结构、工作流程、工作内容，深入了解设计岗位技能要求和设计依据、设计方法，并制作主题为装饰设计之旅的 A1 展板 1 张</td></tr>
<tr><td rowspan="4">工作过程建议</td><td colspan="2">学生工作</td><td>老师工作</td></tr>
<tr><td colspan="2">步骤 1：到当地装饰公司考察调研，并与设计师座谈</td><td>组织、引导</td></tr>
<tr><td colspan="2">步骤 2：讨论总结，按要求整理素材，制作 A1 展板</td><td>指导</td></tr>
<tr><td colspan="2">步骤 3：展板展示与讲评</td><td>总结</td></tr>
<tr><td colspan="2">工作环境</td><td colspan="2">学生知识与能力准备</td></tr>
<tr><td colspan="2">校企合作装饰企业、教学做一体化教室</td><td colspan="2">沟通与表达能力、调研能力、展板设计与制作能力</td></tr>
<tr><td>预期目标</td><td colspan="3">能够分析、理解建筑装饰设计的程序、设计依据和设计方法，并加以运用</td></tr>
</table>

知识要点

1.4　建筑装饰设计的程序、依据与方法

1.4.1　建筑装饰设计的一般程序

根据建筑装饰设计的进程，通常可以分为三个阶段，即设计准备阶段、方案设计阶段、施工图设计阶段以及设计的实施阶段(如表 1-1)。

表 1-1　建筑装饰设计的一般程序

工作程序	主要工作环节	主要工作内容	成果
设计准备阶段 设计准备阶段主要是接受委托任务书，签订合同，或根据标书要求参加投标；明确设计意图、内容、期限并制定设计计划	咨询、洽谈	明确、分析设计任务，包括物质要求和精神要求，如：设计任务的使用性质、功能特点、设计规模、等级标准、总造价和所需创造的环境氛围、艺术风格等	设计计划
	现场勘查	现场勘查房屋布局、建筑结构、管道设备、门窗位置等，进行必要的细部尺寸测量	
	设计资料搜集	搜集必要的资料和信息。如：房屋原始图纸；熟悉相关的设计规范、定额标准；参观调研同类型建筑装饰工程实例等	
方案设计阶段 即根据建筑室内外空间环境的功能及形态要求，运用技术和艺术手段，表达总体设计思想，以此作为施工图设计阶段的设计依据	立意与构思	在设计准备阶段的基础上，进一步搜集、分析、运用与设计任务有关的资料与信息，进行设计创意与构思，形成概念设计	方案设计文件通常包括：①设计说明；②平面布置图；③顶棚（镜像）平面图；④主要立面图；⑤必要的剖面图；⑥效果图等 设计深度要求参照《房屋建筑室内装饰装修制图标准》JGJT 244—2011 及地方规范
	方案深化与表现	通过多方案比较和优化选择，确定一个初步设计方案；通过初步方案的调整和深入，完成方案设计，并提供方案设计文件	
	方案评价	初步设计方案需经审定后，方可进行施工图设计	
施工图设计阶段 施工图既是设计意图最直接的表达，又是指导工程施工的必要依据，还是编制施工组织计划及概预算、订购材料及设备、进行工程验收及竣工核算的依据	扩大初步设计	规模较大的装饰工程，可进行扩大初步设计	扩大初步设计图
	深化设计	在既定设计方案基础上进行深入、完善	施工图设计文件通常包括：①施工图设计说明；②平面布置图；③顶棚平面图；④装饰立面图；⑤剖面图；⑥大样图和节点详图等。施工图设计深度要求参照《房屋建筑室内装饰装修制图标准》JGJT 244—2011 及地方规范
	技术协调	协调与水、电、暖、通等相关专业之间的关系，解决技术问题以及各专业之间的矛盾	
	施工图绘制	深化设计图纸，要求注明尺寸、标高、材料、做法等，还应补充构造节点详图、细部大样图以及水、电、暖、通等设备管线图，并编制施工说明和造价预算	
设计实施阶段 即装饰工程的施工阶段	技术交底	施工前设计人员应向施工单位进行设计意图说明及图纸的技术交底	设计变更图
	修改补充	工程施工期间需按图纸要求核对施工实况，有时需根据现场实况提出对图纸的局部修改或补充	
	竣工验收	施工结束时，应会同质检部门和建设单位进行工程验收（根据建设单位要求）	竣工图，要求同施工图

注：工程投入使用后，还应进行回访，了解使用情况和用户意见。

1.4.2　建筑装饰设计的依据

建筑装饰设计作为一门综合性的独立学科，其设计方法已不再局限于经验的、感性的、纯艺术范畴的阶段。随着现代科学技术的发展，随着人体工程学、环境心理学等学科的建立与研究，建筑装饰设计已确立起科学的设计方法和依据。主要有以下各项依据：

1. 人体尺度及人体活动空间范围

建筑装饰设计的目的是为人服务，满足人和人的活动需要是设计的核心，因此，人体的基本尺度和人体活动空间范围成为建筑装饰设计的主要依据之一，如室内门洞尺寸、通道宽度、栏杆扶手尺寸、室内最小净高尺寸、家具的尺寸等都是以人体尺度为基本依据确定的。同时，还要充分考虑到在不同性质的空间环境中，人们的不同心理感受，对个人领域、人际距离等因素的要求也不相同。因此，还要考虑满足人们心理感受需求的最佳空间范围。

2. 家具设备尺寸及其使用空间范围

建筑空间内，除了人的活动外，占据空间的主要是家具、设备、陈设等内含物。对于家具、设备，除其本身的尺寸外，还应考虑安装、使用这些家具设备时所需的空间范围，这样才能发挥家具、设备的使用功能，而且使人使用方便、舒适，从而提高工作效率。

3. 建筑结构、构造形式及设备条件

建筑装饰设计是对新建建筑或已经过使用的建筑空间进行再创造，因此，建筑的结构体系、构造方式和设备状况等条件必然成为建筑装饰设计的重要依据。如房屋的结构形式、楼层的板厚梁高、水电暖通等管线的布局情况等，都是进行装饰设计必须了解和考虑的因素。其中有些内容，如水、电管线的铺设，在与有关工种的协调下可作适当调整。而有些内容则是不能更改的，如结构形式、梁的位置与高度、电梯、楼梯位置等在设计中只能适应它。当然，建筑物的总体布局和建筑设计总体构思也是装饰设计时需要考虑的设计依据之一。

4. 现行设计标准、规范等

现行国家及行业的相关设计标准、设计规范及地方法规等也是建筑装饰设计的重要依据之一，如《建筑内部装修设计防火规范》、《民用建筑工程室内环境污染控制规范》、《建筑设计防火规范》等。

5. 已确定的投资限额和建设标准、设计任务要求的工程施工期限

由于建筑装饰材料、施工工艺、灯具等种类繁多、千差万别，因此，同一建筑空间，不同的设计方案，其工程造价可以相差几倍甚至十多倍。所以，投资限额与建设标准是建筑装饰设计重要的依据因素。同时，工程施工工期的限制，也会影响设计中对空间界面处理方法、装饰材料和施工工艺的选择。

1.4.3　建筑装饰设计的方法

1. 重在立意

立意即设计的总体构思，一项设计没有立意就等于没有“灵魂”，设计的难度也往往在于要有一个好的立意。因此，在具体设计时，首先要确立一个总体构思，最好是构思比较成熟后再动笔。时间紧迫时，也可以边动笔边构思。但随着设计的深入，应使立意逐步明确，不能随便否定最初立意。

设计师通常根据设计准备阶段获得的资讯，通过形象联想和概念联想来进行立意构思。

形象联想即以某种关联形象为联想的出发点，从某一特征可能的发展与变化展开跳跃式联想，并以此类推，最终形成新的派生形象。如著名的悉尼歌剧院是由乘风出海的白色风帆形象联想而来的；美国建筑师小沙里宁设计的纽约肯尼迪机场的美国环球航空公司候机楼则是由展翅欲飞的大鸟联想而来（图 1-31）。

图 1-31 纽约肯尼迪机场美国环球航空公司候机楼

概念联想则是由一个抽象的概念出发，运用类推、转化等抽象思维方法，从而产生一个全新的概念（图 1-32）。

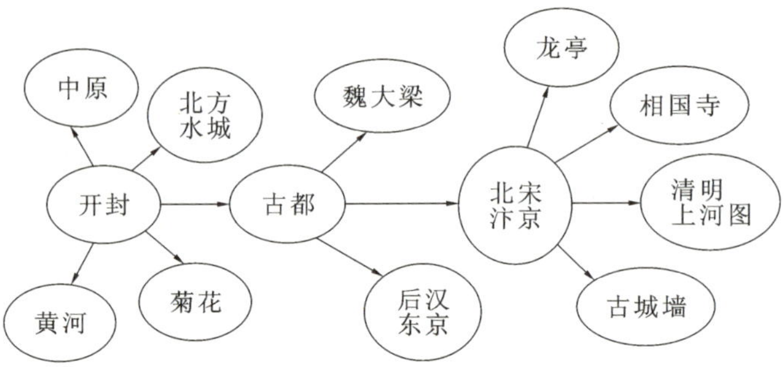

图 1-32 概念联想示意

2. 围绕立意组织设计要素

在立意的基础上，围绕各设计要素——空间、界面、家具与陈设、绿化、灯光、色彩等，搜集、组织相关素材。首先是进行功能分析与分区，然后考虑空间的组织形式、家具布置、界面造型、材料质感与色彩表达、采光与照明、陈设绿化的配置等，并经过反复推敲比较，取舍、裁剪相关设计素材，形成一个或多个初步方案。

在这个过程中，设计师常常运用图形分析思维法进行设计构思和推敲。因为建筑装饰设计是一种图形创意设计，设计者必然要通过图形语言进行设计意图的交流与表达，图形语言也是设计者自我交流、激发思维的一种方式。

设计中常用的图形分析思维方法有：

（1）几何图形分析法，多用于空间功能关系和平面布局分析。常用的具体方法有树形结构分析法（图 1-33）、圆方分析法等。树形结构分析法主要用于各功能区的相互关系分析；圆方分析法则主要用于平面布局的分析。

（2）空间界面图形分析，主要用于空间平立面的形状、比例尺度、构图关系、细部造型等设

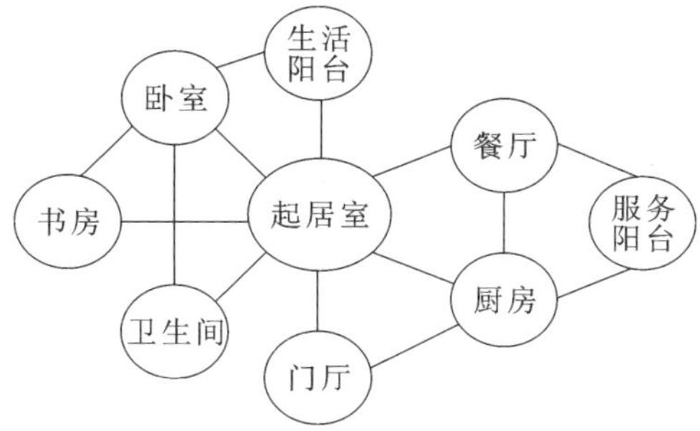

图 1-33　树形结构分析法

计要素的推敲论证，通常进行多个界面草图的反复比较，促使设计师深化、扩展、完善设计思维（图 1-34）。

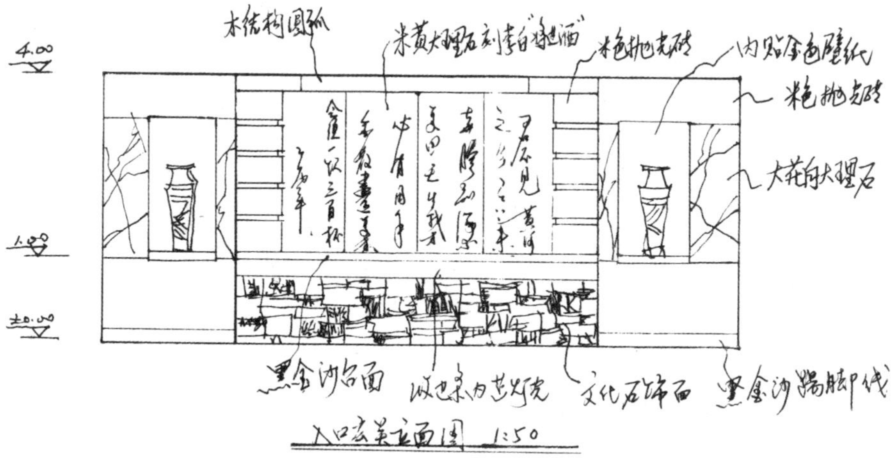

图 1-34　空间界面图形分析

(3)透视图空间效果分析，主要用于设计师在设计中推敲空间关系，也是设计师面对非专业人士，直观地表达设计意图、呈现空间效果的主要方法(图 1-35)。

图 1-35　透视图

在这个阶段，使用最多的是几何图形分析。一般先做树形结构分析，确定各功能区之间的相互关系，然后采用圆方分析法，在建筑原始平面图中尝试进行功能区的划分与布置，涉及到各功能区的位置、面积、平面形状、相邻关系等。在下一步其他设计要素的构思过程中，会使用空间界面分析法和空间效果分析法，如推敲界面造型或立面构图关系，可以画出立面图进行分析比较；也可以运用手绘效果图推敲空间尺度和视觉效果。

而徒手绘制草图是一项快速便捷的表现方法。它可以快捷地勾勒出设计意图，便于多种设计思维的表达与分析，通过一遍遍草图的比较、否定、修改、优化，可以使方案构思逐渐清晰、成熟，最后形成一个或几个可行性方案。

3. 方案比较与优化

在装饰设计过程中，方案的最终形成，常常伴随着多种设计方案的比较分析、取长补短，经过反复推敲、优化整合以后，形成一个全新的设计方案。

4. 方案深化

方案深化是对确定的初步设计方案中的诸多细节进行更深入的构思与设计。这个过程仍然会对方案进行调整与优化，直到最终确定下来，并通过更详细准确的图纸表现出来，也可以采用空间模型、虚拟动画等形式来表现。

这个过程中，图形分析法仍然是最好的设计思维方法，常用的方法主要为空间界面图形分析、透视图空间效果分析。

5. 设计的表达

设计构思最终要以图纸的形式进行表达。在设计的不同阶段，设计的表达形式也有所不同。在方案设计阶段，通常以方案图的形式表达；在施工图设计阶段，则以施工图进行表达。方案图、施工图的内容、要求和设计深度要参照国家或行业相关设计规范，如《房屋建筑室内装饰装修制图标准》(JGJT 244)。

学习情境 3 人体工程学应用实践

<table>
<tr><td>工作任务描述</td><td colspan="3">分析本单元项目任务(公园小茶室装饰设计)的设计依据，深入分析人体工程学在本设计中的应用，并以展板形式表现</td></tr>
<tr><td rowspan="5">工作过程建议</td><td colspan="2">学生工作</td><td>老师工作</td></tr>
<tr><td colspan="2">步骤 1：分析本单元项目任务(公园小茶室装饰设计)的设计依据</td><td>指导</td></tr>
<tr><td colspan="2">步骤 2：学习讨论人体工程学的主要内容，搜集、分析人体工程学在建筑装饰设计中的应用要点</td><td>指导</td></tr>
<tr><td colspan="2">步骤 3：分析、讨论人体工程学在本设计中的应用</td><td>指导</td></tr>
<tr><td colspan="2">步骤 4：整理素材，设计制作 A1 展板 1 张，并进行讲评</td><td>总结</td></tr>
<tr><td colspan="2">工作环境</td><td colspan="2">学生知识与能力准备</td></tr>
<tr><td colspan="2">教学做一体化教室(多媒体、网络、电脑)、专业绘图教室</td><td colspan="2">建筑装饰识图与绘图能力、资料搜集与分析能力、展板设计与制作能力</td></tr>
<tr><td>预期目标</td><td colspan="3">正确理解人体工程学与建筑装饰设计的关系，掌握人体工程学的基本知识，能够在建筑装饰设计中灵活运用</td></tr>
</table>

知识要点

1.5 人体工程学与建筑装饰设计

1.5.1 概述

人体工程学是一门研究人与环境关系的技术学科。研究内容主要有生理学、心理学、环境心理学、人体测量学等方面。由于研究方向的不同,又称为人类功效学、人类工程学、工程心理学、功量学、工力学等。

人体工程学的应用十分广泛,可以说只要人迹所至,就存在人体工程学的应用问题。早在上古时期,原始人用石器、木棒、弓箭等狩猎,就已经存在人和工具的关系问题,只不过是一种自觉的、潜意识的应用。真正促使人体工程学发展成一门独立学科是在第二次世界大战期间,在军事科技上开始研究和运用人体工程学的原理和方法。战后,各国迅速把人体工程学的研究成果运用到空间技术、工业生产、建筑设计等领域。

从建筑装饰设计的角度来说,人体工程学是依据以人为本的原则,运用人体测量、生理计测、心理计测等方法,研究人的体能结构、心理、力学等方面与空间环境之间的协调关系,以适应人的身心活动需求,获得安全、健康、舒适、高效的工作生活环境。

1.5.2 人体尺度与空间环境

一般来说,人的身体健康、舒适程度、工作效能在很大程度上与人体和设施、环境之间的配合有关,其主要影响因素就是人体尺寸、人体的活动范围以及家具设备尺寸。因此,人体尺寸和人体活动空间是确定室内空间尺度的重要依据之一。

1. 人体尺寸

人体尺寸包括构造尺寸和功能尺寸两大类。构造尺寸是指静态的人体尺寸,是人体处于固定的标准状态下测量的。人体基本构造尺寸如图 1-36 所示。功能尺寸是指动态的人体尺寸,是人在进行某种功能活动时肢体所能达到的空间范围,是在运动的状态下测得的。功能尺寸比较复杂。

人体尺寸在个人之间和群体之间存在很多差异,影响人体尺寸的因素主要有种族、地区、年龄、性别、职业、环境等。我国不同地区人体各部分平均尺寸见表 1-2 所示。

2. 常用人体尺寸

在装饰设计中使用最多的人体构造尺寸有身高、坐高、臀部至膝盖长度、臀部的宽度、膝盖高度、膝弯高度、大腿厚度、臀部至膝弯长度、肘间宽度等(图 1-37)。

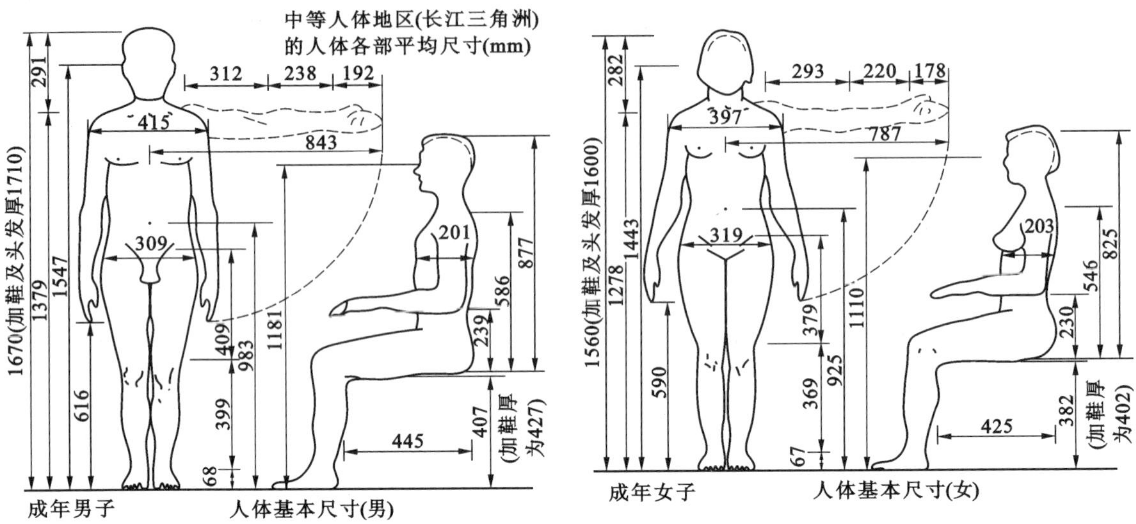

图 1-36 人体基本构造尺寸

表 1-2 我国不同地区人体各部分平均尺寸(mm)

编号	部位	较高人体地区（冀、鲁、辽）		中等人体地区（长江三角洲）		较低人体地区（四川）	
		男	女	男	女	男	女
1	人体高度	1690	1580	1670	1560	1630	1530
2	肩宽度	420	387	415	397	414	385
3	肩峰至头顶高度	293	285	291	282	285	269
4	正立时眼的高度	1513	1474	1547	1443	1512	1420
5	正坐时眼的高度	1203	1140	1181	1110	1144	1078
6	胸廓前后径	200	200	201	203	205	220
7	上臂长度	308	291	310	293	307	289
8	前臂长度	238	220	238	220	245	220
9	手长度	196	184	192	178	190	178
10	肩峰高度	1397	1295	1379	1278	1345	1261
11	1/2 上肢展开全长	869	795	843	787	848	791
12	上身高长	600	561	586	546	565	524
13	臀部宽度	307	307	309	319	311	320
14	肚脐高度	992	948	983	925	980	920
15	指尖到地面高度	633	612	616	590	606	575
16	大腿长度	415	395	409	379	403	378
17	小腿长度	397	373	392	369	391	365
18	脚高度	68	63	68	67	67	65
19	坐高	893	846	877	825	850	793
20	腓骨高度	414	390	407	328	402	382
21	大腿水平长度	450	435	445	425	443	422
22	肘下尺寸	243	240	239	230	220	216

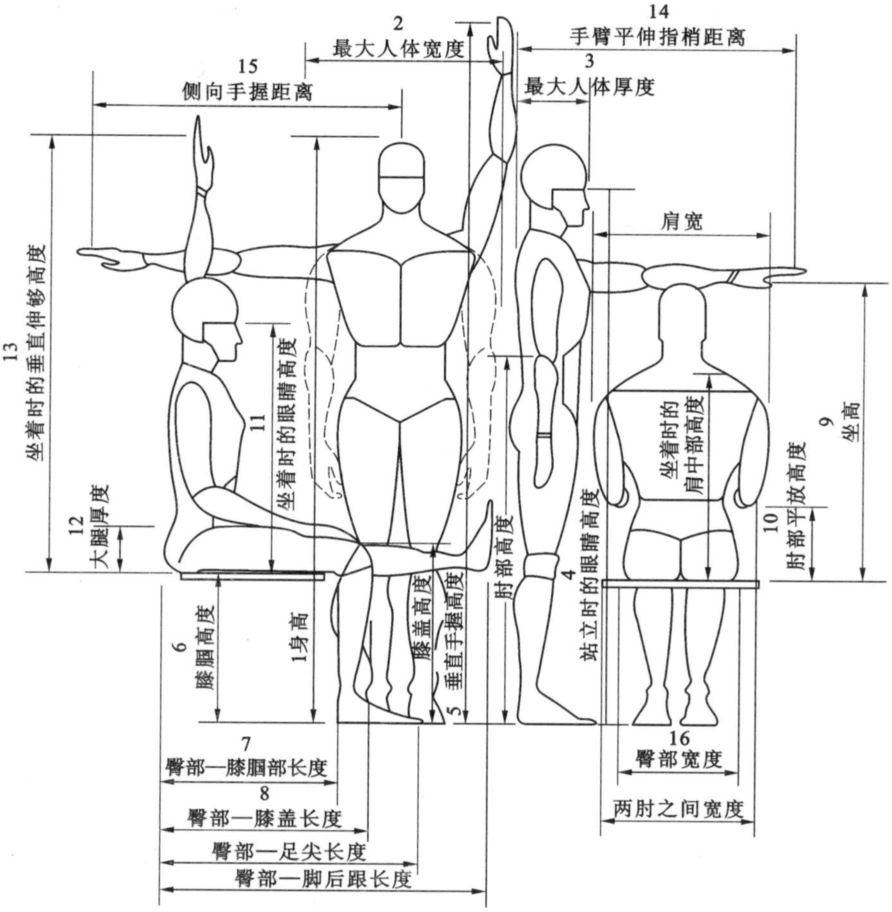

图 1-37　常用人体尺寸

3. 百分位的应用

由于人体尺寸有很大的变化，它不是某一确定的值，而是分布在一定的范围内。通常人体测量数据是按百分位表达的，即把某一人体尺寸项目如身高、肩宽的测量数值从小到大顺序排列，然后分成 100 个等份，每一个截止点即为一个百分位。统计学表明，任意一组特定对象的人体尺寸分布均符合正态分布规律，即大部分属于中间值，只有小部分属于过小或过大的值。

选择测量数据时要注意根据设计内容和性质来选择合适的百分数据，可参考以下几点原则：

(1)够得着的距离，一般选用第 5 百分位的尺寸，如设计吊柜高度等；

(2)容得下的间距，一般选用第 95 百分位的尺寸，如设计通行间距等；

(3)最佳范围，一般选用第 50 百分位的尺寸，如门铃、电灯开关、门把手等；

(4)可调节尺寸，如升降椅或可调节隔板等，调节幅度一般以尽可能极端的百分数的值为依据，如第 1 百分位，第 99 百分位。

4. 人体动作域和活动空间

人们工作时由于姿态不同，其动作域也不同。人经常采取的姿态归纳起来有四种：站、坐、跪、卧。常见的各种姿态的作业域见图 1-38。手脚作业域是手脚在一定范围内进行各种活动

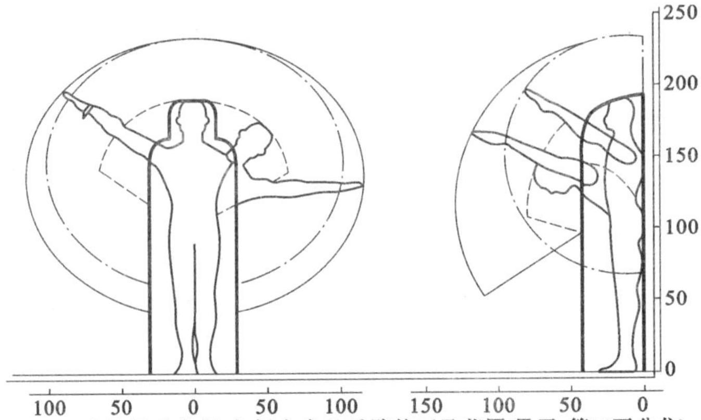

(a) 立姿活动空间，包括上身及手臂的可及范围(男子，第95百分位)

—— 稍息站立时的身体范围，为保持身体姿势所必需的平衡活动已考虑在内
——— 上身一起动时手臂的活动空间
--- 头部不动，上身自髋关节起前弯、侧弯时的活动空间
—·— 上身不动时手臂的活动空间

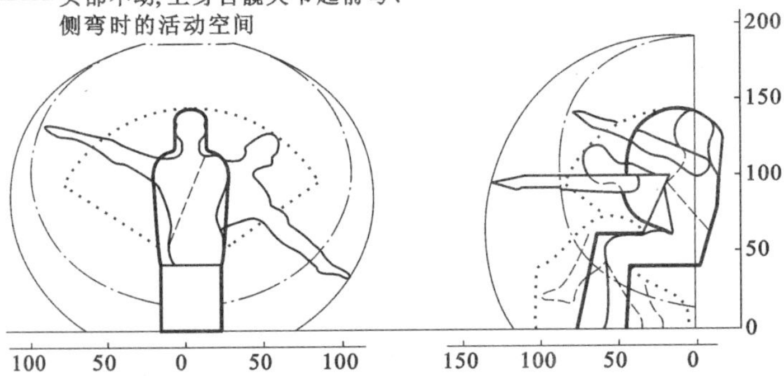

(b) 坐姿活动空间，包括上身、手臂和腿的活动范围(男子，第95百分位)

—— 上身挺直头向前倾的身体范围，为保持身体姿势而必需的平衡活动已考虑在内
——— 上身从髋关节起向前、向侧活动时手臂自肩关节起向前和向侧方的活动空间
--- 从髋关节起上身向前、向侧弯曲的活动空间
—·— 自肩关节起手臂向上和向侧方的活动空间，上身不动
······ 自髋关节、膝关节起腿的伸、曲活动空间

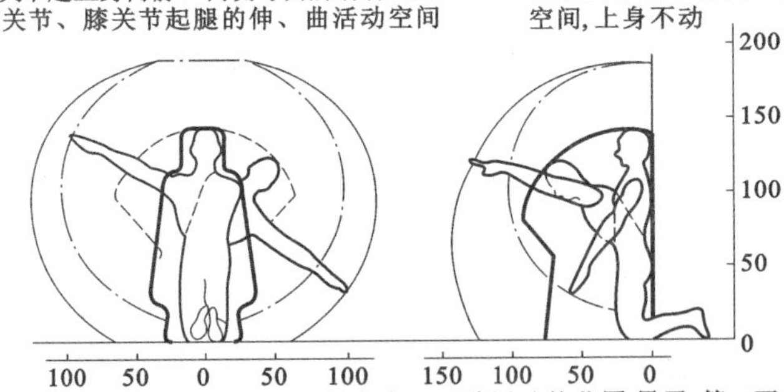

(c) 单腿跪姿活动空间，包括上身及手臂活动的范围(男子，第95百分位)

—— 上身挺直头前倾的身体范围，为稳定身体姿势所必需的平衡动作已考虑在内
——— 上身自髋关节起向前或侧仰时，手臂自肩关节起向前或向两侧的活动空间
--- 上身从髋关节起侧弯、前弯的活动空间
—·— 上身不动，自肩关节起手臂向前、向两侧的活动空间

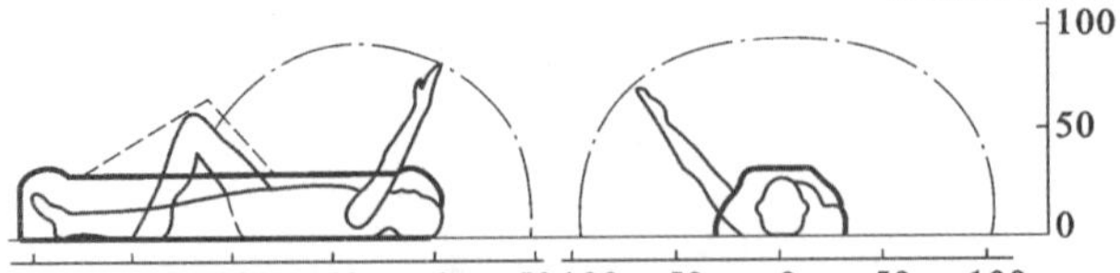

(d) 仰卧姿势的活动空间，包括手臂和腿的活动范围

—— 背朝下仰卧时的身体范围 —·— 自肩关节起手臂伸直的活动空间 --- 腿自膝关节起弯曲的活动空间

图 1-38 各种姿态的作业域

所形成的包括左右水平面和上下垂直面的动作域(图 1-39、图 1-40)。

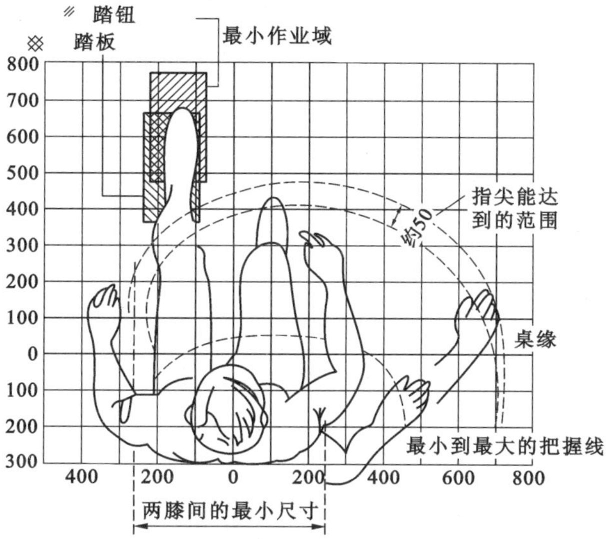

图 1-39　手脚的作业域

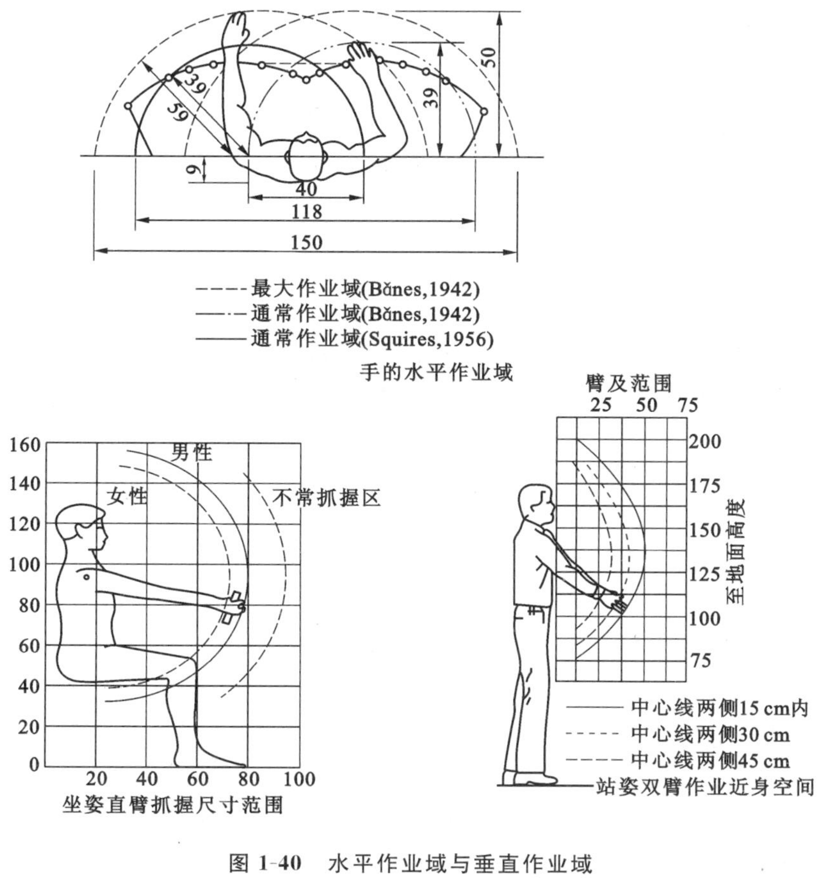

图 1-40　水平作业域与垂直作业域

但人在日常生活中并不是静止的，总是会不断变换姿态，并随活动的需要移动位置，这种姿态的变换和人体移动所占用的空间构成了人体活动空间。人体的活动大体上可分为手足的活动、姿态的变换、人体的移动，同时要考虑活动中人与物的关系。

人体在立、坐、跪、卧每一种姿态下手足活动时所占用的空间大小如图 1-41 所示。

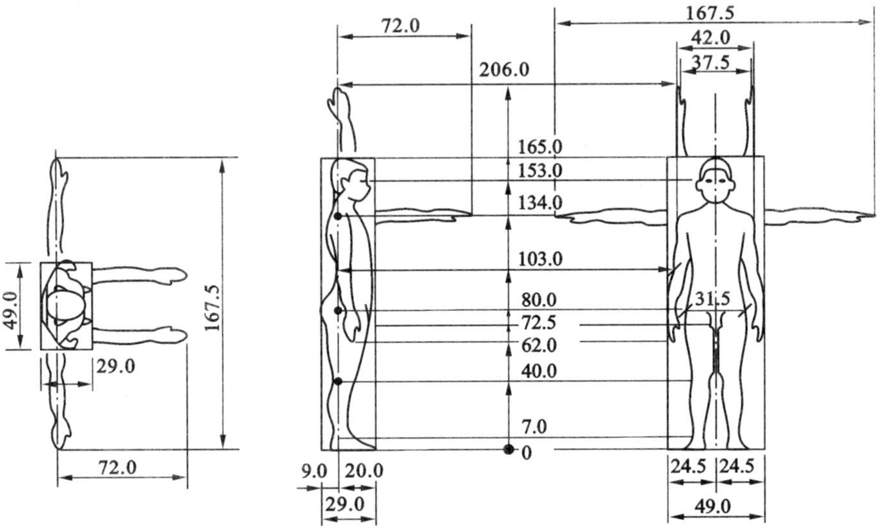

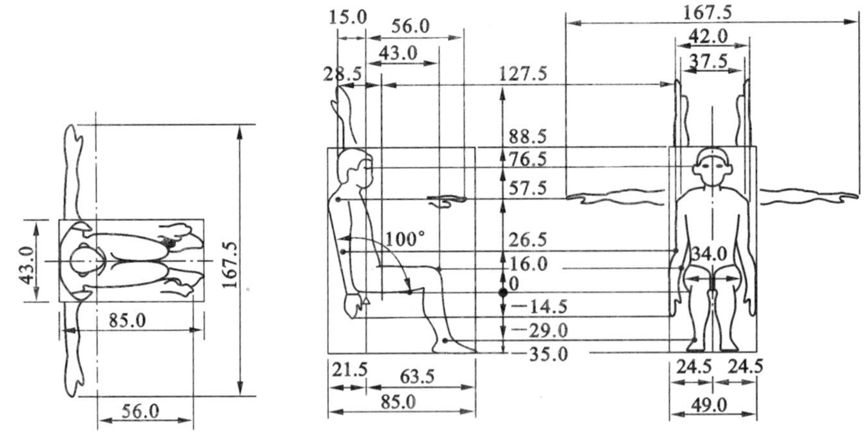

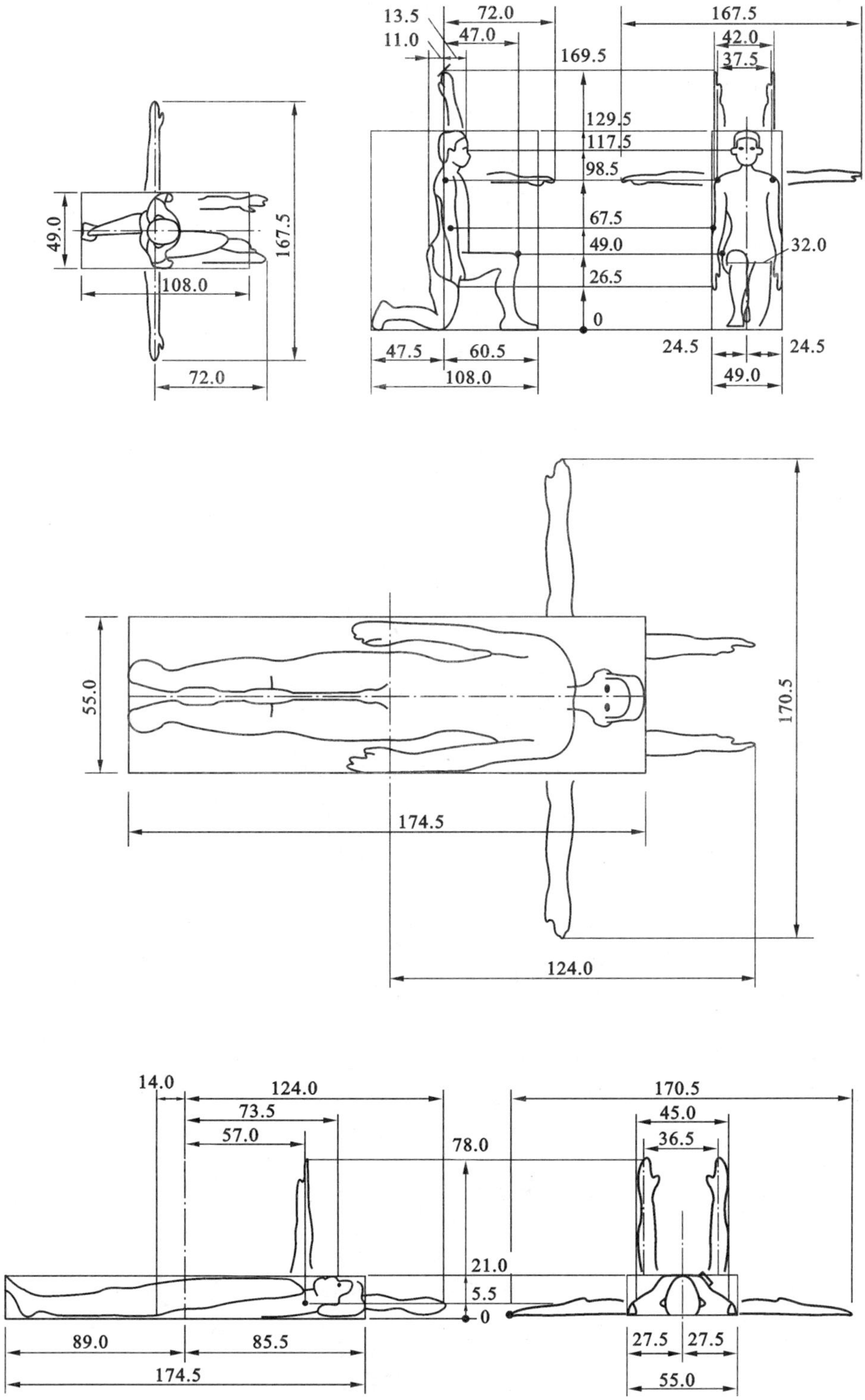

图 1-41　手足活动所占用的空间大小

姿态的变换所占用的空间并不一定等于变换前的姿态与变换后的姿态占用空间的简单叠加，因为人体在进行姿态变换时，基于力的平衡需要，会伴随其他的肢体活动，因而实际所占用空间可能大于上述空间的叠加。常见的人体姿态变换所占用空间如图 1-42 所示。

动作的分析与动作空间

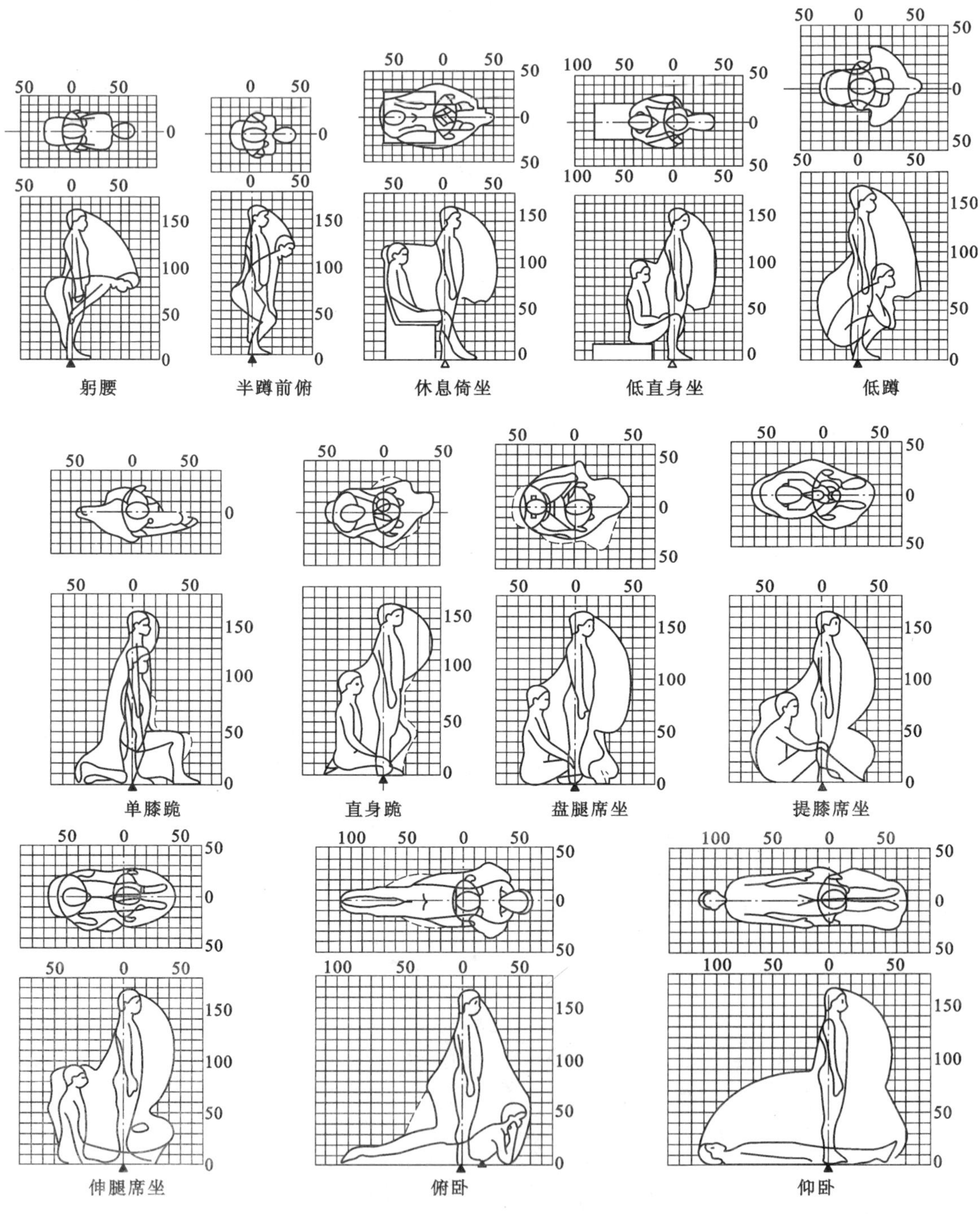

图 1-42　常见姿态变换时的活动空间

人体移动占用的空间不仅包括人体本身所占空间，还应考虑连续运动过程中肢体摆动或身体回旋所需的空间(图 1-43)。

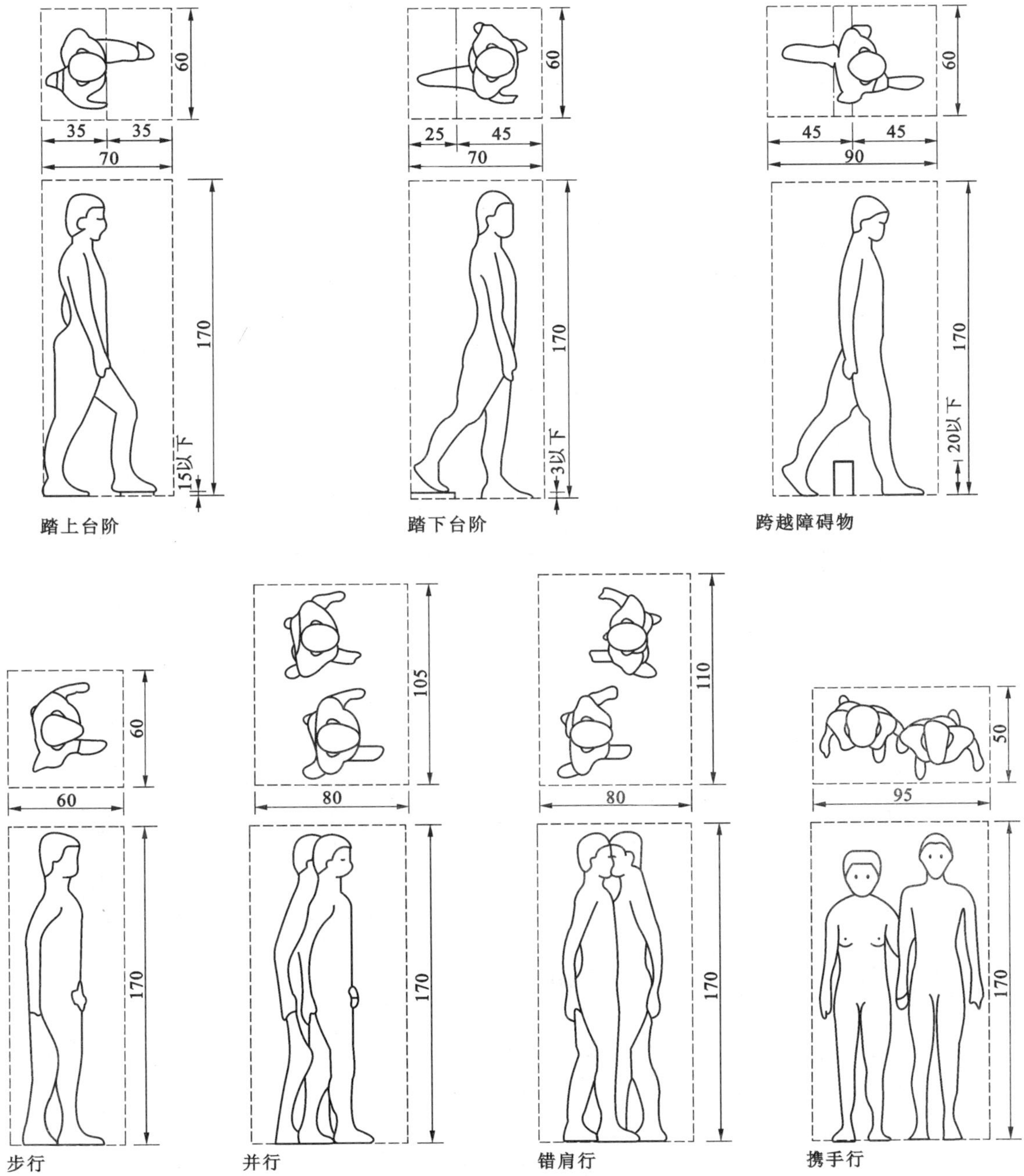

图 1-43　人体移动占用空间示例

在活动中，人体还会与用具、家具、设备、建筑构件等发生联系，人与物占用的空间要视其活动方式及相互的影响方式决定。如人在使用家具或设备时，由于操作动作或家具与设备部件的移动会产生额外的空间需求(图 1-44)；或由于使用方式的原因，如视听音响设备的使用等必须占用一定的使用空间(图 1-45)。

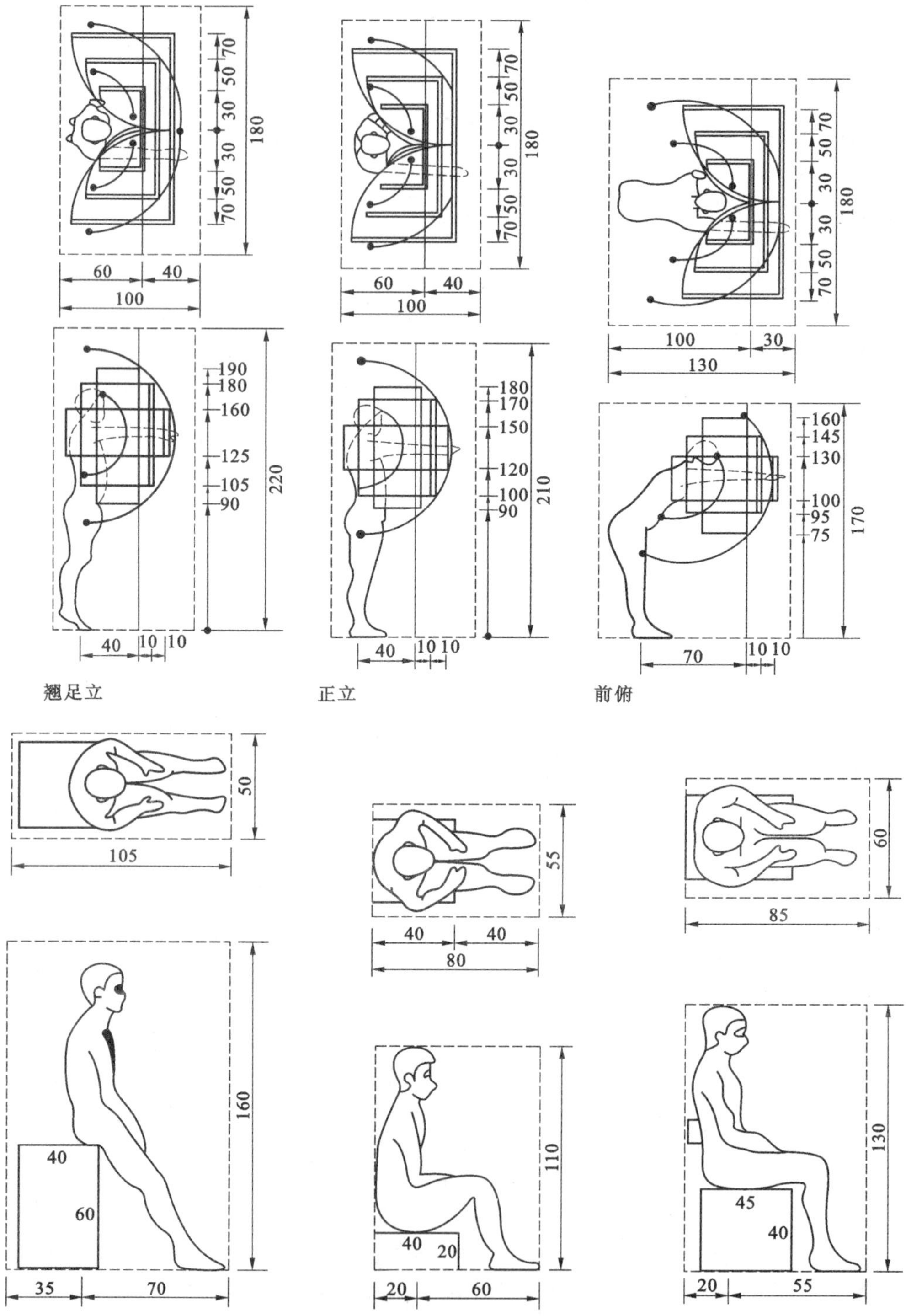

图 1-44　家具与设备在使用过程中的操作动作或家具与设备部件的移动产生额外的空间需求示例

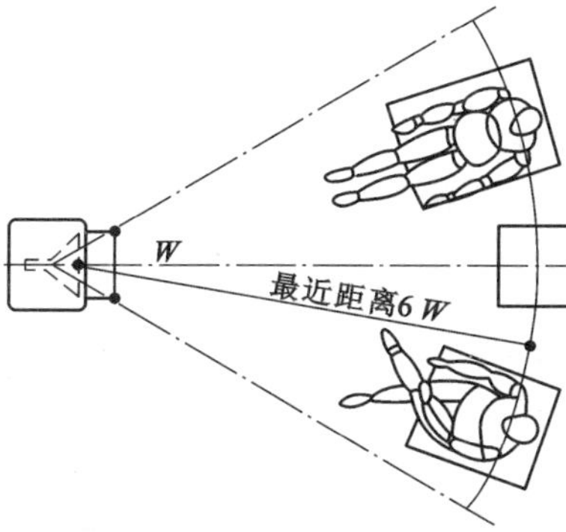

欣赏电视的适度空间

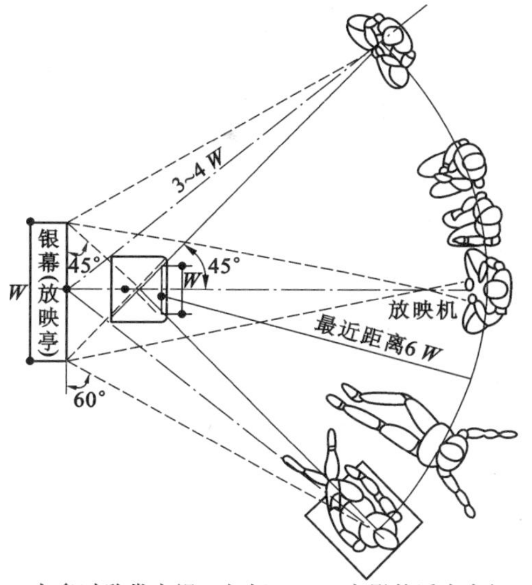

人多时欣赏电视、幻灯、8 mm电影的适度空间

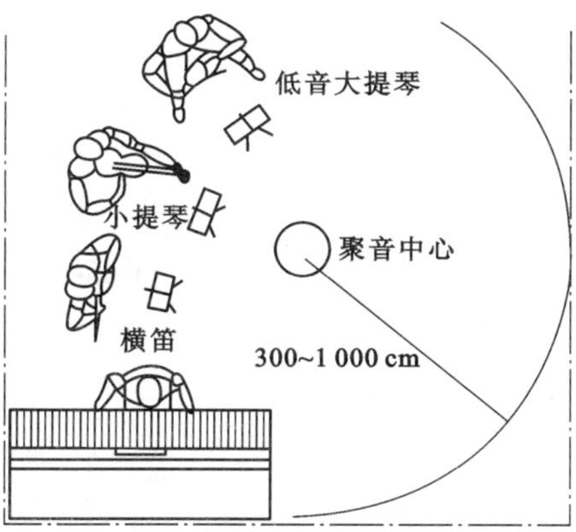

演奏室内乐的适度空间

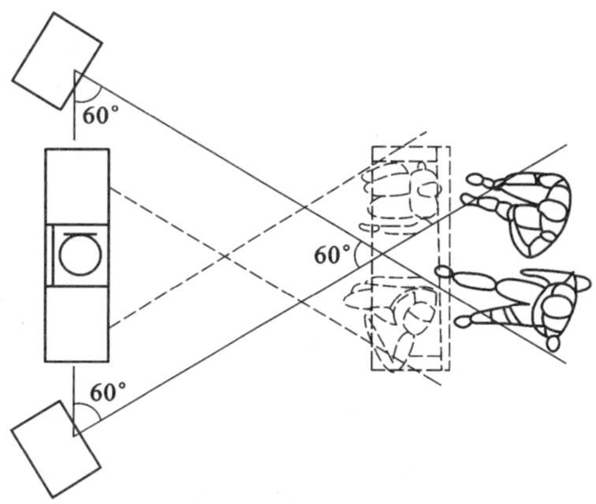

欣赏立体电唱机的适度空间

图 1-45 由于使用方式原因产生的除人体与家具设备之外的空间需求

1.5.3 人的知觉、感觉与空间环境

知觉和感觉是指人对外界环境的一切刺激信息的接受和反应能力，它是人的生理活动的一个重要方面，了解知觉和感觉，不但有助于了解人的心理感受，而且能了解在环境中人的知觉和感觉器官的适应能力，为环境设计提供适应于人的科学依据。

知觉与环境是相对应的，视觉对应光环境、听觉对应声学环境、触觉对应温度和湿度环境。人通过眼、耳、舌、鼻、身等感觉器官接受外界刺激，产生相应的视觉、听觉、味觉、嗅觉和触觉。

人的视觉具有一定的视力和视野范围，能感觉到光的光强度，具有良好的色彩分辨能力、调节能力和适应能力，会产生眩光、影像残留、闪烁和视错觉。这些对室内展示设计和光环境设计具有重要意义。研究表明，眩光的出现与光源的亮度过高、光源位置、周围环境与光源处亮度反差过大等有关，会造成视觉疲劳、分散注意力、视力下降等危害，因此，可采取降低光源亮度、合理布置光源(图 1-46)、使光线散射、适当提高环境亮度等措施防止和控制眩光。

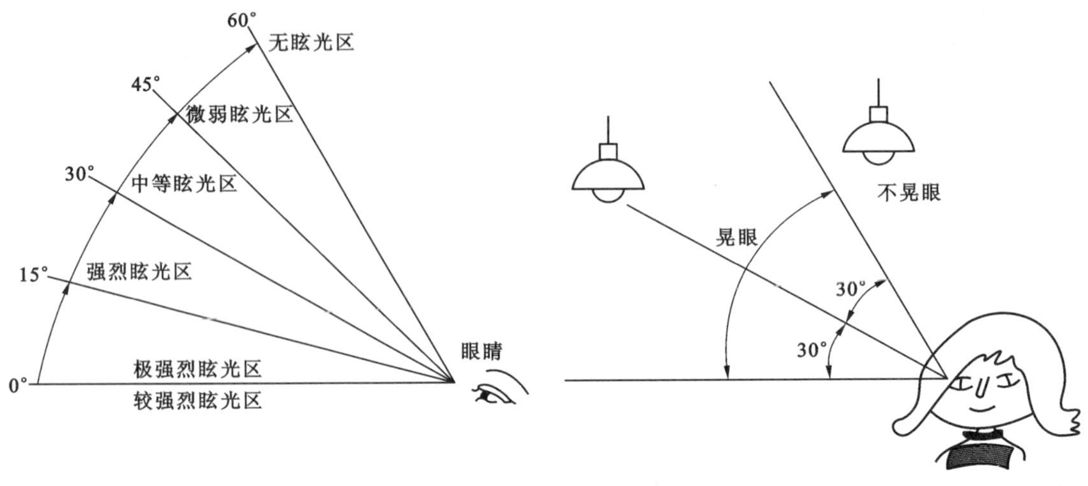

图 1-46　光源布局图

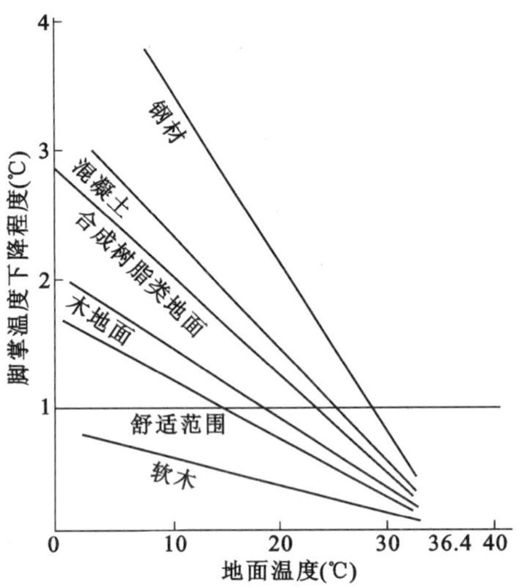

图 1-47　脚掌和地面装饰材料之间的温度下降曲线

听觉有两个基本的机能，一是传递声音信息，二是引起警觉。听觉环境的问题主要有两类，一方面是听得更清晰，效果更好，如音响、音质效果等；另一方面是噪声控制，噪声是干扰声音，会造成警觉干扰、睡眠干扰、心率加快、血压升高、引起厌烦情绪等，影响人的身心健康。因此，要做好室内环境的吸声降噪工作，而且有研究表明恰当的背景音乐有助于提高工作效率。

人的触觉包括温度感、压感、痛感等。人体通过触觉接受外界冷热、干湿等信息，会产生相应的生理调节来适应环境。通过对触觉问题的研究，以确定最佳的温、湿度条件，指导空间环境的供暖、送冷等问题，并为空间界面、家具、陈设等材料质地的选择提供相关依据(图 1-47)。

1.5.4　人的心理、行为与空间环境

以往，不少建筑师以为建筑将决定人的行为，而很少考虑到底什么样的环境适合于人类的生存与活动。随着人体工程学等学科研究的深入，人们逐步明确了人与环境之间“以人为本”的原则，并尝试从心理学和行为学的角度，探讨人与环境的相互关系，探寻最符合人们心愿的环境，即环境心理学。环境心理学是一门研究环境与人的行为之间相互关系的新兴的学科，它也属于人体工程学的研究范畴。

人的每一个具体的所作所为均包含了心理和行为两方面，人的行为是心理活动的外在表现，心理活动的内容来源于客观存在的空间环境，人的心理和行为与空间环境是密切联系、相互作用的。人在空间环境中，其心理与行为尽管有个体之间的差异，但从总体上分析仍然具有共性，仍然具有以相同或类似的方式做出反应的特点，这也正是我们进行设计的基础。

1. 人的心理特征

(1)个人空间与领域性

每个人都有自己的个人空间，它是围绕个人存在的有限空间。它具有看不见的边界，可以随着人移动，它具有相对稳定性，同时又可以根据环境变化灵活伸缩。它在人际交往时才表现出它的存在，人与人的密切程度就反映在个人空间的交叉与排斥上。

领域性原指动物在自然环境中为生存繁衍，各自保持自己一定的生活领域的行为方式。人的领域性来自于人的动物本能，但已不具有生存竞争意义，更多是心理上的影响。领域性表现为人对实际环境中的某一部分产生“领土感”，不希望被外来人或物侵入和打破。它不随人的活动而移动，如办公室内自己的位子。

(2)人际距离

在人际关系中，个人空间是一种个人的、可活动的领域，而人际距离则表明了当事人之间的关系情况。人与人的距离大小会根据接触对象的不同、所在场合的不同而各有差异。当然对于不同民族、宗教信仰、性别、职业和文化程度等，人际距离也会有所不同。豪尔（E．Hall）根据人际关系的密切程度、行为特征，把人际距离分为八个等级，参见表1-3。

表1-3　人际距离和行为特征

密切距离	近程	0～15cm	拥抱、保护和其他全面亲密接触行为
	远程	15～45cm	关系密切的人之间的距离，如耳语等
个体距离	近程	45～75cm	互相熟悉、关系好的个人、朋友之间的交往距离
	远程	75～120cm	一般朋友和熟人之间的交往距离
社交距离	近程	120～200cm	不相识的人之间的交往距离
	远程	200～350cm	商务活动、礼仪活动场合的交往距离
公众距离	近程	350～700cm	公众场合讲演者与听众、课堂上教师与学生之间的距离
	远程	700cm	有脱离个人空间的倾向，多为国家、组织间的交往距离

(3)幽闭恐惧

在日常生活中，当人处于一个与外界断绝直接联系的封闭空间时，人会莫名地紧张、恐惧，总有一种危机感，如在封闭的电梯内，这时人渴望有某种与外界联系的途径，所以在电梯内安装上电话。因此，窗户不仅解决了房间的采光问题，也是室内与外界保持联系的重要途径。

2. 人的行为习性

人的行为与客观环境是相互作用、相互影响的。人的环境行为是通过人对环境的感觉、认知，引起相应的心理活动，从而产生各种行为表现。同时，人的环境行为也受人类自身生理或心理需要的作用。各种作用的结果使人不断地适应环境、改造环境、创造新环境。人在与环境相互作用的过程中逐步形成的某种惯性即人的行为习性。

(1)左转弯和左侧通行

在没有交通规则干扰的公共场所，人们常常会沿道路左侧通行，而且左转弯。这对空间的布局和流线组织具有指导意义，如商场柜台的布置形式、顾客流线的组织与引导、楼梯、电梯位置的安排等。

(2)抄近路

当人在有目的地移动时或清楚知道目的地位置时，总会选择最短的路线。

(3)识途性

识途性是人类的一种本能，当不熟悉路径时，人们总会边摸索边到达目的地，返回时则常常循来路返回。

(4)依托的安全感与尽端趋向

活动在室内空间的人们，从心理感受来说，通常在大型室内空间中更愿意有所“依托”。如在火车站和地铁车站的候车厅或站台上，人们并不较多地停留在最容易上车的地方，而是愿意待在柱子边，人群相对散落地汇集在厅内、站台上的柱子附近，适当地与人流通道保持距离。在柱边人们感到有了“依托”，更具安全感(图 1-48)。

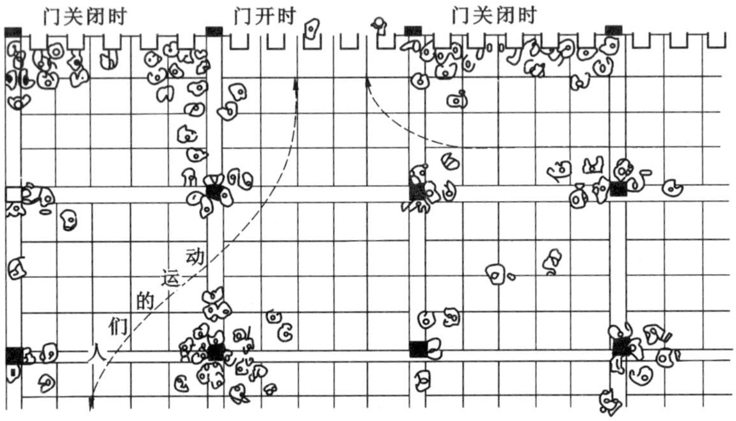

图 1-48　在火车站人们等车时所选择的位置

日常生活中人们还会非常明显地观察到，集体宿舍里先进入宿舍的人，如果允许自己挑选床位，他们总愿意挑选在房间尽端的床铺，可能是由于生活、就寝时相对较少地受干扰。同样情况也见之于就餐人对餐厅中餐桌座位的挑选。相对地人们最不愿意选择近门处及人流频繁通过处的座位，餐厅中靠墙卡座的设置，由于在室内空间中形成更多的“尽端”，也就更符合散客就餐时“尽端趋向”的心理要求。

(5)从众与趋光心理

人有“随大流”的习性，即从众心理。尤其在紧急状况时，人们往往会更为直觉地跟着领头的几个人跑动，以致成为整个人群的流向。同时，人们还具有从暗处往较明亮处流动的趋向。

1.5.5　人体工程学在建筑装饰设计中的应用

1. 为确定人和人际活动所需空间提供依据

根据人体工程学有关计测数据，从人体尺度、人体动作域和活动空间、心理空间、人际交往空间等方面进行研究，来确定人在各种活动中所需空间。如图 1-49 所示，餐饮空间中，依据人体尺度确定用餐空间以及通行空间的尺度。

2. 为家具、设施的设计及其使用所需空间提供依据

一切家具、设施都是为人服务的，其形体尺度必须以方便人的使用为原则，因此，家具、设施的设计应以人体尺度为基本设计依据，同时要科学地确定出人在使用家具、设施时所需的最小空间，尤其在空间狭小或人长时间停留时，这方面的要求就越突出。图 1-50 所示是根据人手垂直作业域确定橱柜的高度。

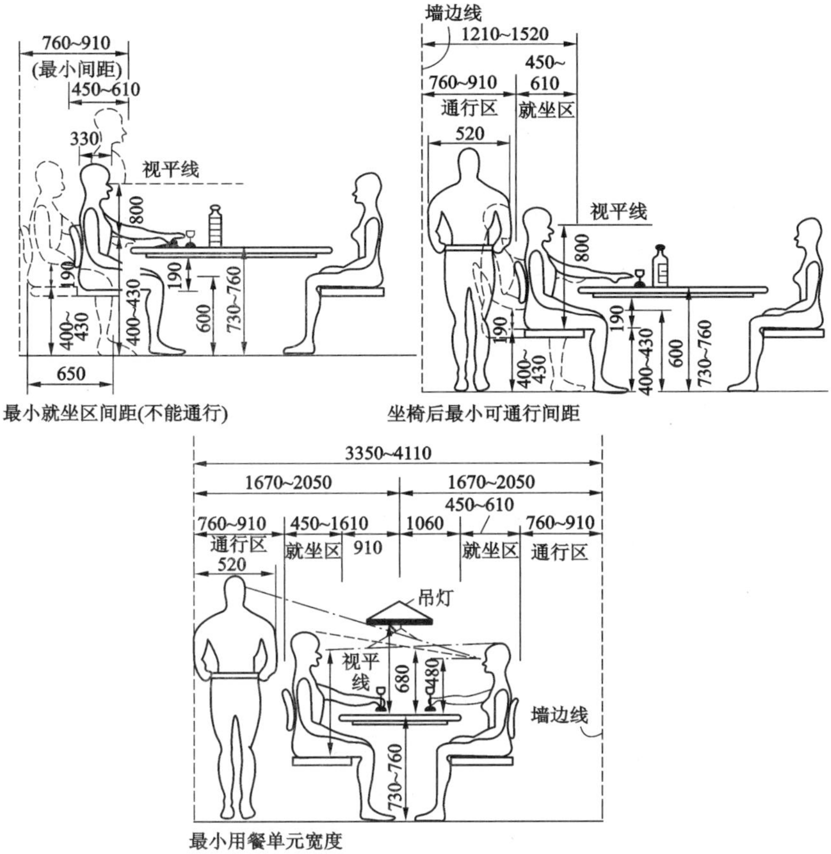

图 1-49　依据人体尺度确定用餐空间

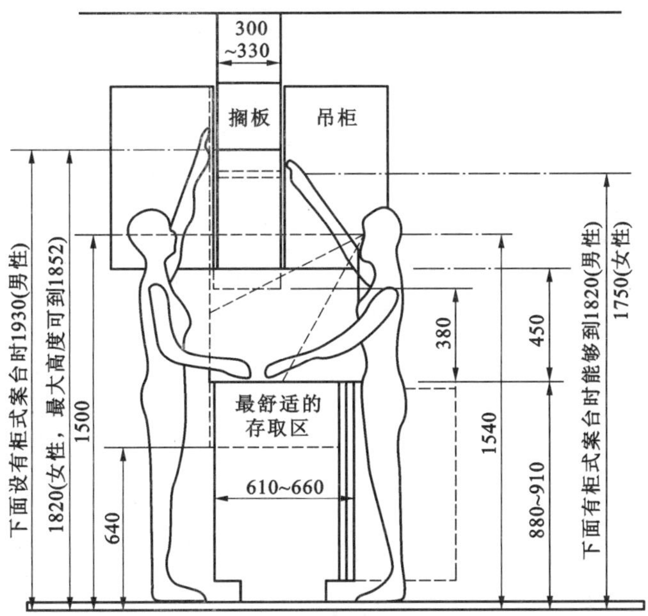

图 1-50　垂直作业域应用实例

3. 为创造适应人体的室内物理环境提供科学的设计依据

室内物理环境设计，如热环境、声环境、光环境等，是室内设计的重要内容。依据人体工程学的有关计测数据，如人的视力、视野、光感、色觉、听力、温度感、压感、痛感等，就可以为室内物理环境设计提供科学的设计参数，以创造适应人体生理及心理特点的室内环境。

4. 为创造符合人们行为模式和心理特征的室内环境设计提供重要的参考依据

人的心理特征和行为习性研究，对室内空间组织、人流组织、安全疏散、家具设施布置等方面具有重要启示作用。如商店往往采用开敞式的入口和橱窗设计，以便吸引顾客。

学习情境 4　建筑装饰设计构思技能训练

<table>
<tr><td>工作任务描述</td><td colspan="3">按本单元项目任务，进行公园小茶室建筑装饰设计构思，并以展板形式表达设计立意</td></tr>
<tr><td rowspan="6">工作过程建议</td><td colspan="2">学生工作</td><td>老师工作</td></tr>
<tr><td colspan="2">步骤 1:分析设计任务，搜集、分析相关设计资料、优秀设计案例</td><td>指导</td></tr>
<tr><td colspan="2">步骤 2:开展头脑风暴，进行创意构思</td><td>启发、指导</td></tr>
<tr><td colspan="2">步骤 3:多创意分析比较，确定设计立意</td><td>指导</td></tr>
<tr><td colspan="2">步骤 4:制作展板，以图片、手绘效果图、文字说明等多种形式表达设计立意与构思</td><td>指导</td></tr>
<tr><td colspan="2">步骤 5:展板展示与讲评</td><td>总结</td></tr>
<tr><td colspan="2">工作环境</td><td colspan="2">学生知识与能力准备</td></tr>
<tr><td colspan="2">校外参观场所、教学做一体化教室(多媒体、网络、电脑、工作台)、专业资料室</td><td colspan="2">办公软件应用能力、资料搜集与分析能力、建筑装饰基础知识、艺术设计初步知识</td></tr>
<tr><td>预期目标</td><td colspan="3">能够在设计中灵活运用建筑装饰设计的基本构思方法</td></tr>
</table>

项目小结

<table>
<tr><td rowspan="5">项目考核</td><td>考核内容</td><td>成果考核标准</td><td>比例</td></tr>
<tr><td>初识建筑装饰设计</td><td>态度积极，方法得当，展板图文并茂，内容正确，板面美观，讲解清晰完整</td><td>20%</td></tr>
<tr><td>装饰设计之旅</td><td>调研积极认真，沟通良好，展板图文并茂，内容正确，板面美观，讲解清晰完整</td><td>20%</td></tr>
<tr><td>人体工程学
应用实践</td><td>开敞式厨房及餐厅设计中能灵活运用人体工程学相关知识；展板图文并茂，内容正确，板面美观，讲解清晰完整</td><td>20%</td></tr>
<tr><td>建筑装饰设计构思
技能训练</td><td>公园小茶室装饰设计方法和程序正确，构思新颖，立意明确</td><td>40%</td></tr>
<tr><td rowspan="3">项目评价</td><td>教师评价</td><td></td><td>50%</td></tr>
<tr><td>项目组互评</td><td></td><td>30%</td></tr>
<tr><td>内部评价</td><td></td><td>20%</td></tr>
<tr><td>项目总结</td><td colspan="3">师生共同回顾本单元项目教学过程，对各个学习情境的表现与成果进行综合评估，找出各自的得失及提出改进措施</td></tr>
</table>

单元二　室内空间组织

<table>
<tr><td>项目名称</td><td colspan="4">公园小茶室室内空间组织设计</td></tr>
<tr><td>项目任务</td><td colspan="4">要求在公园小茶室设计构思的基础上，进行室内空间组织设计，要求功能布局合理，空间组织手法巧妙，分隔方法恰当，绘制出平面布置图和室内空间效果图（公园小茶室原始平面及设计条件见图 1-1）</td></tr>
<tr><td>活动策划</td><td colspan="2">工作任务</td><td colspan="2">相关知识点</td></tr>
<tr><td>学习情境 1</td><td colspan="2">室内空间体验</td><td colspan="2">2.1 室内空间的概念
2.2 室内空间的类型及特征
2.3 室内空间的形态心理</td></tr>
<tr><td>学习情境 2</td><td colspan="2">室内空间组织案例分析</td><td colspan="2">2.4 室内空间要素设计
2.5 室内空间组织
2.6 室内空间序列</td></tr>
<tr><td>学习情境 3</td><td colspan="2">室内空间组织技能训练</td><td colspan="2"></td></tr>
<tr><td>教学目标</td><td colspan="4">能够正确分析、理解室内空间的类型及特点并灵活运用；能够正确理解空间构图的形式美法则和室内空间形态心理，并能在室内空间设计中灵活运用；能够灵活运用室内空间联系与分隔的设计手法；能够恰当运用空间序列设计的手法。培养工匠精神，增强创新意识，提升职业自豪感和文化自信</td></tr>
<tr><td>教学重点与难点</td><td colspan="4">重点：室内空间组织设计
难点：空间序列设计</td></tr>
<tr><td>教学资源</td><td colspan="4">教案、多媒体课件、网络资源、专业图书资料、精品课等</td></tr>
<tr><td>教学方法建议</td><td colspan="4">项目教学法、案例分析法、参观考察、讨论、模拟训练法等</td></tr>
<tr><td rowspan="3">思政元素</td><td>思政契合点
（案例或知识点）</td><td colspan="2">教学活动（思政内涵）</td><td>思政落脚点</td></tr>
<tr><td>空间尺度——人民大会堂</td><td colspan="2">人民大会堂的建设</td><td>热爱祖国
团结协作
工匠精神</td></tr>
<tr><td>空间分隔的方法</td><td colspan="2">如何从中国传统建筑中学习借鉴空间分隔的方法</td><td>文化自信
文化传承
创新精神</td></tr>
</table>

学习情境1 室内空间体验

<table>
<tr><td>工作任务描述</td><td colspan="3">考察不同类型的建筑室内空间或播放各类室内空间图片，引导学生感受各类空间，交流各自的空间感觉，并以展板形式归纳总结</td></tr>
<tr><td rowspan="4">工作过程建议</td><td colspan="2">学生工作</td><td>老师工作</td></tr>
<tr><td colspan="2">步骤1：考察/播放各类室内空间图片</td><td>引导学生观察</td></tr>
<tr><td colspan="2">步骤2：交流、讨论各自的空间感觉，初步分析室内空间的概念和室内空间的类型</td><td>提出问题，引导学生讨论</td></tr>
<tr><td colspan="2">步骤3：搜集各类型室内空间典型图例，分析、归纳各类空间的特征，并以展板形式汇报讲评</td><td>指导、总结</td></tr>
<tr><td rowspan="2">工作过程建议</td><td colspan="2">学生工作</td><td>老师工作</td></tr>
<tr><td colspan="2">步骤4：搜集各种形态的室内空间图例，分析、归纳空间形态心理，并以展板形式汇报讲评</td><td>指导、总结</td></tr>
<tr><td colspan="2">工作环境</td><td colspan="2">学生知识与能力准备</td></tr>
<tr><td colspan="2">教学做一体化教室（多媒体、网络、电脑、工作台）、专业图书资料室</td><td colspan="2">了解建筑装饰设计的含义、资料搜集与分析归纳能力、展板设计与制作能力</td></tr>
<tr><td>预期目标</td><td colspan="3">理解室内空间的概念，能够正确分析室内空间的类型及特征；能够正确分析室内空间形态心理</td></tr>
</table>

知识要点

2.1 室内空间的概念

室内空间是人们为了某种目的而采用一定的物质技术手段从自然空间中围隔出来的。典型的室内空间是由顶盖、墙体、地面（楼面）等界面围合而成的。但在特定条件下，室内外空间的界限似乎又不那样泾渭分明，一般将有无顶盖作为区别室内外空间的主要标志。如徒具四壁而无屋顶的只能被称为院子、天井；而有屋顶没有实墙的，如四面敞开的亭子（图2-1）、透空的廊子等，则具备了室内空间的基本要求，属于开敞性室内空间。

图2-1 四面敞开的亭子

2.2　室内空间的类型及特征

室内空间形式是多种多样的，空间的多样性是基于人们丰富多彩的物质和精神生活的需要。室内空间可以根据空间构成的性质和特点来划分，以便于在空间组织设计时选择和运用。

1. 固定空间和可变空间

固定空间是一种功能明确、空间界面固定的空间。固定空间的形状、尺度、位置等往往是不能改变的。

可变空间是一种灵活可变、适应性较强的空间。它可以根据不同使用功能的需要，改变自身空间形式。通常采用轻巧方便、可移动的活动隔墙、家具、推拉门、帷幔等分隔空间，需要时通过改变活动隔断、家具等的位置或状态，来获得或大或小的室内空间。如图 2-2 所示，利用折叠门分隔客厅和餐厅，使两个功能空间既能相互独立，又能合并成一个大空间。

2. 封闭空间与开敞空间

封闭空间是指用限定性较高的界面围合起来的独立性较强的空间。封闭空间在视觉、听觉等方面具有较强的隔离性，有利于排除外界的各种不利影响和干扰。图 2-3 所示是由各界面围合而成的封闭、安静的卧室空间。

图 2-2　可变空间

图 2-3　封闭空间

开敞空间是一种强调与周围空间环境交流、渗透的外向型空间，其空间界面围合程度低，可以是完全开敞的，即与周围空间之间无任何阻隔（图 2-4）；也可以是相对开敞的，即由玻璃隔断等与周围环境分隔。

开敞空间和封闭空间是相对而言的。在空间感上，开敞空间是流动的、渗透的；封闭空间是静止的、独立的。在对外关系和空间性格上，开敞空间是开放性的，封闭空间是拒绝性的；开敞空间是公共的和社会性的，封闭空间是私密性的、个体的。

空间的开敞与封闭一般可根据房间的使用性质和周围环境的关系，以及视觉上和心理上的需要等因素确定。

图 2-4 开敞空间

3. 静态空间与动态空间

静态空间的空间构成比较单一，空间关系较为清晰，视觉转移相对平和，视觉效果和谐稳定，给人以安宁、稳重之感。

静态空间一般表现为空间趋于封闭、私密性较强；多采用对称的空间布局，以达到静态的平衡；空间与家具、陈设等比例协调、构图均衡；光线柔和，色彩淡雅，和谐统一（图 2-5）。

图 2-5 静态空间

动态空间引导人们从“动”的角度观察事物，一般有两种表现形式，一是空间内包含各种动态设计要素，如运行的电梯、变幻的灯光等；二是由建筑空间序列引导人在空间内流动以及空间形象的变化引起人心理感受的变动，如流动空间、共享空间等。

流动空间是由若干个空间相互连贯，引导视觉的转移和移动，使人们从“动”的角度观察周围事物，将人们带到一个空间与时间相结合的“四度空间”。流动空间具有空间的开敞性和连续性，空间相互渗透，层次丰富，同时又具有视觉的导向性，空间序列、空间构成形式富有变化和多样性。如图 2-6 所示，密斯·凡·德·罗设计的巴塞罗那博览会德国馆，室内玻璃和大理石的墙面纵横交错、相互穿插、隔而不断、内外连通，成为流动空间的典型范例。

共享空间，亦称中庭空间，是为了适应各种开放性社交活动和丰富多彩的生活需要，由美国建筑师波特曼首创的“人看人”的空间形式。共享空间运用了多种空间处理手法，融合了多种空间形态，相互穿插渗透，大中有小，小中见大，外中有内，内中有外，加上富有动感的自动扶梯或电梯、生机勃勃的自然景观等，使共享空间极富生命活力和人文气息（图 2-7）。

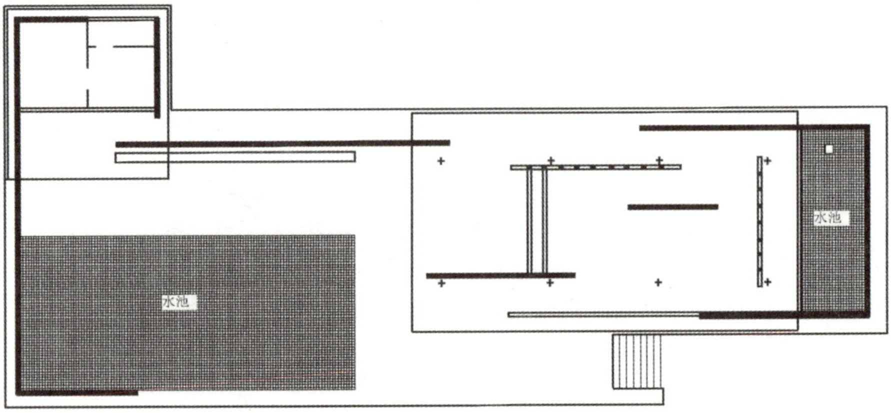

图 2-6　巴塞罗那博览会德国馆平面图

动态空间常见的处理手法有：

(1) 利用机械化、自动化的设施和人的活动等形成丰富的动势，如电梯、自动扶梯等。如图 2-8 所示，运行着的自动扶梯给空间带来动感。

图 2-7　共享空间

图 2-8　自动扶梯给空间带来动感

(2) 利用声、光的变幻给人以动感。如舞厅内五光十色的灯光和跳跃的音响效果，使空间动感强烈(图 2-9)。

图 2-9　声光变幻带来动感

(3)引入鲜活生动的自然景物。如植物、瀑布、喷泉、小溪、游鱼等。如图 2-10 所示,某酒店中庭以叠石瀑布、小桥流水、绿色植物等营造出一个生机勃勃的室内空间。

(4)通过界面、家具、陈设及其布置形式产生动势。如动态的线型、对比强烈的视觉效果等(图 2-11)。

图 2-10　生机勃勃的动态空间

图 2-11　动态的线型产生动势

(5)利用空间序列设计,通过空间引导和暗示,组织灵活多变的空间环境,引导人流在空间内流动。

4. 虚拟空间

虚拟空间是指在大空间内通过界面的局部变化而再次限定出的空间。虚拟空间占据一定的范围,但没有完整确切的界面,限定度较弱,主要依靠视觉启示和联想来划分空间,所以,也称为心理空间。虚拟空间可以利用界面的局部变化构成,如局部升高或降低地面、顶棚,或利用结构构件、隔断、家具、陈设、绿化等限定,或借助于界面材质、色彩的变化等形成(图 2-12)。

图 2-12　虚拟空间

由虚拟空间衍生出的空间类型有:

(1)凹入与外凸空间

凹入与外凸空间是由垂直界面的凹凸变化形成的虚拟空间。

凹入空间是一种在室内局部退进的空间形式。凹入空间通常只有一面或两面开敞，受外界干扰较少，私密性和领域感较强，通常将顶棚也相应降低，可在大空间中营造出一个安静、亲切的小空间(图 2-13)。

外凸空间是指相对于外部空间凸出在外的空间形式。但凹凸是相对的，外凸空间相对内部空间而言是凹室。一般外凸空间的两面或三面是开敞的或大面积开窗，目的是将室内空间更好地延伸至室外大自然，使室内外空间融合渗透，或通过锯齿状的外凸空间，改变建筑的朝向方位等，如阳台、晒台等(图 2-14)。

图 2-13 凹入空间

图 2-14 外凸空间

(2)地台与下沉空间

地台与下沉空间是通过空间水平界面(地面)的高差变化形成的虚拟空间。

地台空间即将室内地面局部抬高划分出的边界明确的空间。由于地面升高使其在周围空间中十分突出，表现为外向性和展示性，常用于商品的展示、陈列(图 2-15)。处于地台上的人具有一种居高临下的优越感，视线开阔、趣味盎然。

图 2-15 地台空间

下沉空间是将室内地面局部降低而产生的一个界限明确、相对独立的空间。由于下沉空间的地面标高比周围空间要低，因此，具有一种隐蔽感、被保护感和宁静感。下沉空间宜形成具有一定私密性的小天地，同时随着视线的降低，空间感觉增大，对室内景观会产生不同一般的变化(图 2-16)。根据具体条件和要求，可设计不同的下降高度，也可设置围栏保护。一般情况下，下降高度不宜过大，避免产生楼上楼下的感觉。

图 2-16　下沉空间

5. 迷幻空间

迷幻空间追求神秘、新奇、光怪陆离、变幻莫测的超现实的空间效果。为了在有限的空间内创造无限的、虚幻的空间感，常利用不同角度的镜面玻璃的折射，使空间变幻莫测。在造型上追求动感，常利用扭曲、错位、倒置、断裂等造型手法，并配置奇形怪状的家具与陈设，运用五光十色、跳跃变幻的光影效果和浓艳娇媚的色彩，获得新奇动荡、光怪陆离的空间效果(图 2-17)。

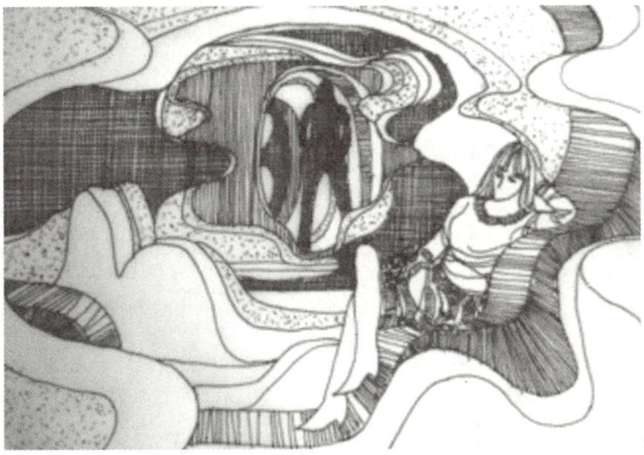

图 2-17　迷幻空间

6. 模糊空间

模糊空间又称为灰空间，它的界面模棱两可，具有多种功能的含义，空间充满复杂性和矛盾性。灰空间常介于两种不同类型的空间之间，如室内与室外，开敞与封闭等。由于灰空间的不确定性、模糊性、灰色性，从而延伸出含蓄和耐人寻味的意境，多用于处理空间与空间的过渡、延伸等，如建筑入口处的雨篷空间(图 2-18)。

图 2-18　模糊空间

2.3　室内空间的形态心理

任何室内空间都表现为一定的形态，不同的空间形态能使人产生不同的心理感受。了解空间形态心理，有助于更好地把握建筑师的设计意图，在装饰设计中将其进一步深化，或采取有效措施改善空间的心理感受。

1. 空间尺度

一般情况下，空间的体量大小是根据房间的功能和人体尺度确定的。但一些对精神功能要求高的建筑，如纪念堂、教堂等，体量往往要大得多。如高敞宏伟的人民大会堂室内空间(图 2-19)。大小空间也给人不同的感受，大空间可以获得宏伟、开阔、宽敞的效果，但过大的空间也会产生空旷、不安定之感。小空间使人感觉亲切、宁静、安稳，但过小会产生局促、压抑的感受。

图 2-19　人民大会堂室内空间

2. 空间比例

空间比例关系的变化也会使人产生不同的感受。如同为矩形空间，由于长、宽、高的比例不同，形状也就变化多样，给人的感受也不相同。一般阔而低的空间使人感觉广延、博大，但也易产生压抑、沉闷之感，小而高的空间易使人产生向上的感觉，窄而长的空间具有向前的导向性，使人产生深远、期待的感受（图 2-20）。

(a)　(b)　(c)

图 2-20　室内空间的比例关系

(a)阔而低的空间；(b)小而高的空间；(c)窄而长的空间

3. 空间形状

大多数情况下，室内空间采用矩形空间形式，但也有圆拱形、球形、锥形、自由形等空间形式。矩形空间具有一定的方向性，给人稳定、安静、平稳的感受；圆拱形、球形空间有稳定的向心性，给人内聚、收敛、集中的感觉；锥形空间在平面上具有向外扩张之势，立面具有向上的方向性，给人以动态和富有变化的感受；自由形空间复杂多变，表情丰富，具有一定的独特性和艺术感染力，但结构复杂，不适于大量应用。

4. 空间的开合

空间的开合取决于空间侧界面的围透，完全通透的界面使室内外空间相互渗透，空间界限变模糊，给人以开放、活跃之感，但也会使人感到不安定。部分通透的界面使空间处于半开敞半封闭之间，使室内外空间保持着一定程度的联系，给人以突破、期待之感。完全围合的封闭空间只在少数特殊情况下出现，如娱乐场所的KTV包房，因隔声等要求多采用完全封闭的形式，以获得私密、安定、无干扰的空间环境，但也会给人压抑、憋闷的感受。

学习情境2　室内空间组织案例分析

<table>
<tr><td>工作任务描述</td><td colspan="3">调研、搜集不同建筑类型的室内空间构图、室内空间组织、空间序列设计的优秀案例，分析归类，制作PPT，要求图片清晰、文字精练</td></tr>
<tr><td rowspan="4">工作过程建议</td><td colspan="2">学生工作</td><td>老师工作</td></tr>
<tr><td colspan="2">步骤1：通过实地考察、查阅图书、网络等形式搜集室内空间构图、空间组织设计、空间序列设计的优秀案例</td><td>示范、引导案例分析</td></tr>
<tr><td colspan="2">步骤2：对搜集来的案例进行分析、比较、归纳，选择经典案例图片，并制作成PPT</td><td>指导</td></tr>
<tr><td colspan="2">步骤3：通过PPT讲解室内空间构图、室内空间组织、空间序列设计的原则方法</td><td>总结</td></tr>
<tr><td colspan="2">工作环境</td><td colspan="2">学生知识与能力准备</td></tr>
<tr><td colspan="2">教学做一体化教室（多媒体、网络、电脑、工作台）、专业图书资料室</td><td colspan="2">了解建筑装饰设计的概念和设计内容、设计要素，资料搜集与分析归纳能力，办公软件应用能力</td></tr>
<tr><td>预期目标</td><td colspan="3">理解室内空间的构成要素和构图原则，掌握室内空间组织常用的设计手法，理解室内空间序列的组成，掌握室内空间序列设计的常用设计手法</td></tr>
</table>

知识要点

2.4　室内空间要素设计

2.4.1　室内空间要素

室内空间环境是由诸多因素共同构成的，如界面的造型、材质、色彩、光环境、家具、陈设、绿化等，它们分别以点、线、面、体的表现形式占据、围合形成空间，它们具有形状、色彩、质感等视觉要素，以及位置、方向等关系要素，它们相互联系、呼应、对比、衬托，从而形成一定的空间构图关系。

1. 点

空间中的点可以是任意形状的，面积越小的形状越容易产生点的感觉。点具有集中和吸引视线的功能，往往会形成空间的视觉中心。点的连续会产生线（虚线）的感觉，点的综合会产生面的感觉，如图2-21(a)所示。

2. 线

线是最基本的空间构成要素。不同形式的线条，可以带给人不同的联想和感受，如图 2-21(b)所示。

在直线中，垂直线给人刚强有力之感，具有严肃、刻板的效果，在室内空间中，垂直线有助于提高房间的高度；水平线带来宁静、轻松感，它有助于增加房间的宽度和产生平静、随和的感觉；斜线好似嵌入空间中的活动的线，可以促使人的眼睛随其移动；锯齿形线是两条斜线的相会，运动由此停止，但连续的锯齿形线，可以产生类似波浪起伏式的前进感。

(a)

(b)

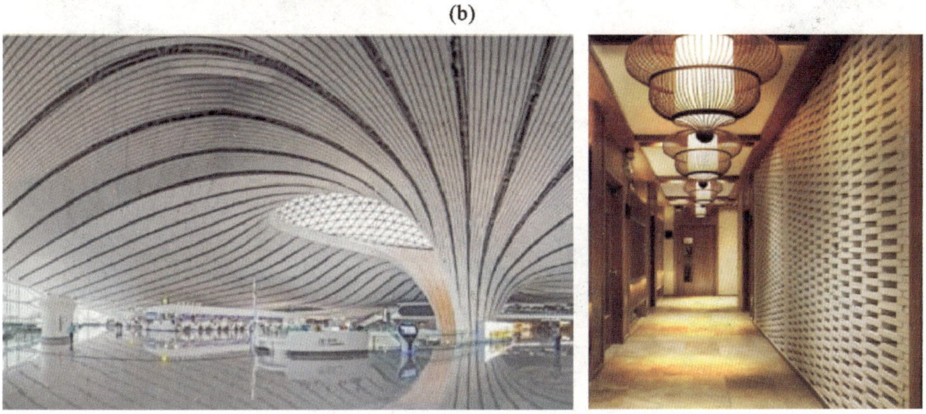

(c)

图 2-21　空间中的点线面

(a)空间中的点；(b)空间中的线；(c)空间中的面

曲线的变化几乎是无限的，因此极富动感。不同形式的曲线表达出不同的情绪和思想，如圆的或任何丰满的曲线，给人以轻快柔和的感觉；S 形曲线是一种较为柔软的曲线形式，表现出优美和文雅，但使用不当也可能造成软弱无力、烦琐、动荡、不安定的效果。

3. 面

点或线的密集排列可以产生面的视觉效果，面对体或空间往往起到限定体积或界定空间的作用。

面的表情是由面自身所包含的表情及其轮廓的表情所决定的，如图 2-21(c)所示。在室内空间中，直面最为常见，地面、墙面、家具通常都是直面，单纯的直面表情平淡、呆板、生硬，多个面有机组合可以产生生动活泼、富有韵律、变化丰富的视觉效果。斜面可以为规整的空间带来变化，视线以上的斜面可以带来空间透视感，但空间显得较低矮（与同高直面相比），易产生亲切感；视线以下的斜面常具有较强的导向性，使空间富有流动性，不呆滞。曲面的内侧区域感较强，能给人较强的安定感和私密性；外侧则有较强的视觉导向性，表情流畅舒展，富有弹性和活力。

面还具有色彩与质感两个表面属性，面的色彩与质感能够影响到视觉上的质量感和稳定感。

2.4.2　空间构图的形式美法则

空间的构图是一种视觉艺术，并没用固定的规则或定式，只有这样才能获得新颖、独特、富有个性的设计。但一些基本的构图形式美法则还是普遍存在的，是任何设计都必须遵循的。

1. 均衡

均衡主要是指空间构图中各要素之间相对的一种等量不等形的力的平衡关系。对称构图最容易取得均衡感，对称的均衡表现出严肃、庄重的效果，易获得明显的、完整的统一性(图 2-22)。非对称构图变化丰富，其均衡感来自于一个强有力的均衡中心，容易取得轻快活泼的效果。此外，空间构图的均衡与空间内物体的大小、形状、质地、色彩也有着密切的关系。

图 2-22　对称布置的室内空间

2. 比例

任何造型艺术都存在比例关系问题。室内空间的比例表现在两个方面，一是空间自身的长、宽、高之间的尺寸关系，二是室内空间与家具、陈设之间的尺度关系。几何形状的良好的比例关系有黄金比、等差数列比、等比数列比、平方根比等。空间因从属于功能、结构、材料、环境等因素，应综合考虑分析，创造和谐的比例关系。另外，色彩、质感和线条会影响空间比例关系的视觉效果，如竖向线条会有高耸、向上的趋势，横向线条则具有宽阔舒展的感觉。

3. 节奏与韵律

节奏是有规律的重复，韵律则是有规律的变化，韵律美是一种具有条理性、重复性和连续性的美的形式。空间构图中产生韵律的方法有连续、渐变、交替、重复等。

(1)连续。连续的线条具有流动的性质，可获得韵律美。如踢脚线，挂镜线，各种家具、墙角的装饰线脚等。

(2)渐变。可通过线条、形状、明暗、色彩的渐变获得韵律感。渐变的韵律要比连续的韵律更为生动，更富有吸引力。

(3)交替。各种要素都可按一定规律交错重复、有规律地出现，如明暗、黑白、冷暖、大小、长短等的交替，可产生自然生动的韵律美。

(4)重复。通过室内色彩、质地、图案的连续重复排列而产生韵律美。

4. 变化与统一

变化与统一是基本的美学法则之一。要把空间中若干个各具特色的构成要素有机地结合起来，形成既富有变化又协调统一的空间环境，就必须同时处理好构成要素之间的协调和对比两方面的问题。

(1)协调

协调就是要强调相互之间的联系，形成一定的呼应关系，并讲究主次关系，以次要部分烘托主体部分，以主体统率全局。如重复相同或近似的母体取得协调，利用家具、陈设、造型、色彩、质感等重复与微差形成呼应等。如图 2-23 所示，某建筑室内地面拼花形式与顶棚造型相互呼应，又以圆形餐桌形成构图中心，整个空间和谐、完整。

图 2-23 上下相互呼应的室内空间

(2)对比

变化主要是运用对比的处理手法。对比就是强调各构成要素之间的差异，相互衬托，具有鲜明突出的特点。空间中可利用形状、空间的开敞与封闭、动与静、色彩、质感等的对比形成变化。如图 2-24 所示，通过界面造型、材料质感、色彩等的变化形成对比，获得良好的视觉效果。对比的程度有强有弱。弱对比更多强调相互之间的共性，温和、含蓄、易调和；强对比则重在各自特色的表现，鲜明、刺激，可突出重点，形成趣味中心。

图 2-24　对比丰富的空间效果

在室内空间中过分地强调协调统一，会产生呆板、单调、沉闷之感，但过多的对比变化也会显得杂乱无章，失去中心，所以，只有既对比变化，又协调统一的空间构图才能获得新颖美观、富有个性的室内空间环境。

2.5　室内空间组织

空间组织是室内空间设计的重要内容。空间组织即通过室内空间的限定、分隔、组合、联系等，创造出良好的空间环境，满足人们不同的生活、生产活动的物质需要和精神需要。

2.5.1　空间的联系与分隔

空间的联系与分隔是相对而言的，两者是对立统一的关系。

1. 空间的联系

从功能上讲，室内空间是不可能独立存在的，空间与空间之间是相互联系的，空间的组合关系也是由室内空间的功能联系来决定的。

空间联系的形式主要有以下几种：

(1)空间邻接

空间邻接是最常见的空间联系方式，相邻两个空间各自根据需要进行空间界定，相邻空间的视觉感受及联系紧密程度取决于相邻面的形状与特点。空间邻接关系如图 2-25 所示。

(2)空间穿插

空间穿插是由两个空间部分交叠形成一个公共区域，但两个空间仍保持各自的界限和完整性。公共区域可以为两个空间共有，也可以自成一体，或为一个空间所有。空间穿插关系如图 2-26 所示。

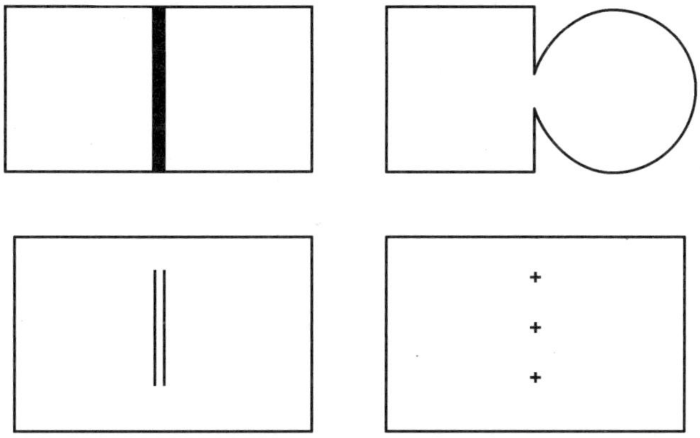

图 2-25　空间邻接示意图

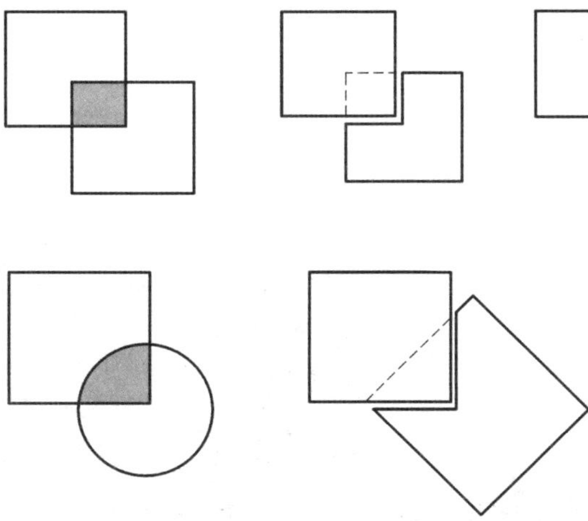

图 2-26　空间穿插示意图

(3)空间包含

空间包含是指大空间中包含小的空间，一般两个空间尺度差异较大，给人母子空间的感觉。空间包含关系如图 2-27 所示。

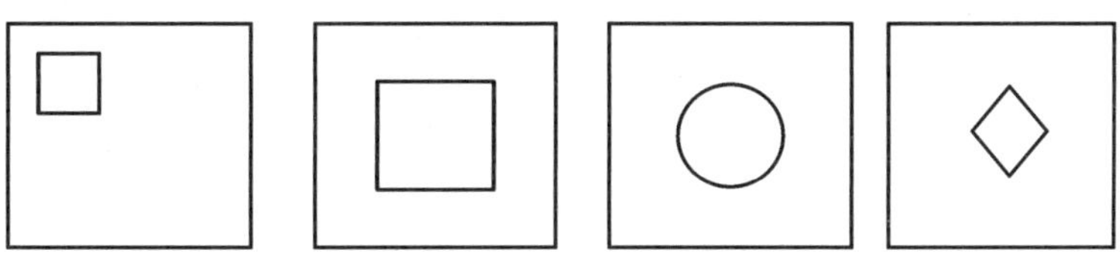

图 2-27　空间包含示意图

(4)以过渡空间相联系

当两个空间之间相隔一段距离时，可以通过一个过渡空间进行联系。过渡空间的形式可以是多样化的，从而带来各不相同的空间体验。过渡空间的使用如图 2-28 所示。

2. 空间的分隔

空间分隔的方式决定了空间之间的联系程度。空间分隔的方式主要有以下四种：

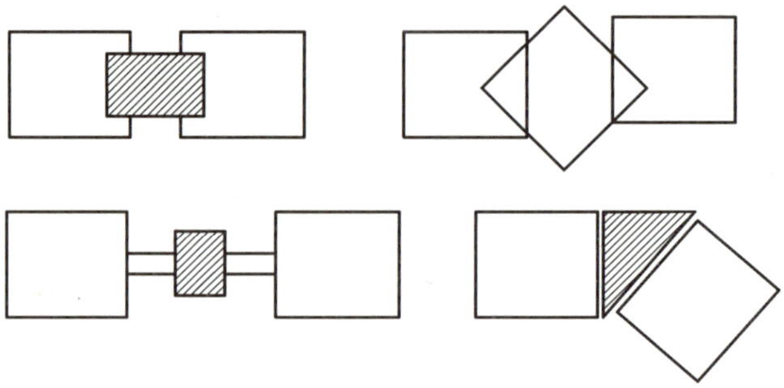

图 2-28 以过渡空间联系示意图

(1)绝对分隔

绝对分隔是利用承重墙或直到顶棚的轻质隔墙等分隔空间,分隔出的空间有明确的界限,是封闭性的。不仅阻隔视线,而且在声音、温度等方面也有一定阻隔。因此,相邻空间之间互不干扰,具有较好的私密性,但与周围环境的流动性较差。如卡拉 OK 包房、餐厅包间、会议室、录音棚等常采用绝对分隔的方法(图 2-29)。

图 2-29 采用绝对分隔的会议室

(2)局部分隔

局部分隔即利用具有一定高度的隔断、屏风、家具等在局部范围内分隔空间。局部分隔一般是为了减少视线上的相互干扰,对声音、温度等没有阻隔。局部分隔的强弱取决于分隔体的大小、形态、材质等。局部分隔的形式有四种,即一字形垂直面分隔、L 形垂直面分隔、U 形垂直面分隔、平行垂直面分隔等(图 2-30)。

(3)象征性分隔

即利用低矮的界面、通透的隔断、界面高差变化等分隔空间。象征性分隔的限定度很低,主要依靠部分形体的变化给人以启示、联想来划定空间。空间的形状装饰简单,却可获得较为理想的空间感。图 2-31 所示为利用界面的高差变化象征性地分隔空间。

(4)弹性分隔

即利用折叠式、升降式、拼装式活动隔断或帷幕等分隔空间。可根据使用要求开启、闭合,空间也随之分分合合。图 2-32 所示,分别用推拉门、纱帘弹性分隔空间。

(a)

(b)

(c)

(d)

图 2-30　局部分隔空间

(a) 一字形垂直面分隔；(b)L 形垂直面分隔；(c)U 形垂直面分隔；(d)平行垂直面分隔

图 2-31　象征性分隔空间

(a)

(b)

图 2-32　弹性分隔空间

(a)推拉门分隔空间;(b)纱帘分隔空间

空间分隔的具体方法多种多样,归纳起来主要有:

①利用建筑结构分隔空间。如利用楼梯、列柱等分隔。

②利用各种轻质隔墙、隔断分隔空间。

③利用水平面的高差变化分隔空间。

④利用家具的布置分隔空间。

⑤利用界面色彩或材质的变化分隔空间。

⑥利用各种装饰构件分隔空间。

⑦用照明分隔空间。

⑧用陈设分隔空间。

⑨用综合手法分隔空间。

具体实例见图 2-33、图 2-34、图 2-35、图 2-36。

图 2-33　轻质隔断分隔空间

图 2-34　家具分隔空间

图 2-35　利用地面高差变化分隔空间

图 2-36　绿色植物分隔空间

2.5.2　室内空间的组织处理

空间艺术的感染力不仅仅在于单一空间的视觉印象，更在于人们连续行进过程中多个空间的视觉感受。因此，在设计中必须注重各相邻空间的组织处理。

1. 空间的变化与统一

为了获得从一个空间进入另一个空间时的情绪上的变化和快感，可以通过相邻空间之间的对比，使其在某一方面形成差异，凸显各自特点。

空间的变化常用的对比方法有空间体量的对比、开敞与封闭的对比、空间形状的对比、方向的对比等。如我国古典园林所采用的欲扬先抑的处理手法，就是借空间体量大小的强烈对比获得以小见大的效果；从暗淡封闭的空间进入明朗开敞的空间，在强烈对比下，必然会产生豁然开朗的愉悦情绪；形状与方向的对比，往往有助于打破单调获得变化。

与变化相对应的是空间的协调统一。空间的重复和再现是获得协调统一感必不可少的处理方法。同一形式的空间，连续多次或有规律的重复出现，不仅可以突出主题，还可以形成韵律感。

变化与统一是相辅相成的，因此，重复与对比也应该相互配合，交替出现。既要避免单调，又要防止杂乱无章。

2. 空间的衔接与过渡

室内各个空间的联系应该有自然、良好的衔接，必要时可以插入过渡空间。尤其是在两个大空间之间插入一个过渡性空间，可以避免大空间的连接过于突然、生硬。由于过渡空间没有具体功能，往往比较小、低、暗，因此，借助过渡性小空间，可以形成由大到小再由小到大，由高到低再由低到高，由明到暗再由暗到明的对比变化，从而加强空间组合的抑扬顿挫的节奏感。过渡性空间可利用辅助用房、楼梯、变形缝等的间隙巧妙的插入，也可借助压低局部空间的方法发挥过渡作用，而不必都单独设置。室内外空间之间也应该有良好的空间过渡，使人流自然、有序地从室外进入室内。既不觉突然，又不感平淡。常用的方法是在入口处设置开敞式门廊，也可采用适当的悬挑雨篷、底层透空等方法。

3. 空间的渗透与层次

相邻的室内空间，可以通过“似隔非隔，隔而不断”的方法进行连接，如透空的花罩、通透的玻璃等，都可以形成既有分隔又相互连通、渗透的空间效果，从而呈现出极富变化的空间层次。

4. 空间的引导和暗示

空间的引导和暗示是以建筑处理手法引导人们行动的方向。空间的引导不同于指路标或文字说明，而是采用建筑所特有的语言传递信息，通过巧妙、含蓄、自然的空间处理，使人在不经意间沿一定的方向或路线从一个空间依次进入另一个空间。

空间的引导和暗示作为一种设计手法，在实际应用中是千变万化的，归纳起来主要有以下几种具体处理方法。

(1)运用具有方向性的形象和各种韵律构图来引导和暗示行进的方向。如利用重复出现的连续性的柱、构架、陈设品等暗示或引导人们行动的方向，或在地面、墙面及顶棚上采用连续性的图案，尤其是具有方向性的线条或图案，以获得导向性(图 2-37)。

(2)利用弯曲的墙面引导人流，并暗示另一空间的存在。这是依据人的心理特点和人流自然趋向于曲线形式设计的。当人面对一弯曲的墙面，会自然而然地产生期待感，不自觉地沿弯曲的方向前进，去探索另一个空间(图 2-38)。

图 2-37　连续型图案形成导向性

图 2-38　弯曲的墙面形成导向性

(3)利用特殊形式的楼梯或特意设置的踏步，暗示上一层空间的存在。楼梯、踏步通常都具有一种引人向上的诱惑力，当需要将人流从低空间引导至高空间时，都可以采用这种方法(图 2-39)。

(4)利用空间的灵活分隔，暗示其他空间的存在。只要不使人感到“山穷水尽”，人们便会抱有某种期待，并进一步去探索。利用这种心理特点，可采用灵活的空间分隔，使人在一个空间中预感到另一个空间的存在，从而把人引导至另一个空间。

(5)利用视觉中心的作用引导空间。视觉中心是在一定空间范围内引起人们视觉集中的事物，在空间的一些关键部位，如入口处、不同空间连接处、空间转折处等，设置易引起人们强烈注意的物体，以吸引人们的视线，勾起人们向往的欲望。如形态生动的螺旋楼梯，造型独特的陈设，如雕塑、花瓶、盆栽、壁画等。如图 2-40 所示，也可以通过色彩、照明等突出重点，形成视觉中心。

另外，光线的强弱变化、色彩变化、质感变化也都可以形成空间的引导和暗示。如依据人的趋光心理，人会自然地从光线较暗的空间流向光线较亮的空间，从而形成导向性。

图 2-39　利用台阶引导暗示空间

图 2-40　利用绿化形成视觉中心引导空间

2.6　室内空间序列设计

空间序列是指空间环境的先后活动的顺序关系。这种顺序关系由建筑空间的功能决定，人在空间中是处于活动状态的，人的每一项活动都表现为一系列的时间与空间过程，而且具有一定的规律性。如人们到火车站乘车，必然经历买票—安检—候车—检票进站—上车这一系列过程，因此，火车站的空间序列应符合这一顺序。

当人们从一个空间运动到另一个空间，逐一展现出来的空间既变化又保持着连续性，通过空间的排列和时间的先后有机统一起来，使人在运动中获得良好的视觉效果，特别是沿着一定路线看完全过程后，要使人感受到变化之丰富、节奏之起伏、整体之和谐，最终留下完整、深刻的印象。

2.6.1　空间序列的组成

空间序列设计就是要沿着主要人流路线逐一展开一连串的空间，使之如一首悦耳动听的交响乐一样，悠扬婉转，跌宕起伏，有主题，有起伏，有高潮，有结束。空间序列一般由序幕、展开、高潮、结尾四部分组成。

(1)序幕

序幕是序列的开端，它是空间的第一印象，预示着将要展开的内容，应具有足够的吸引力。

(2)展开

展开是序列的过渡部分，它发挥着承前启后的作用，是序列中承接序幕、引向高潮的重要环节，尤其对高潮的出现具有引导、启示、酝酿、期待以及引人入胜等作用。

(3)高潮

高潮是全序列的中心，是序列的精华和目的所在，也是空间艺术的最高体现。期待后的心理满足和激发情绪达到高峰是高潮设计的关键。

(4)结尾

结尾由高潮恢复到平静,是序列中必不可少的一环。良好的结尾有利于对高潮的追思和联想,可使人回味无穷,以加强对整个空间序列的印象。

如毛主席纪念堂(图 2-41),瞻仰的人群列队自花岗石台阶拾级而上,经过庄严、宽阔的柱廊,进入小门厅,从而拉开空间序列的序幕。由小门厅步入宽阔高敞的北大厅,首先映入眼帘的是栩栩如生的毛主席汉白玉坐像,庄严肃穆,引起人的无限追思和回忆,为瞻仰毛主席遗容做好情绪上的铺垫和酝酿。为突出北大厅到瞻仰厅的入口,北大厅南墙上以金丝楠木装修的两扇大门,以其醒目的色泽和纹理形成导向性。为进一步突出瞻仰厅的主体地位,并照顾人从明到暗的视觉适应过程,北大厅和瞻仰厅之间插入了一个较长的过渡空间,当人们步入瞻仰厅时,感受到更加雅静肃穆的环境气氛。因瞻仰厅在尺度上和空间环境上如日常起居空间,又给人以亲切感,表达了人们对这位伟大领袖的敬仰与爱戴,使人的情绪达到高潮。随后进入南大厅,厅内色彩稳重明快,汉白玉墙面上镌刻着毛主席亲笔书写的《满江红 · 和郭沫若同志》词,金光闪闪,气势磅礴,激人奋进,作为圆满结束。整个空间序列并不长,却将序幕、展开、高潮、结束安排得丝丝入扣,跌宕起伏。

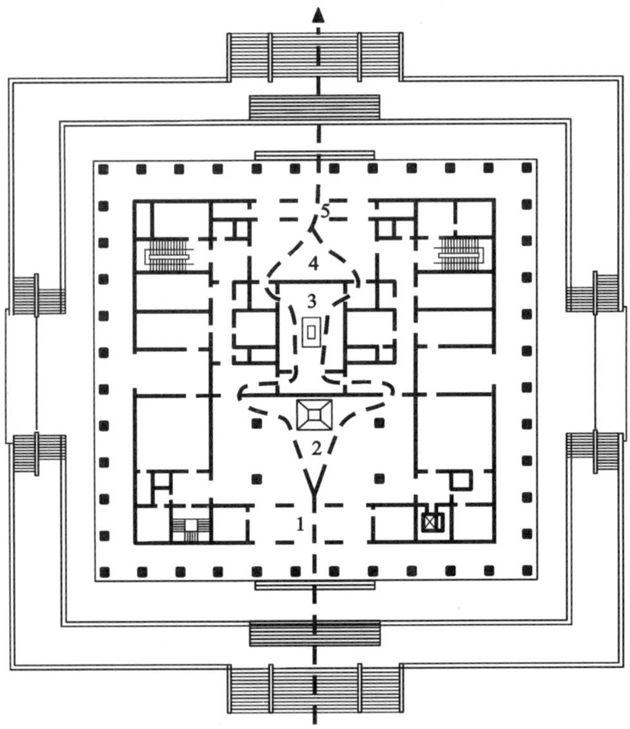

图 2-41　毛主席纪念堂平面

2.6.2　空间序列的布局形式

不同类型建筑,因使用功能各不相同,人在空间内进行各项活动时的行为模式不相同,以及环境等因素的不同,空间序列设计的构思、布局和处理手法也就千变万化。一般来说,空间序列的布局形式有两种,一种是规则的、对称的,另一种是自由的、非对称的。前者给人的感受是庄重、严肃,后者则是轻松、活泼、富有情趣。

2.6.3 空间序列的设计手法

空间序列设计就是综合运用对比、过渡、引导等一系列空间处理手法，把一个个独立的空间组合成一个有序的、变化丰富的、统一完整的空间集群。

(1)空间的引导

空间的引导是空间序列设计的基本手法之一，它采用建筑所特有的语言传递信息，如具有方向性的图案和线条、连续的灯具等，暗示人们这里该转弯了、由此上台阶……以此保持空间序列的连续性。

(2)空间的衔接

空间序列就是一连串相对独立的空间组合起来的相互联系的连续过程，从进入室内空间开始，经过一系列大小、主次空间，最后离开而结束。一个好的开始，必须做好室内外空间的过渡；在内部空间之间也要有良好的衔接，必要时还可以插入小的过渡空间，以保证空间序列的连续性，同时形成整个序列抑扬顿挫的节奏感。结尾也应妥善处理，避免虎头蛇尾。

(3)空间的对比与统一

一个空间序列必须有起伏变化、有抑扬顿挫、有铺垫、有高潮。空间的这些变化都可通过相连空间之间的对比作用来获得。高潮的形成是空间对比的结果，以较小或较低的次要空间来烘托、陪衬主体空间，当主体空间得到足够的突出时，就能成为控制全局的高潮。

空间序列又是连续的、完整的，在对比变化的过程中也要强调空间序列的整体性，使空间前后相连、衔接自然、联系紧密，形成一个有机的统一体，并确保主题明确、格调统一。

学习情境3 室内空间组织技能训练

<table>
<tr><td>工作任务描述</td><td colspan="3">按项目任务要求，进行公园小茶室的功能分区和空间组织设计，并绘制平面布置图和效果图</td></tr>
<tr><td rowspan="5">工作过程建议</td><td colspan="2">学生工作</td><td>老师工作</td></tr>
<tr><td colspan="2">步骤1:搜集公园小茶室设计案例，进行公园小茶室的功能分析</td><td>示范、引导案例分析、功能分析</td></tr>
<tr><td colspan="2">步骤2:进行公园小茶室的功能分区和空间组织的多方案草图设计</td><td>指导</td></tr>
<tr><td colspan="2">步骤3:通过多方案比较，确定最终方案，并按要求绘制图纸</td><td>指导</td></tr>
<tr><td colspan="2">步骤4:方案讲评</td><td>总结</td></tr>
<tr><td colspan="2">工作环境</td><td colspan="2">学生知识与能力准备</td></tr>
<tr><td colspan="2">教学做一体化教室(多媒体、网络、电脑、工作台)、专业图书资料室、专业绘图教室</td><td colspan="2">具备建筑装饰识图与绘图能力、资料搜集与分析能力、手绘或电脑制作效果图表现能力</td></tr>
<tr><td>预期目标</td><td colspan="3">能够在设计中恰当运用不同类型空间，能够灵活运用所学的室内空间构图规律和空间组织设计手法</td></tr>
</table>

项目小结

<table>
<tr><td rowspan="4">项目考核</td><td>考核内容</td><td>考核标准</td><td>比例</td></tr>
<tr><td>室内空间体验</td><td>态度积极，团结协作，展板图文并茂，内容正确，板面美观，讲解清晰完整</td><td>20%</td></tr>
<tr><td>室内空间组织案例分析</td><td>PPT 制作精美，图文并茂，室内空间组织设计方法分析正确、分类明确、内容全面</td><td>30%</td></tr>
<tr><td>室内空间组织技能训练</td><td>构思新颖，平面功能布局合理，空间分隔与联系的设计手法运用恰当，图纸美观</td><td>50%</td></tr>
<tr><td rowspan="3">项目评价</td><td>教师评价</td><td></td><td>50%</td></tr>
<tr><td>项目组互评</td><td></td><td>30%</td></tr>
<tr><td>内部评价</td><td></td><td>20%</td></tr>
<tr><td>项目总结</td><td colspan="3">师生共同回顾本单元项目教学过程，对各个学习情境的表现与成果进行综合评估，找出各自的得失及提出改进措施</td></tr>
</table>

单元三　室内空间界面设计

<table>
<tr><td>项目名称</td><td colspan="3">公园小茶室室内空间界面设计</td></tr>
<tr><td>项目任务</td><td colspan="3">要求在公园小茶室总体设计构思和空间组织的基础上，进行室内主题墙、地面、顶棚装饰设计，要求各界面的造型设计、装饰材料选择符合设计需要。绘制地面铺装图、顶棚平面图、主题墙立面图和室内空间效果图(公园小茶室原始平面及设计条件见图 1-1)</td></tr>
<tr><td>活动策划</td><td>工作任务</td><td colspan="2">相关知识点</td></tr>
<tr><td>学习情境 1</td><td>室内空间界面万花筒</td><td colspan="2">3.1 室内空间界面设计的原则
3.2 室内空间界面设计要点</td></tr>
<tr><td>学习情境 2</td><td>室内空间界面设计案例分析</td><td colspan="2">3.3 楼地面装饰设计
3.4 墙面装饰设计
3.5 顶棚装饰设计
3.6 其他构件装饰设计</td></tr>
<tr><td>学习情境 3</td><td>室内空间界面设计技能训练</td><td colspan="2"></td></tr>
<tr><td>教学目标</td><td colspan="3">能够掌握室内空间界面设计的一般原则；能够正确分析室内空间界面设计要点；掌握室内空间各界面的设计方法并加以运用。引导学生正确理解美学规律与时代发展、科技发展的关系，培养工匠精神和创新精神</td></tr>
<tr><td>教学重点
与难点</td><td colspan="3">重点：室内空间界面设计
难点：室内空间界面设计</td></tr>
<tr><td>教学资源</td><td colspan="3">教案、多媒体课件、网络资源、专业图书资料、精品课等</td></tr>
<tr><td>教学方法建议</td><td colspan="3">项目教学法、案例分析法、参观考察、讨论等</td></tr>
<tr><td rowspan="3">思政元素</td><td>思政契合点
(案例或知识点)</td><td>教学活动(思政内涵)</td><td>思政落脚点</td></tr>
<tr><td>界面造型设计</td><td>纹样之美——中国传统纹样在空间设计中的创新应用</td><td>文化自信
知美鉴美
创新精神
工匠精神</td></tr>
<tr><td>新材料、新技术的应用</td><td>装饰新材料、新技术日新月异，我们该如何了解、学习新材料、新技术，并灵活运用于装饰设计中</td><td>科技发展
创新精神
职业精神
鲁班精神</td></tr>
</table>

学习情境 1 室内空间界面万花筒

<table>
<tr><td>工作任务描述</td><td colspan="3">考察不同类型的建筑室内空间界面设计，或观看各类建筑室内空间界面装饰设计的多媒体视频、幻灯片等，分析、讨论，并以展板形式总结室内空间界面设计的基本原则和设计要点</td></tr>
<tr><td rowspan="5">工作过程建议</td><td colspan="2">学生工作</td><td>老师工作</td></tr>
<tr><td colspan="2">步骤 1:考察不同类型的建筑室内空间界面设计，或观看各类建筑室内空间界面装饰设计的多媒体视频、幻灯片等</td><td>提出问题，引导学生观察、思考</td></tr>
<tr><td colspan="2">步骤 2:分组讨论、初步分析室内空间界面设计的基本原则和设计要点</td><td>指导讨论、分析</td></tr>
<tr><td colspan="2">步骤 3:搜集各类室内空间界面设计的典型图例，以图文并茂的形式归纳、总结室内空间界面设计的基本原则和设计要点，并设计制作展板</td><td>指导</td></tr>
<tr><td colspan="2">步骤 4:展板讲评</td><td>指导、总结</td></tr>
<tr><td colspan="2">工作环境</td><td colspan="2">学生知识与能力准备</td></tr>
<tr><td colspan="2">教学做一体化教室(多媒体、网络、电脑、工作台)、专业图书资料室</td><td colspan="2">美学规律的基本知识、装饰材料与构造基本知识及应用能力、资料搜集与分析归纳能力、展板设计与制作能力</td></tr>
<tr><td>预期目标</td><td colspan="3">能够正确分析、理解室内空间界面设计的一般原则;掌握室内空间界面设计的基本要点</td></tr>
</table>

知识要点

3.1 室内空间界面设计的原则

3.1.1 室内空间界面的基本要求

室内空间设计属于建筑环境的微观层次，而人们对空间的感知是通过对室内界面的感知来完成的，没有界面，空间也就不存在。室内界面，即围合成室内空间的底面(楼、地面)、侧面(墙面、隔断)和顶面(吊顶、天棚)。室内界面限定了一定的空间体积，并根据功能的要求对室内空间进行一定的划分。各界面的设计处理要和总体设计相协调，我们必须把空间与界面、“虚无”与“实体”有机地结合起来进行分析和对待。

界面设计的基本要求主要表现在：

(1)耐久，满足使用期限的要求。

(2)耐燃及防火性能。现代室内空间，特别是人员大量集聚的公共空间，严禁使用易燃的装饰材料，并避免使用燃烧时释放大量浓烟和有毒气体的材料。具体规定见国家标准《建筑内部装修设计防火规范》(GB 50222)。

(3)无毒无害。即界面材料散发的有毒气体、放射性有害物质等不得超过《民用建筑工程室内环境污染控制规范》(GB 50325)中的相关规定。如有些天然石材具有一定的氡元素放射剂量,在使用前必须进行检测;板材胶结材料中的甲醛是室内有害气体的主要来源,室内用人造木板必须测定甲醛含量或游离甲醛释放量;室内装修所使用的木地板及其他木质材料,严禁采用沥青类防腐、防潮处理剂等。

(4)易于制作、安装和施工,更新方便。如扣板式的木地板,就具有可拆卸、重安装的特点。

(5)界面还应满足保温、隔热、隔声、防火、防水等要求。主要是按照各类功能空间的具体需要及相应的经济条件来进行考虑和选择。

(6)装饰及美观要求。

(7)相应的经济要求。构造简单、方便施工、经济合理。

3.1.2 室内空间界面设计的原则

1. 功能性原则

早在两千多年前,中国古代思想家老子就精辟地阐述了空间与界面之间"有"与"无"的辩证关系:"埏埴以为器,当其无,有器之用;凿户牖以为室,当其无,有室之用。故有之,以为利;无之,以为用。"现代主义建筑更是把功能作为设计的出发点。因此,满足使用功能是室内空间界面设计的第一原则。如歌剧院、录音棚等空间对声环境要求较高,其界面设计,无论是造型处理还是材料选择都应充分考虑隔声、吸声、声音的反射、混响时间控制等需要(图 3-1)。即使是同一功能空间,其各界面的要求也会各不相同。如洗浴空间,墙面要求防水;地面既要求防水还要求防滑;而顶棚要求防潮、质轻。因此,必须依据各界面要求恰当选择装饰材料,才能真正满足空间的使用功能。

图 3-1 观演建筑室内空间界面

2. 协调性原则

由于界面对室内空间的围合作用,界面的造型、材料质感、色彩等对室内空间整体风格和环境氛围影响很大,因此,界面设计要与室内空间的风格和环境氛围相协调,进而实现有机的统一(图 3-2)。

特别需要注意的是,室内界面在大多数时候是室内环境的背景,对室内空间、家具和陈设

图 3-2　欧式风格的空间界面

起到烘托、陪衬的作用，因此，界面设计切忌过分突出或变化过多，以避免“喧宾夺主”。只有在特殊需要的情况下，如宾馆大堂的服务台背景墙、商业空间的 LOGO 墙或起居室的电视背景墙等，可以进行重点装饰处理，以突出重点，形成视觉焦点。

另外，还应该考虑界面设计与空调、音响、通风等设备设施的协调。尤其是在顶面设计中必须与空调、消防、照明等设施密切配合，尽可能使顶面上部各类管线协调配置。

3. 美观原则

界面的美观主要体现在界面的造型、材料的质感及色彩等方面。在界面设计中，应充分运用点、线、面等造型构成要素、构图的美学规律和各种造型艺术手段，使得墙面、地面、顶棚、门窗、楼梯乃至隔断、栏杆等每一个最细微的装饰部件都成为美的载体。同时，通过材料质地本身的美感以及不同质感的对比与衬托，可以增强其艺术表现力，从而更好地强化空间风格，烘托环境氛围。

4. 经济性原则

在界面设计中，装饰材料、构造形式及施工工艺是设计的一个重要方面，应综合考虑建筑空间的使用要求、设计标准、投资额度及工期要求等诸多因素，力求做到用“对”材料、构造简单、施工方便、经济合理。

3.2　室内空间界面设计要点

3.2.1　界面造型设计

1. 形状

界面的形状多是以结构构件、承重墙柱等为依托，以结构体系构成轮廓，形成平面、曲面、折面等不同形状的界面；也可以根据室内使用功能对空间形状的需要，脱开结构层另行考虑。例如剧场、音乐厅的顶界面，往往需要根据声学的反射要求，做成反射的曲面或折面。另外，界面的形状也可以根据空间组织的需要和空间环境气氛的需要进行设计。

从造型艺术上来讲，界面的形状是由点、线、面等基本造型元素构成的。点是最活跃的元素，点可以形成视觉中心，也可以形成聚合或扩散状态，还可以通过有规律的再现形成节奏感。

线主要是面的交界线、边界线、分割线和表面凹凸变化而产生的线，具体表现为直线（平行线、垂直线、斜线）、曲线、折线、波浪线、乱线、光滑的线、毛糙的线等。不同形式或方向的线不仅可以塑造或静或动的空间感觉，还可以调整空间的形态（图 3-3）。面的形态也是多种多样，有规则的几何形，也有多变的自由形、自然形；可以是实的，也可以是虚的。面的转折、弯曲就可以构成形体或空间。点、线、面的构图应符合空间构图的美学规律，如均衡、节奏与韵律、变化与统一等。

图 3-3　界面上线的运用

2. 图案

图案是由形状与色彩构成的。图案的内容和形式丰富多彩，有中式传统图案、西方传统图案、现代图案等；有具象图案和抽象图案；有彩的或无彩的；有主题的或无主题的等。有的图案具有丰富的文化内涵和历史渊源，可以表现特定的风格和氛围；有的图案可以利用人们的视错觉改善界面比例，影响空间的景深（图 3-4）；有的可以带给空间安静感或动态感；有的可使空间有明显的个性，表现某个主题，营造某种意境。图 3-5 所示为新疆某宾馆极具民族特色的墙面壁画。

图 3-4　大景深的壁画可以扩大空间

图 3-5　新疆某宾馆墙面壁画

选用图案时应充分考虑空间及界面的大小、形状、用途和性格，使装饰图案与空间的使用功能和精神功能融为一体(图 3-6)。还可以利用图案造成的视错觉来改善空间及界面的比例关系。界面的图案也需要考虑与室内织物（如窗帘、地毯、床罩等）的协调。

图 3-6　新中式风格客厅图案

3.2.2　材料表现

1. 材料质感

质感是材料给人的感觉与印象，是材料经过视觉和触觉刺激后产生的心理现象。装饰材料的质地，根据其特性大致可以分为天然材料与人工材料、硬质材料与柔软材料、精致材料与粗犷材料等。如磨光的花岗石饰面板属于天然硬质精致材料，斩假石即属人工硬质粗犷材料。

不同质地和表面加工的材料带给人们不同的感受，如天然材料中的木、竹、藤、麻、棉等材料常给人们以自然、亲切感；平整光滑的天然石材给人华贵、精密、现代感；斧剁石材给人厚重、有力、粗犷感；全反射的镜面不锈钢给人精密、高科技感；清水勾缝砖墙面给人传统、乡土感。但由于色彩、线形、质地之间具有一定的内在联系，又受光照等整体环境的影响，因此感受也具有相对性。

在界面装饰设计中，应根据空间的性格、风格选择材料质地，充分展示材料的内在美，同时要注意视距、面积对材料质感的影响。

(1)材料特性与空间性格相协调

室内空间的性格决定了空间氛围，材料质感对空间气氛的营造影响很大。因此，在材料选用时，应注意材料特性与空间性格相协调。例如，娱乐休闲空间宜采用明亮、华丽、光滑的玻璃和金属等材料，给人以豪华、优雅、舒适的感觉。

(2)充分展示材料的内在美

天然材料巧夺天工，自身具备许多人工无法模仿的要素，如图案、色彩、纹理等，因而在选用这些材料时，应注意识别和运用，充分体现其个性美。如天然石材中的花岗岩和大理石的纹理各具特色，不同品种的花岗岩又具有独特的纹理和色彩；木材中的胡桃、红影、枫木等也都有别具一格的天然纹理和色彩。图 3-7 所示为巴塞罗那世博会德国馆内对玛瑙石纹理的表现。

(3)注意材料质感与距离、面积的关系

同一种材料，当距离远近或面积大小不同时，它给人们的感觉往往是不同的。离材料越近对质感的感受越强，越远感受越弱；面积越大对质感的感受越弱，面积越小感受越强。例如，光亮的金属材料，用于面积较小的地方，尤其在作为镶边材料时，显得光彩夺目，但当大面积应用时，就容易给人以凹凸不平的感觉；毛石墙面近观显得粗糙，远看则显得较平滑。大空间、大面积的室内，宜使用质感粗犷的装饰材料，使空间显得亲切；小空间、小面积的室内，宜使用质感细腻的装饰材料，使空间显得宽敞。因此，在设计中，应充分把握这些特点，并在大小尺度不同的空间中巧妙地运用。如图 3-8 所示，极富空间设计感的艺术长廊，温润木质感的金属顶棚与周围环境相得益彰。

图 3-7　巴塞罗那世博会德国馆内石材墙面的表现

图 3-8　郑州永威木色购物公园艺术长廊顶棚

2. 材料色彩

色彩是最具视觉冲击力的设计要素，具有强烈的艺术感染力和表现力。但色彩是不可能独立存在的，必然通过装饰材料等载体表现出来，因此，在空间界面设计中要充分利用材料色彩的表现效果。

学习情境 2　室内空间界面设计案例分析

<table>
<tr><td>工作任务描述</td><td colspan="3">调研、搜集不同类型建筑空间的室内地面、墙面、顶棚、门窗、栏杆等界面与装饰构件的优秀设计案例，分析各自的设计要点，并制作 PPT，要求图片清晰、文字精练</td></tr>
<tr><td rowspan="4">工作过程建议</td><td colspan="2">学生工作</td><td>老师工作</td></tr>
<tr><td colspan="2">步骤 1：通过实地考察、查阅图书、网络等形式搜集室内空间界面设计（地面、墙面、顶棚、门窗等）的优秀案例</td><td>示范、引导案例分析</td></tr>
<tr><td colspan="2">步骤 2：对搜集的案例进行分析、比较、归纳，选择经典案例图片，并制作成 PPT</td><td>指导</td></tr>
<tr><td colspan="2">步骤 3：通过 PPT 讲解室内地面、墙面、顶棚、门窗及构件的设计要点</td><td>总结</td></tr>
<tr><td colspan="2">工作环境</td><td colspan="2">学生知识与能力准备</td></tr>
<tr><td colspan="2">教学做一体化教室（多媒体、网络、电脑、工作台）、专业图书资料室</td><td colspan="2">艺术造型创意能力、装饰材料和构造知识与应用能力、资料搜集与分析归纳能力、办公软件应用能力</td></tr>
<tr><td>预期目标</td><td colspan="3">能够正确分析、理解、掌握室内空间各界面装饰设计的设计要点与常用设计手法</td></tr>
</table>

知识要点

3.3　楼地面装饰设计

楼地面作为室内空间的承重基面，承载着室内空间中家具设备、陈设品、人等的荷载，是人直接接触的基层，是室内环境设计的主要组成部分。楼地面在必须具备实用功能的同时，还应给人一定的审美感受。

3.3.1　地面装饰设计的要求

（1）满足使用功能要求

地面设计首先应满足耐磨、耐腐蚀、防潮、防水、防滑、弹性良好甚至防静电等基本要求，应具备一定的隔声、吸声、保温、隔热等性能，还必须保证使用的可靠性和坚固耐久。

（2）有助于功能区划分和空间组织

地面形状和图案的变化，要结合室内功能区的划分，家具陈设的布置统一考虑（图 3-9）。

如公共建筑的门厅处往往有大面积的没有被家具遮挡的地面，这里的地面可以采用图案装饰以形成视觉中心；在交通路线上可以设计带有导向性的线条或图案以帮助引导空间，组织人流路线。

(3)与整体空间风格氛围相协调

地面造型、图案、材料质感及色彩应与室内空间的风格、环境氛围协调一致。图 3-10 所示郑州市博物馆中庭地面上的商代装饰图案与博物馆内以商代青铜器展示为主的文化氛围相一致。

图 3-9　地面强化空间的划分

图 3-10　郑州市博物馆中庭地面图案

3.3.2　楼地面装饰设计要点

1. 地面划分

地面划分要结合空间形态、家具陈设、人的活动状况和心理感受以及建筑的使用性质等因素综合考虑，要注意大小、方向对室内空间的影响。譬如大面积的公共空间如果没有家具陈设，可设置图案进行装饰；人流路线上，可设计有良好导向性的图案；家具摆设处，可采用一般处理等。另外，由于视觉心理的作用，地面分块大时，室内空间显得小；反之，则室内空间就显得大。横向划分时，室内就显得横向变宽；反之，纵向划分则有变窄感。

2. 图案设计

在地面造型上，常运用图案进行装饰。图案可活跃空间气氛，增加生活情趣，也可起标示作用。楼地面的图案设计大致可分为三种类型：

(1)独立图案

独立图案强调其完整性，常用于大型接待空间或特殊的限定性空间。如宾馆大堂空间地面以完整的独立图案丰富空间，加强中心感(图 3-11)；会议室常采用内聚性的图案，以显示其重要性，色彩要和会议空间相协调，取得安静、聚神的效果。

(2)连续图案

连续图案强调图案的连续性和韵律感，具有一定的导向性和规律性，常用于走道、门厅、商业空间等处，色彩和质地要根据空间的性质、用途而定(图 3-12)。

(3)抽象图案

抽象图案强调图案的抽象性和自由多变，常用于不规则或灵活自由的空间，能给人以轻松自在的感觉，色彩和质地的选择也较灵活。

图 3-11　某宾馆大堂地面装饰图案

图 3-12　走廊地面的连续图案

3. 材料选择

地面材料的选择首先应满足使用要求，然后应根据室内空间风格、环境氛围及构图需要等因素，从质感、纹理、色彩等方面选择装饰材料。如卫生间地面首先选择防水、防滑、易清洁、耐磨的地面材料，如陶瓷地砖、马赛克、天然石材等，在此基础上根据室内空间风格、环境氛围等选择材料的品种、色彩纹理及规格等，如大花白大理石，或珍珠白花岗石，或仿古砖等。

常见的地面材料有实木地板、竹地板、复合木地板、软木地板、塑料地板、橡胶地板、陶瓷地砖、陶瓷锦砖、天然花岗石、大理石及各类人工石材、涂料地面等。特殊地面有弹性地面、发光地面、活动地板(防静电)等。同时新型地面材料也不断涌现，如网络地面、生态木、新型 PVC 地板等。

3.4　墙面装饰设计

在建筑装饰设计中，墙面也称侧界面，是室内外环境构成的重要部分。不论用“加法”或“减法”进行处理，都是陈设艺术及景观展现的背景和舞台，对控制空间序列、创造空间形象具有十分重要的作用。在墙面的处理中，应根据室内空间的特点，处理好门窗的关系。通过墙面的处理体现出空间的节奏感、韵律感和尺度感。墙面要具有挡视线，较好的隔声、吸声、保暖、隔热等功能。

3.4.1　墙面装饰的作用

(1)保护墙体。墙面装饰使墙体不易受到破坏，延长使用寿命。

(2)保证室内的使用条件。墙面装饰可以改善墙体保温、隔热、隔声和吸声等功能，更好地满足人们的使用要求。

(3)装饰室内空间。墙面装饰能使空间美观、整洁、舒适，富有情趣，渲染气氛，增添文化气息。

3.4.2　墙面装饰设计要点

1. 墙面造型

大多数墙面作为空间背景是不需要做造型变化的,或可以通过简单的线脚加以装饰。只有局部墙面需要通过造型变化重点装饰,如主题墙、电视背景墙等。墙面造型主要是通过点、线、面的构图和凸凹、虚实等对比变化形成的。不同的墙面造型可以表现出强烈的风格特征、民族特征甚至地域特征。

2. 墙面图案

墙面图案的形式丰富多彩,主要表现为点、线条、花饰图案等,也可以是大型图画或装饰图案。可以是具象的,也可以是抽象的,它们可以带来不同的视觉效果和环境氛围,同时受图案自身风格的影响,墙面也会表现出相应的风格。如图 3-13 所示,横向线条可使空间向水平方向延伸,给人安定的感觉;纵向线条可增加空间的高敞感。大花饰会使空间充实并感觉变小;小花饰可以使空间感觉宽敞,当然与花饰的色彩也有关。大型装饰图案可以成为墙面的视觉中心,往往具有表现主题的作用。

图 3-13　墙面图案

3. 装饰材料选择

选择墙面材料时,首先,应满足室内空间或使用部位的使用功能,如会议室墙面要考虑吸声问题,小空间内人体易接触的部位不能使用粗糙质感的材料,以避免擦伤;然后,根据空间的使用性质和装饰风格等要求选择恰当的装饰材料,充分展现材料自身的质感、纹理及色彩之美,并利用它们的对比变化,丰富墙面视觉效果。

常用的墙面材料有涂料(乳胶漆等)、木质人造板、壁纸壁布、锦缎皮革、金属装饰薄板、天然石材、人造石材、陶瓷墙砖、马赛克、装饰玻璃、复合板材、石膏装饰制品及木雕装饰品等。墙面装饰材料的发展日新月异,新兴的绿色环保材料有硅藻泥涂料、液体壁纸、马来漆、天鹅绒墙衣、纳米陶瓷砖等。

3.4.3　墙面装饰设计的形式

日常生活中我们见到的墙面形式是多种多样的,但这些变化丰富的墙面是由基本的形式经过形状、色彩、材质、灯光等的种种变化而形成的。这些基本形式有:

1. 壁龛式(凹壁式)

在墙面上每隔一定距离设计成凹入式的壁龛,使墙面有规律地凹凸变化。这种墙面一般在室内空间或面积较大时采用,或在两柱中间结合柱面装饰设壁龛。壁龛也可做成具有古典风格的门窗洞的造型,别有一番情趣。图 3-14 所示为充满泰国风情的墙面设计。

2. 壁画装饰墙面

墙面壁画往往会成为空间的视觉中点,通常表现一定的主题,用壁画所表现的艺术魅力感染整个空间(图 3-15)。

图 3-14　泰国风情墙面设计

图 3-15　某餐馆墙面壁画装饰

3. 主题性墙面

一般用于住宅客厅中的电视背景墙、办公空间入口或接待厅的公司标志墙或其他主题墙面(图 3-16)。

4. 绿化墙面

有的室内墙面由乱石砌成,可在墙面上悬挂植物,或采用攀缘植物,再结合地面上的种植池、水池,形成一个意境清幽、赏心悦目的绿化墙面(图 3-17)。

图 3-16　电视背景墙

图 3-17　某绿化墙面

5. 韵律式墙面

一般用于商业或者娱乐场所,运用重复的设计方式,突出节奏感和韵律感。如图 3-18 所示,JEWELLERY SHOP 珠宝店墙上凸凹有致的方块设计,既满足了商品展示的功能,又增添了美感。图 3-19 所示为上海 ZeBAR 酒吧的韵律式墙面。

6. 结合灯光进行墙面设计

在现代墙面装饰设计中,我们经常可以看到运用现代灯光技术的设计形式,特别是在娱乐场所最为常见。如图3-20所示，某餐厅室内由灯光和特种玻璃塑造的水墨山水艺术墙面，营造出雅致、静逸的就餐环境。

图3-18　JEWELLERY SHOP珠宝店

图3-19　上海ZeBAR酒吧设计欣赏

图3-20　某餐厅的灯光墙面

3.5　顶棚装饰设计

空间的顶界面最能反映空间的形状及关系。通过对空间顶界面的处理，可以使空间关系明确，达到建立秩序，克服凌乱、散漫，分清主从，突出重点和中心的目的。

顶棚是室内空间的顶界面，其使用功能和艺术形态越来越受到人们的重视，对室内空间形象的创造有着重要的意义。

3.5.1　顶棚装饰的作用

(1)调整空间形态,创造特定的使用空间气氛和意境。

(2)发挥限定空间、引导空间等作用。

(3)起到吸声、隔热、通风的作用。

(4)遮盖各种通风、照明、空调线路和管道,为灯具、标牌等提供一个载体。

3.5.2　顶棚装饰设计的要求

(1)满足空间使用要求。顶棚作为室内空间的功能界面,表面的造型设计和材料的质感都会影响到空间的使用效果。如在一些人声嘈杂的公共空间,必须采用具有吸声效果的顶棚装饰材料,或使顶棚倾斜,或用更多的块面板材进行折面的造型处理,以增加吸音表面,提高吸声降噪的效果。

(2)注意造型的轻快感。轻快感是室内顶棚装饰设计的基本要求。上轻下重是室内空间构图稳定感的基础,所以,顶棚的形式、色彩、质地、明暗等处理都应充分考虑该原则。当然,特殊气氛要求的空间例外。

(3)满足结构和安全要求。顶棚装饰设计应保证装饰部分结构与构造处理的合理性和可靠性,以确保使用的安全,避免意外事故的发生。

(4)满足设备布置的要求。顶棚上部各种设备布置集中,特别是高等级、大空间的顶棚上,通风空调、消防系统、强弱电错综复杂,设计中必须综合考虑,妥善处理。同时,还应协调通风口、烟感器、自动喷淋器、扬声器等设备与顶棚面的关系。

3.5.3　顶棚装饰设计的要点

(1)顶棚的高度

顶棚的高度是影响空间形态的重要因素。高顶棚能产生高敞、庄重之感,但过高会产生冷峻的气氛;低顶棚能给人一种亲切感,但过于低矮会使人感到压抑。顶棚设计时,可以通过调整吊顶高度,营造不同的空间氛围;还可以通过局部顶棚高度的变化和对比,进一步强化室内空间的气氛。

(2)顶棚造型

顶棚造型设计要有助于室内空间组织和空间氛围的营造。如利用顶棚的局部高低变化营造虚拟空间;在顶棚上设置导向性线条或图案可以帮助引导空间;具有动势的顶棚造型可以给整个空间带来动感。

(3)与灯光布置结合

顶棚的设计应与灯光布置相结合,营造良好的光影效果,更好地烘托气氛,增加空间层次感(图 3-21)。

(4)反映结构美

建筑内部空间结构本身也是一种美,特别是现代大跨度、轻质结构,所以,顶棚的设计处理可巧妙结合建筑的结构形式,反映结构美或机械美。

(5)顶棚装饰材料

吊顶装饰材料宜选择质轻、美观、易于造型,且满足防火、吸声、防潮等要求的材料。吊顶

图 3-21 顶棚灯光有助于营造气氛和增加空间层次感

装饰材料分为吊挂配件、龙骨、饰面板三部分，常用的吊顶龙骨有轻钢龙骨、铝合金龙骨、木龙骨等；常用的罩面板有人造木质板材、装饰石膏板、矿棉（岩棉、膨胀珍珠岩）吸声板、钙塑泡沫装饰板、GRC 板、塑料板及格栅、铝塑板、铝合金板及格栅、金属微孔吸声板、玻璃、黑镜等。新型吊顶材料有软膜吊顶、生态木等。

3.5.4 常见的顶棚装饰形式

(1)平整式顶棚

平整式顶棚的特点是顶棚表现为一个较大的平面或曲面。这个平面或曲面可能是屋顶承重结构的下表面，其表面是用喷涂、粉刷、壁纸等装饰，也可能是用轻钢龙骨与纸面石膏板、矿棉吸声板等材料做成平面或曲面形式的吊顶。有时，顶棚由若干个相对独立的平面或曲面拼合而成，在拼接处布置灯具或通风口。平整式顶棚构造简单，外观简洁大方，适用于候机室、候车室、休息厅、教室、办公室、展览厅或高度较低的室内空间，使室内气氛明快、安全舒适。平整式顶棚的艺术感染力主要来自色彩、质感、分格线以及灯具等各种设备的配置。

(2)井格式顶棚

由纵横交错的主、次梁形成的矩形格，以及由井字梁楼盖形成的井字格等，都可以形成很好的图案。在这种井格式顶棚的中间或交点，布置灯具、石膏花饰或绘彩画，可以使顶棚的外观生动美观，甚至可以表现出特定的气氛和主题。有些顶棚上的井格是由承重结构下面的吊顶形成的，这些井格的龙骨与板可以用木材制作，或雕或画，相当方便。井格式顶棚的外观很像我国古建筑的天花。这种顶棚常用彩画来装饰，彩画的色调和图案应以空间的总体要求为依据。

(3)悬挂式顶棚

在承重结构下面悬挂各种折板、格栅或其他饰物，就构成了悬挂式顶棚。采用这种顶棚往往是为了满足声学、照明等方面的特殊要求，或者为了追求某种特殊的装饰效果。在餐厅设计中，悬挂式顶棚的主要功能在于形成角度不同的光线照射及反射面，以取得良好的光学效果。

图 3-22 所示为某日本料理餐厅顶棚上既起功能作用，又具装饰作用的悬吊灯。在茶室、商店等建筑中，也常常采用不同形式的悬挂式顶棚。很多商店的灯具均以木制格栅或钢板网格栅作为顶棚的悬挂物，既是内部空间的主要装饰，又是灯具的支承点。有些餐厅、茶座以竹子或木方为主要材料做成葡萄架，形象生动，气氛十分和谐。

图 3-22 某日本料理餐厅悬挂式顶棚

图 3-23 华盛顿国家美术馆东馆的采光顶

(4)分层式顶棚

电影院、会议厅等空间的顶棚常常采用暗灯槽，以得到柔和均匀的光线。与这种照明方式相适应，顶棚可以做成几个高低不同的层次，即是分层式顶棚。分层式顶棚的特点是简洁大方，与灯具、通风口的结合更自然。在设计这种顶棚时，要特别注意不同层次间的高度差，以及每个层次的形状与空间的形状是否相协调。

(5)天窗式玻璃顶棚

现代公共建筑的大空间，如展厅、四季厅等，为了满足采光的要求，打破空间的封闭感，使环境更富情趣，除把垂直界面做得更加开敞、空透外，还常常做成透明的玻璃顶棚(图 3-23)。玻璃顶棚由于受到阳光直射，容易使室内产生眩光或大量辐射热，而一般玻璃易碎又容易砸伤人，因此，可视实际情况采用钢化玻璃、有机玻璃、磨砂玻璃、夹钢丝玻璃等。

在现代建筑中，还常用金属板或钢板网做顶棚的面层。金属板主要有铝合金板、镀锌铁皮、彩色薄钢板等。钢板网可以根据设计需要涂刷各种颜色的油漆。这种顶棚的形状多样，可以得到丰富多彩的效果，而且容易体现时代感。此外，还可用镜面做顶棚，这种顶棚的最大特点是可以扩大空间感，形成闪烁的气氛。

(6)黑顶棚

黑顶棚是近几年在商场、办公楼等一些大型楼宇内常用的一种顶棚形式。由于在这些建筑内的顶棚上要布置大量的各种管线、设备，采用封闭式吊顶势必会影响检修。所以，干脆把顶棚及管线裸露。这时一般会把原有的混凝土天花板涂黑，然后再悬吊向下照射的灯具。当然，这种顶棚也可根据室内空间的布置情况做些局部吊顶(图 3-24)。

图 3-24　黑顶棚

3.6　其他构件装饰设计

3.6.1　门窗装饰设计

1. 门窗的作用

门窗是建筑物的重要组成部分。门是建筑物内部空间之间或建筑物内外联系的连接部分，有的仅设门洞，有的加门扇。兼有采光和通风的作用。门的立面形式在建筑装饰中是一个重要因素。窗的作用是采光和通风，对建筑立面装饰起很大的作用。同时，两者有时还兼有从视觉上沟通空间的作用，如大的落地窗。处理好门窗口的装饰设计，对于建筑的室内和外观都有画龙点睛的作用。

2. 门窗的形式

门窗的形式多种多样，有传统形式的，也有现代形式的。中国传统门窗样式很具特色，特别富有中国传统文化的内涵(图 3-25)。中国传统门扇形式多样，巧妙运用中国吉祥图案，布置在瘦长的隔扇中。窗的外形变化更加丰富多样，有方形、长方形、圆形、多边形、扇形、海棠形等多种。图案布局也多种多样，有角饰、边饰、边角结合、周边连续、满地纹饰等多种。欧洲传统门窗式样是由门扇、门头、镶板、门楣、华盖、古典立柱、檐饰、支托等部件组成。雕刻精美的门头，围绕门框的框缘线脚，多采用丰富的雕刻、蛋饰、涡卷饰、串珠饰、交织凸起的带状装饰、连续的花卉或枝叶图案等装饰；重点装饰部位经常采用人物雕像、神话天使、鸟兽雕塑、器物等在两侧作重点装饰部件(图 3-26)。哥特式教堂的彩色玻璃窗也是古老欧洲建筑的一大特色。日本传统门窗多为木质长方形，门窗扇则多用木质轻巧整齐的小方格子组成，朴素、大方。现代门窗形式简洁，但门窗材料更加丰富，不仅有木质门窗，还有金属门窗、塑料门窗、玻璃门以及旋转门、自动门等。并且随着科技发展，不断推陈出新，变化丰富。

图 3-25　中国传统门窗

图 3-26　欧洲传统门窗

3. 门窗附件

门窗套由贴脸板、筒子板、窗台板(门套没有)组成,贴脸板用来遮挡靠墙里皮安装门窗框产生的缝隙。筒子板是在门窗洞口的四周墙面,用木板等材料包钉镶嵌的部分。窗台板设在窗下槛内侧。门窗套可以采用人造木板、天然石材或人造石材、金属薄板等材料制作。

窗帘盒是为了掩蔽窗帘杆和窗帘上部的挂环而设。

3.6.2　柱子

柱子作为建筑物的垂直承重构件一般较粗壮。在室内空间中裸露的柱子为了减少这种粗壮之感,往往通过精心的装饰来美化室内空间。如中国古代的盘龙柱,古希腊、古罗马的爱奥尼、科林斯等柱式对室内外空间就具有很强的装饰性。

现代建筑对柱子的装饰更是丰富多彩。一般来说,承重柱在室内空间中主要有两种处理手法:一种是在空间中有一到两根柱子临空时,柱子作为空间的重点装饰;另一种是当室内空间较大有多个柱子成排时,以有很强韵律感的柱列形式装饰柱子。柱子装饰一般分为柱头、柱身、柱础三部分。现代建筑的室内柱子一般把柱头和柱身作为重点装饰部位,柱础部分只做简单处理。

另外,在现代室内设计中,还有为了分隔空间而设的装饰柱,这种柱子往往形式多样,造型别致,具有很好的装饰效果(图 3-27)。

3.6.3　隔断

图 3-27　亚特兰蒂斯棕榈酒店柱的装饰

为了达到根据不同的空间使用要求分隔空间的目的，往往强调空间的灵活分隔，使空间显得更开敞、流动性更强。如现代的商业、办公建筑室内空间，采用隔断结合家具在工厂加工成套产品，到现场安装，就比较强调灵活分隔。现代住宅内的公共区域，也多采用灵活分隔的方式，把空间分成不同的功能区域。

室内隔断一般可分为三种形式。实体隔断，如墙体、玻璃砖墙、围合板架等垂直分隔成私密性较强的室内空间；通透性隔断，如各种形式的落地罩、花窗隔屏等；矮隔断，如矮墙、栏杆等。这样的隔断分隔的空间，既可享受大空间的共融性，又拥有自我独立的小空间。如现代办公建筑的室内空间和餐饮娱乐空间等就采用这种灵活的分隔。图 3-28 所示为各种隔断形式。

图 3-28　多种隔断形式

（1）根据固定形式的不同，隔断可以分为固定式和可移动式两种。

固定式的隔断多以墙体的形式出现，既有常见的承重墙、到顶的轻质隔墙，也有通透的玻璃质隔墙、不到顶的低矮隔板等。

可移动的隔断多种多样，常见的有：

屏风隔断：主要作用是分隔空间和遮挡视线，一般不做到顶，安置灵活、方便；可随时变更所需分隔的区域，但隔音较差。屏风式样可根据整个房间气氛选用或订制，可采用薄纱、木板、竹窗等式样或材料。它不但能隔断空间，且可随时变动。好的屏风本身就是一件艺术品，可以给室内带来一种典雅、古朴的气氛。

帷帘隔断：制作简便，做一滑道，穿上吊环，固定帷帘，就可成为隔断。但选帷帘布时须注意其质地、颜色、图案应和室内总体布局协调。

隔断家具与隔断门窗：家具的品种较多，能起隔断作用的即为隔断式家具。家具中的桌、椅、沙发、茶几、高矮柜，都能够用来分隔空间。

博古架：博古架尺寸样式可按需制作，放上一些古玩、盆景等。既能透过自然光，又能增添居室的典雅气氛。

绿色植物：生机盎然、葱茏满目，居室利用绿色植物既可将空间分隔成若干区域，又不影响空间的采光和通风。

（2）根据材质的不同，隔断可以分为：水泥、石材、木材、玻璃、金属、塑料等形式。

（3）根据组合或开启的方式不同，隔断可以分为：拼接式、推拉式、折叠式、升降式等。

3.6.4　壁炉

壁炉，原为欧洲国家室内取暖设施，也是室内的主要装饰部件。在起居室内的壁炉周围，往往布置休息沙发、茶几等家具，供家人团聚、朋友聚会。可形成一种温馨浪漫的室内气氛。如法国罗浮宫内的壁炉，除了选用上等的石材以外，还有许多雕刻精细的石雕人物塑像、丰富的折枝卷草纹饰，环绕在壁炉的周围和墙面的装饰用金线勾勒，台面还摆放高级陈设品，综合陈设效果和建筑古老式样非常和谐。而今室内虽有现代化的取暖设施，但壁炉作为西方文化习俗，作为一种装饰符号一直被沿用（图 3-29）。

图 3-29　壁炉

3.6.5 栏杆

栏杆作为楼梯、走廊、平台等处的保护构件，由于其造型多样、风格独特，往往也成为室内外装饰的重要构件。在现代室内空间中，栏杆也成为一种有效分隔空间的艺术手段。在历史上，无论是中国古典或是西洋古典建筑的栏杆样式都有着与自己的室内外空间整体风格相统一协调的特点。如中国古典建筑中于走廊或水榭等处设的“美人靠”坐式栏杆，就是结合坐面的一种栏杆形式。图 3-30 所示为各种形式的栏杆。

图 3-30 各种形式的栏杆

学习情境 3 室内空间界面设计技能训练

<table>
<tr><td>工作任务描述</td><td colspan="3">按项目任务要求，进行小茶室室内空间主题墙、地面、顶棚装饰设计，并绘制地面铺装图、顶棚平面图、主题墙立面图和空间效果图</td></tr>
<tr><td rowspan="5">工作过程建议</td><td colspan="2">学生工作</td><td>老师工作</td></tr>
<tr><td colspan="2">步骤 1:搜集小茶室的优秀设计案例，进行茶室空间界面设计分析</td><td>示范、引导案例分析、功能分析</td></tr>
<tr><td colspan="2">步骤 2:对小茶室地面、顶棚、主题墙面进行多方案草图设计</td><td>指导</td></tr>
<tr><td colspan="2">步骤 3:通过多方案比较和优化，确定最终方案，并按要求绘制图纸</td><td>指导</td></tr>
<tr><td colspan="2">步骤 4:方案讲评</td><td>总结</td></tr>
<tr><td colspan="2">工作环境</td><td colspan="2">学生知识与能力准备</td></tr>
<tr><td colspan="2">教学做一体化教室(多媒体、网络、电脑、工作台)、专业图书资料室、专业绘图教室</td><td colspan="2">具备建筑装饰识图与绘图能力、装饰材料应用能力、装饰构造与施工基础知识、资料搜集与分析能力、手绘或电脑效果图表现能力</td></tr>
<tr><td>预期目标</td><td colspan="3">能够在设计中恰当运用空间界面设计处理手法</td></tr>
</table>

项目小结

<table>
<tr><td rowspan="4">项目考核</td><td>考核内容</td><td>考核标准</td><td>比例</td></tr>
<tr><td>室内界面万花筒</td><td>展板图文并茂，内容正确，板面美观，讲解清晰完整</td><td>30%</td></tr>
<tr><td>室内空间界面设计案例分析</td><td>PPT 制作精美，图文并茂，室内空间界面设计分析正确、方法明确、内容合理</td><td>30%</td></tr>
<tr><td>室内空间界面设计技能训练</td><td>空间界面设计的手法运用恰当，界面造型和材料选择恰当</td><td>40%</td></tr>
<tr><td rowspan="3">项目评价</td><td>教师评价</td><td></td><td>50%</td></tr>
<tr><td>项目组互评</td><td></td><td>30%</td></tr>
<tr><td>内部评价</td><td></td><td>20%</td></tr>
<tr><td>项目总结</td><td colspan="3">师生共同回顾本单元项目教学过程，对各个学习情境的表现与成果进行综合评估，找出各自的得失及提出改进措施</td></tr>
</table>

单元四　室内光环境设计

<table>
<tr><td>项目名称</td><td colspan="4">公园小茶室室内光环境设计</td></tr>
<tr><td>项目任务</td><td colspan="4">在公园小茶室总体设计构思、空间组织和界面设计的基础上，进行室内光环境的设计，要求照明设计合理，光影效果良好</td></tr>
<tr><td>活动策划</td><td colspan="2">工作任务</td><td colspan="2">相关知识点</td></tr>
<tr><td>学习情境 1</td><td colspan="2">光影变化的奥秘</td><td colspan="2">4.1 采光与照明的基本概念
4.2 光源类型与灯具类型</td></tr>
<tr><td>学习情境 2</td><td colspan="2">光环境设计案例分析</td><td colspan="2">4.3 室内照明的作用与照明方式
4.4 室内照明设计</td></tr>
<tr><td>学习情境 3</td><td colspan="2">光环境设计技能训练</td><td colspan="2"></td></tr>
<tr><td>教学目标</td><td colspan="4">理解采光与照明的基本概念，熟悉光源类型和灯具类型，能够分析、理解室内照明的作用与照明方式，能够分析、掌握室内光环境设计的基本方法，并在设计中灵活运用。培养职业精神，树立绿色发展、节能降耗的观念</td></tr>
<tr><td>教学重点与难点</td><td colspan="4">重点:室内照明设计
难点:室内照明设计方法</td></tr>
<tr><td>教学资源</td><td colspan="4">教案、多媒体课件、网络资源、专业图书资料、精品课等</td></tr>
<tr><td>教学方法建议</td><td colspan="4">项目教学法、案例分析法、参观考察、讨论等</td></tr>
<tr><td rowspan="3">思政元素</td><td>思政契合点
(案例或知识点)</td><td colspan="2">教学活动(思政内涵)</td><td>思政落脚点</td></tr>
<tr><td>人工电光源的选择</td><td colspan="2">谈谈你对绿色照明的理解</td><td>绿色发展
双碳战略
社会责任</td></tr>
<tr><td>建筑照明设计的要求</td><td colspan="2">举例说明照明节能的方法有哪些</td><td>职业精神
创新精神
责任担当</td></tr>
</table>

学习情境1 光影变化的奥秘

<table>
<tr><td>工作任务描述</td><td colspan="3">考察灯具市场和不同类型建筑空间的室内光环境效果，引导学生感受不同的光环境空间，分析光源类型和灯具类型，并以展板形式归纳总结</td></tr>
<tr><td rowspan="5">工作过程建议</td><td colspan="2">学生工作</td><td>老师工作</td></tr>
<tr><td colspan="2">步骤1：考察灯具市场，考察/播放各类室内光环境效果图片</td><td>引导学生观察</td></tr>
<tr><td colspan="2">步骤2：分析、讨论光源类型和灯具类型，初步了解采光与照明的概念</td><td>指导调研、分析</td></tr>
<tr><td colspan="2">步骤3：整理图片资料，制作展板</td><td>指导</td></tr>
<tr><td colspan="2">步骤4：展板汇报讲解</td><td>总结</td></tr>
<tr><td colspan="2">工作环境</td><td colspan="2">学生知识与能力准备</td></tr>
<tr><td colspan="2">教学做一体化教室（多媒体、网络、电脑、工作台）、专业图书资料室</td><td colspan="2">了解光的特性及应用、资料搜集与分析归纳能力、展板设计与制作能力</td></tr>
<tr><td>预期目标</td><td colspan="3">了解采光与照明的概念，能够分析、掌握光源类型和灯具类型</td></tr>
</table>

知识要点

4.1 采光与照明的基本概念

冈那·伯凯利兹说："没有光就不存在空间。"瑞士建筑师马里奥·博塔也说过："对于建筑来说离开光线也就不存在空间，正是光线创造了空间。"人类的生活时时刻刻都离不开光，光不仅为人们进行正常室内活动提供了必要条件，还是表达空间形态、营造环境氛围的基本元素。在研究建筑光环境时，按照光的来源可将光分为自然光和人工光，习惯上将对自然光的利用称为"天然采光"，人工光的利用称为"人工照明"。其中，人工照明是室内光环境设计中的重点。

下面介绍一下光学的基本知识。

4.1.1 光通量

光通量指人眼所能感觉到的光辐射功率的物理量，光通量通常以符号 Φ 表示，单位是流明(lm)。一只40W普通白炽灯的标称光通量为360 lm，而40W日光色荧光灯的标称光通量为2100 lm。

4.1.2 照度

在单位面积上所接受的光通量称为光照强度，简称照度。常用 E 来表示，单位为勒克斯(lx)。如台灯所投射出来照在书桌上光的强度，即桌面的照度。对于均匀的照明投射，照度 E 可以通过投射的光通量 Φ 除以被投射的面积 S 求得，即：$E=\Phi/S$，1 lx等于1 lm的光通量均

匀分布于 $1m^2$ 面积上的光照强度。

4.1.3　亮度

亮度是指物体表面发光强弱的物理量，亮度的单位是坎德拉每平方米（cd/m^2）。有亮度的物体，不一定就是光源，也可以是反光体。在光学的各种参数中，亮度与人的关系较为密切，因光源的光通量和物体表面的照度并不能准确表达出人眼对物体的视觉感受，所以亮度这一参数与人的关系更为密切，比如：在人眼看来，房间内同一位置的白色物体相比黑色物体要明亮得多。一盏光通量很高的台灯，可能由于桌面材质的吸光能力很强，使得我们看起来感觉桌面还是不够亮。所以，亮度是光环境设计中的重要参数，亮度又分为物理亮度和主观亮度。

物理亮度：发光体在视线方向上单位面积发出的发光强度就称为发光体在该方向上的物理亮度。视觉上的明暗知觉取决于进入眼睛的光通量在视网膜物像上的密度，即物像的照度。因此，确定发光体（发光或反光的物体）的明暗应考虑两个因素：一是物体在视线方向上的投影面积，二是发光体在该方向上的发光强度。

主观亮度：主观上感觉到的物体明亮程度。例如，同一盏灯在夜晚或白昼时，眼睛感觉到的明暗程度会完全不同。它不仅与物体的物理亮度有关，还与物体所在处的背景亮度有关。

光通量、照度和亮度的示意见图 4-1。

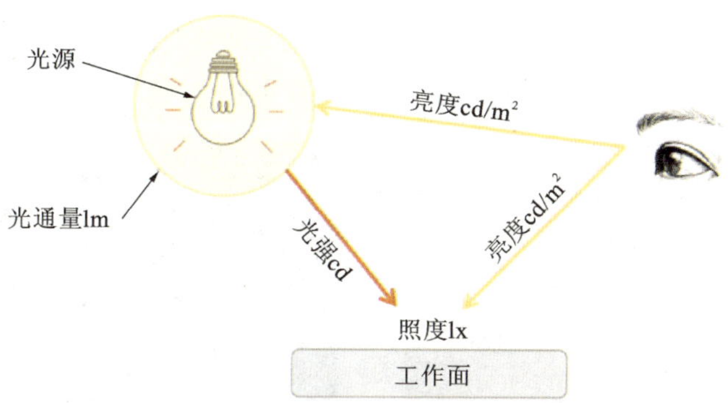

图 4-1　光通量、照度、亮度示意

4.1.4　光色

光色是指“光源的颜色”，或空间中由多种光源综合形成环境中的光的色彩成分，光色是影响室内氛围的重要因素。光线中包含的颜色由色温来表示，色温也称为色度，色温的计量单位为开尔文（K）。色温指绝对黑体从绝对零度（−273℃）开始加热后，逐渐依次由黑变红、黄、白、蓝颜色这一过程中所呈现的光谱成分。当光源的色品与某一温度下黑体的色品相同时，该黑体的绝对温度为此光源的色温。色温由低到高分别为：红色、橙色、黄色、白色、蓝色。因此，色温低，感觉温暖；色温高，感觉凉爽。通常，人们将色温＜3300K 的称为暖色光，3300K＜色温＜5300K 的称为中间色，色温＞5300K 的称为冷色光（图 4-2）。

在光环境设计中，就眼睛接受各种光色所引起的疲劳程度而言，蓝色和紫色最容易引起疲劳，红色与橙色次之，蓝绿色和淡青色视觉疲劳度最小。生理作用还表现在眼睛对不同光色的敏感程度，如眼睛对黄色光最敏感，因此，黄色常用作警戒色。

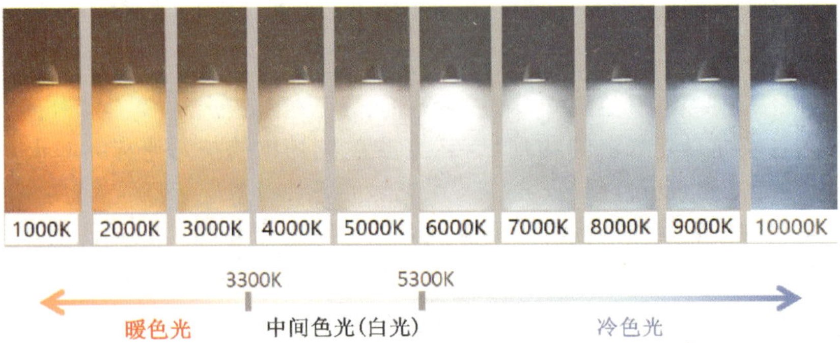

图 4-2　光色冷暖示意

人工光源的光色，一般以显色指数(Ra)表示。Ra 最大值为 100，即太阳光色；80 以上显色性优良；79～50 显色性一般；50 以下显色性差(白炽灯 $Ra=97$；卤钨灯 $Ra=95\sim99$；白色荧光灯 $Ra=55\sim85$；日光灯 $Ra=75\sim94$；高压汞灯 $Ra=20\sim45$；高压钠灯 $Ra=20\sim25$；氙灯 $Ra=90\sim94$)。

在装饰设计中，光色和照度对色彩影响巨大。光源的色温应与照度相适应，即随着照度增加，色温也应相应提高。否则，在低色温、高照度下，会使人感到酷热(图 4-3)；而在高色温、低照度下，会使人感到阴森(图 4-4)。只有在一定光谱组成的照明和足够的照度下物体的色彩才能显现出其应有的魅力，否则将发生色彩的失真而破坏预期的设计效果。设计者应有意识地利用不同光色的光源，调整使之创造出所希望的照明和色彩效果。

图 4-3　低色温高照度

图 4-4　高色温低照度

4.2　光源类型与灯具类型

4.2.1　光源类型

光源类型可以分为自然光源和人工光源。

1. 自然光源

自然光源又称“天然光”。利用自然光不仅可以节约能源，而且自然光更符合人的生理和心理的需求。同时,通过窗户可将室外的景观引入室内(图 4-5),加强了室内外空间的交流与沟通。

室内自然光的利用可分为侧面采光和顶部采光两种方式。侧面采光(图 4-6)是利用门和侧窗进行采光。侧面采光不仅使用维护方便,而且因门窗保温隔热、隔音等技术的成熟,可以选择良好的朝向和室外景观,通过扩大窗口面积、设置落地窗等使室内和周围优美的环境融为一体。但当房间的进深增加时,采光效果就会降低,且采光效果受房间的朝向、采光口的面积及入射的角度影响较大。如:南向窗口采光充足,但光照不稳定;北向窗口采光较弱,但光照较稳定。顶部采光(图 4-7)的光线自上而下,照度分布均匀,光色较自然,亮度高,效果好。但直射光容易产生眩光,不利于防晒,且维护相对麻烦,故常用于空间宽广的场所,如:大型体育馆、商场以及工业厂房等。

图 4-5　落地窗加强室内外联系

图 4-6　侧面采光

图 4-7　顶部采光

由于自然采光受外界干扰的因素较多,且较难控制,所以在采光设计上,主要采取控制光的入射方向和入射量,如加设遮阳设施,以避免出现眩光等。随着绿色建筑和以人为本的设计理念深入人心,建筑节能和智能化技术不断进步,自然光源在建筑装饰设计中的应用必然会不断提升,得到飞跃发展。

2. 人工光源

人工光源不仅是建筑室内空间夜晚的主要光源，也是白天室内光线不足时的重要补充，还是营造空间氛围的重要手段。因此，人工光源兼具使用功能和装饰功能两方面的作用。在设计中，这两方面是相辅相成的，应统筹考虑。建筑空间的性质不同，两者的比重也不相同，如办公室、教室等工作场所主要从功能来考虑，而娱乐场所则更强调艺术效果和空间气氛。

(1)人工电光源的种类

室内空间常用的电光源主要有：

① 白炽灯

白炽灯是最早出现的电光源，白炽灯可以通过增加玻璃罩、漫射罩、反射板、透镜和滤光镜等方法控制光线照射方式。白炽灯光源相对较小、价格便宜，光色最接近于太阳光的光色，具有多姿多彩的灯罩装饰形式，通用性大，彩色品种多。但白炽灯的光色偏暖，略带黄色光，产生的热量较大；发光效率低，仅为 3～16 lm/W；使用寿命相对较短，一般仅有 1000h。

卤钨灯是一种特殊的白炽灯，其保持了白炽灯的优点，而且体积更小，光效是普通白炽灯的 2 倍，寿命长达 1500～2000h。尤其是卤钨灯的色温特别适合舞台、剧场、画室、摄影棚等的照明。

② 荧光灯

荧光灯是一种低压放电灯，灯管内是荧光粉涂层，能把紫外线转变为可见光。颜色变化是由灯管内荧光涂层方式控制的。相比白炽灯，荧光灯的发光效率较高，为 40～50 lm/W；寿命较长，在 5000h 以上，呈线面型发光体。但荧光灯对环境温度、湿度、电压等影响大，容易造成频闪，启动延时较长，生产过程和使用废弃后可能造成汞污染。

荧光灯按功率分为大功率和小功率两类，大功率灯管为 65～125W，小功率灯管为 4～40W。按灯管直径分为 T5(15mm)、T8(25mm)、T10(32mm)、T12(38mm)四种。按形状分为直管形和环形两种，环形又有 U 形、H 形、双 H 形、球形、SL 形、ZD 形等。按光色分为日光色(色温 6500K)、冷白色(4300K)、暖白色(2900K)。

③ 高压气体放电灯

高压气体放电灯有高压钠灯、荧光高压汞灯、氙气灯、金属卤化物灯等。常用于室内照明的有高压钠灯和金属卤化物灯。

高压钠灯发金白色光，具有发光效率高、耗电少、寿命长、透雾能力强和不诱虫等优点。高显色高压钠灯可应用于体育馆、展览厅、娱乐场、百货商店和宾馆等场所的照明。

金属卤化物灯(HID)是在高压汞灯基础上添加各种金属卤化物制成的第三代光源。金属卤化物灯比白炽灯光效高约 5～10 倍，寿命长约 10～15 倍、显色性接近白炽灯，兼具荧光灯、高压钠灯、高压汞灯等的优点。主要应用于体育场馆、展览中心、大型商场等场所的室内照明。金属卤化物又分为石英金卤灯(HQI)和陶瓷金卤灯(HCI)，其中石英金卤灯技术相对成熟；相比之下，陶瓷金卤灯的发光效率更高、显色性与光色稳定性更好。

④ LED 光源

即发光二极管，是一种能发光的半导体电子元件。LED 被称为第四代光源，因其光效与电光转化率较高，故而亮度高，发热少，使用寿命为传统光源的 10 倍以上。LED 光源比传统光源节能近 80%，又不会造成汞污染，是绿色环保的理想光源。因 LED 光源体积小、发热少，为灯具造型的多样化设计提供了更优异的前提条件。由 LED 光源制作的灯具目前已逐步替代传统光源，成为市场的主流产品，但LED光源仍存在价格相对较高、显色性差等缺点，有待于下一步的技术提升。在“双碳”战略和可持续发展被日益重视的今天，LED的出现可以说是照明史上的一次革命，相信随着科学和技术进步，LED光源必将会有更为广阔的发展前景。

⑤ 霓虹灯

霓虹灯又称氖灯，是一种冷阴极放电灯，通过玻璃管内的荧光涂层和充满管内的各种混合气体形成色彩变化。霓虹灯亮度高，颜色多达十多种且鲜艳，在夜间具有很好的装饰效果，寿命较长，光源造型灵活多样，多用于商业标志和艺术照明。霓虹灯自问世起百年以来，一直是世界各地都市夜生活中最绚丽的风景，但随着LED技术的发展和应用，霓虹灯已逐渐消失在城市的夜空。

(2)人工电光源的选择

① 根据照明要求选择光源

人工光源的选择首先应满足空间照明功能要求，根据空间需求对比各种光源的参数进行选择，需要对比的参数包括：光通量、照度、亮度、色温、显色性和启动时间等。如美术馆、商场、摄像室、转播室等对显色性能要求较高的空间，应选用显色指数不低于80的光源；开关频繁、要求瞬间启动和连续调光的场所，应选用白炽灯和卤钨灯，不应选用高压气体放电灯；美术馆、博物馆等展品的照明不能选择紫外线辐射量较大的光源；高大的空间可选择高强度气体放电灯。

② 根据环境条件选择光源

环境条件常常使一些光源的使用受到限制，如荧光灯的最适宜环境温度为20～25℃，相对湿度60％为宜，环境湿度过大或频繁开关都影响其使用寿命；卤钨灯发热量大，灯丝细而脆，有震动或靠近易燃品的场所不宜采用。

③ 倡导绿色照明，根据经济性合理选择光源

光环境设计时，应倡导绿色照明，应积极采用高光效、低污染的电光源。在不影响照明质量的前提下科学合理地进行照明设计，并通过智能化控制等措施优化照明系统，避免过度照明和光污染。还应综合考虑光源的初装成本、运行维护成本等投资费用，经济合理地选择光源。

4.2.2　灯具类型

灯具是电光源、灯罩及其附件的总称。照明灯具的分类方法繁多，主要有以下几种：

1. 按安装位置与安装方式划分(图4-8)

(1)吊灯

吊灯是通过杆件或绳索吊装在顶棚下的装饰照明灯具，主要是用于室内一般照明。吊灯常安装在空间的中心位置或重点区域上方，很容易成为空间中的视觉中心，因此，吊灯具有很强的装饰性，影响着室内的装饰风格。吊灯的材质多样，常见的有玻璃、金属、人造水晶、陶瓷、木、竹、藤、布艺、塑料等。吊灯的样式繁多，其外形或华贵典雅、或绚丽多彩、或清新明快、或质朴大气、或生动有趣，多姿多彩的吊灯是空间氛围营造的主角。吊灯是一种典型的装饰灯具，它不以高照度和低眩光为目的，有时甚至要刻意产生一些眩光，以形成璀璨夺目的效果。吊灯的设置对空间的层高有一定的要求，若层高较低则不适用。

(2)吸顶灯

吸顶灯是直接安装在天花板上的一种固定式灯具。吸顶灯的使用功能及特性基本与吊灯

图 4-8　灯具类型

相同,只是形式上有所区别。吸顶灯与吊灯的不同在使用空间上,吊灯多用于比较重要的空间环境中,而吸顶灯则多用于较低的空间中。吸顶灯种类繁多,灯罩用玻璃、塑料、金属等不同材料制成。吸顶灯多用于室内空间的整体照明。

(3)嵌入式灯

嵌入式灯是嵌入在吊顶等装饰构件内的灯具,具有很好的下射配光。嵌入式灯主要有:嵌入式格栅灯、斗胆灯(格栅射灯)、集成吊顶灯、筒灯、射灯等,嵌入式灯具能有效地消除眩光,并能与吊顶结合形成美观的装饰艺术效果。

(4)台灯

台灯是放置在书桌等工作台案上用于书写、阅读使用的电灯。随着科技的进步,台灯的材质、外观、放置形式也呈现出多样化的趋势,但通常都带有底座和灯罩,同时还具备高度、角度和亮度的调节功能。台灯常用的光源有白炽灯、荧光灯和 LED 灯等,无论采用哪种光源都应保证台灯采用对蓝光与紫外线的隔离技术,具有较高的显色指数,减少频闪对眼睛的伤害。根据功能,台灯分为护眼台灯、装饰台灯、工作台灯、便携台灯等。

(5)落地灯

落地灯指放在地上用以提供局部照明,同时也起到对环境进行点缀作用的灯具。落地灯一般由灯罩、支架、底座构成,通常摆放在不妨碍人活动或走动的墙边或角落等区域。落地灯强调移动的便利,对于角落气氛的营造十分实用,如宾馆客房的休息沙发旁、起居室沙发拐角处或书架旁等。

(6)壁灯

壁灯指安装于墙、柱上的辅助照明灯具。壁灯的照度通常不宜过大,光线应较为柔和,常用以丰富室内光环境,增强空间层次感。壁灯常设置于门口、门厅、楼梯、走廊、卧室床头柜上方以及盥洗和化妆的镜前等处。壁灯安装不宜过高,高度以 1.8～2m 为宜,同一界面上的壁灯高度应统一。

(7)地脚灯

地脚灯又称踢脚灯、墙脚灯,主要应用于医院病房、宾馆客房、公共走廊、卧室、楼梯等场所。常暗装于墙内，一般距地高度为0.2～0.4m。其主要作用是照明走道，便于人员行走，同时避免产生刺眼的光线，特别是用于夜间起床时的地脚灯，既能减少灯光对自己的影响，也不会过多影响他人休息。地脚灯的光源现在多采用能耗低、发热少、寿命长、辐射低的LED光源。地脚灯还通过配置声控开关、光敏开关或红外感应开关等措施，使其在节约能耗、减少光污染的同时，又能够方便人们使用。

(8)投射灯与轨道射灯

投射灯是利用光束集中照射于某一物品、某一场地等的照明灯具。室内装饰照明常用小型投射灯，主要用于物品的陈列及其他重点照明等。投射灯具有较好的下射配光，灯具有聚光型和散光型两种。聚光型灯一般用于局部照明要求的场所，如金银首饰店、商场货架等处；散光型灯一般多用于局部照明以外的辅助照明，例如宾馆走道、咖啡馆走道等。

轨道射灯由轨道和灯具组成。灯具沿轨道移动，灯具本身也可改变投射的角度，是一种局部照明灯具。主要特点是可以通过集中投光增强某些特别需要强调的物体。轨道射灯已被广泛应用在商店、展览厅、博物馆等室内照明，以增加商品、展品的吸引力；也用于家庭装饰的局部，如背景墙、吧台处的照明。

2. 按光通量的分布比例划分

(1)直接型灯具

此类灯具绝大部分光通量(90%～100%)直接投照在被照物体上，所以灯的光通量的利用率最高。这种照明方式具有强烈的明暗对比，能形成较明显的光影效果，可凸显被照物在环境中的主导地位。但由于亮度高，需防止眩光的产生(图4-9)。

(2)半直接型灯具

这类灯具大部分光通量(60%～90%)射向下半球空间，少部分射向上方，射向上方的部分经灯罩扩散后将减少照明环境所产生的阴影并改善其各表面的亮度比。

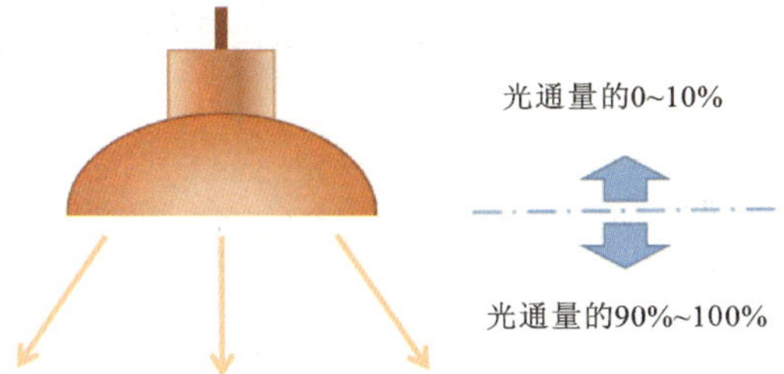

图4-9　直接型照明灯具

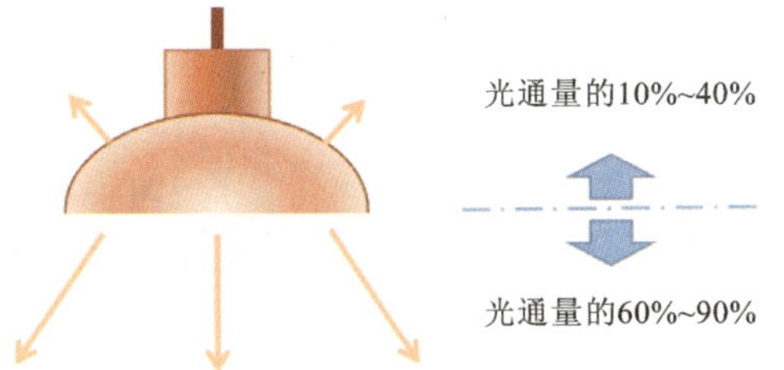

图4-10　半直接型照明灯具

(3)漫射型或直接-间接型灯具

灯具向上向下的光通量几乎相同(各占40%～60%)。最常见的是乳白玻璃球形灯罩，其他各种形状漫射透光的封闭灯罩也有类似的配光。这种灯具将光线均匀地投向四面八方，因此光通量利用率较低(图4-11)。

(4)半间接型灯具

通过上面敞口的半透明罩使60%以上的光通量通过天棚或墙面反射到被照射物，灯具

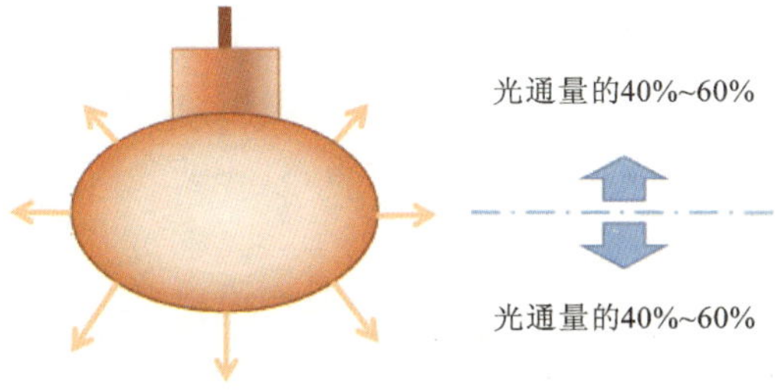

图4-11　漫射型照明灯具

直接照射的光通量占 10%～40%，这种照明的灯具往往作为建筑装饰照明，由于大部分光线投向顶棚和上部墙面，增加了室内的间接光，光线更为柔和宜人（图 4-12）。

（5）间接型灯具

通过遮蔽光源，只有 10%以下的光线直接照射到被照射物，使 90%～100%的光通量通过天棚或墙面反射到工作面，达到柔和无阴影的照明效果。由于灯具向下光通量很少，只要布置合理，直接眩光与反射眩光量都很小。此类灯具的光通量利用率比前面四种都低（图 4-13）。

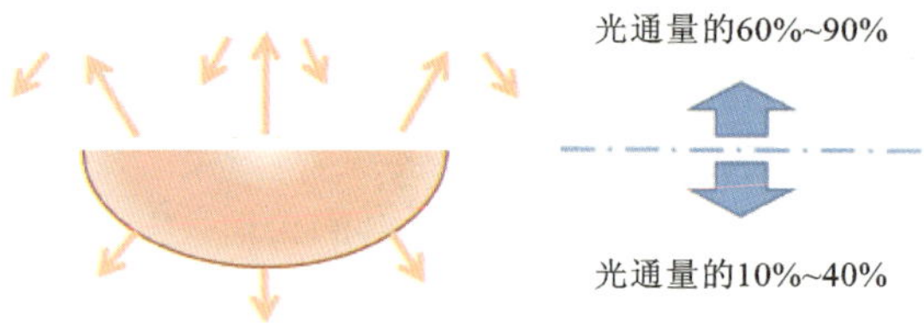

图 4-12 半间接型照明灯具

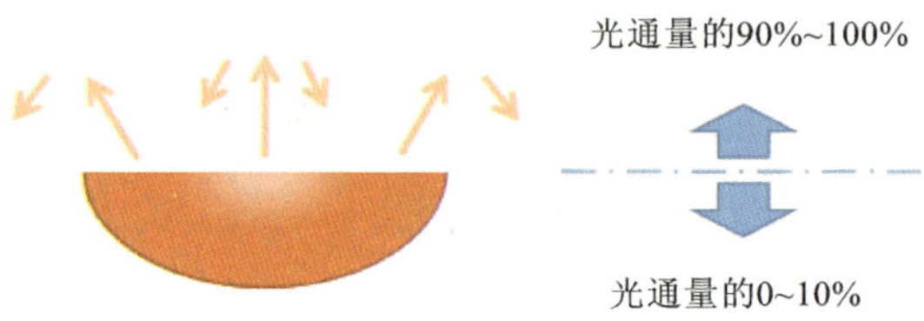

图 4-13 间接型照明灯具

3. 按用途划分

灯具按用途可分为功能性灯具、装饰性灯具、特殊用途灯具（应急灯、标志灯等）。

4. 按适用场所划分

国家标准局按使用场所和范围不同，把灯具分为 14 大类，如舞台灯具、摄影灯具、医疗灯具、防爆灯具等（图 4-14）。

舞台灯具　　摄影灯具　　医疗灯具　　防爆灯具

图 4-14 不同场所的灯具

4.2.3 灯具的选择

（1）灯具的选择应符合室内空间的使用性质和功能要求，尤其是一些特殊的使用场所，应考虑灯具的使用条件，如是否有防爆、防潮、防雾、防紫外线等要求。

（2）灯具的规格、尺度应与空间体量、形状相适应，以保证良好的空间感受和氛围（图 4-15）。

（3）灯具的造型、材质以及色彩应与室内空间环境的风格相协调，应体现民族风格和地域特点，尤其是大型灯具或较突出的灯具。如中式风格的空间应考虑选用中式吊灯等。灯具的材质选择也要从整体风格来考虑，以进一步烘托气氛。例如，选用玻璃灯具能形成玲珑剔透、豪华富丽的气氛；使用镀铬、镀镍的金属灯具能显示出较强的现代感；天然材料往往给人以一种朴素的亲切感（图 4-16）。

（4）灯具要安装方便，操作简单，便于维护。

（5）经济合理。

图 4-15　大空间中的灯具

图 4-16　茶室包间内的竹编灯

学习情境 2　光环境设计案例分析

<table>
<tr><td>工作任务描述</td><td colspan="2">搜集不同建筑空间光环境设计优秀案例，分析照明设计对空间环境的作用，照明的方式，照明设计的原则和方法，并制作 PPT，要求条理清楚，图文并茂</td></tr>
<tr><td rowspan="5">工作过程建议</td><td>学生工作</td><td>老师工作</td></tr>
<tr><td>步骤 1：通过实地考察、查阅图书、网络等形式搜集不同室内光环境设计的优秀案例</td><td>指导资料收集</td></tr>
<tr><td>步骤 2：分析搜集来的优秀设计案例，讨论、归纳室内照明的作用、照明的方式，探讨照明设计的原则和方法</td><td>示范、引导案例分析</td></tr>
<tr><td>步骤 3：将案例分析结论制作成 PPT</td><td>指导</td></tr>
<tr><td>步骤 4：PPT 讲评</td><td>总结</td></tr>
<tr><td colspan="2">工作环境</td><td>学生知识与能力准备</td></tr>
<tr><td colspan="2">教学做一体化教室（多媒体、网络、电脑、工作台）、专业图书资料室</td><td>了解室内采光与照明的概念，了解光源与灯具的类型；资料搜集与分析归纳能力；办公软件应用能力</td></tr>
<tr><td>预期目标</td><td colspan="2">了解照明设计在室内设计中的作用，能够分析、理解照明的方式，能够分析、掌握室内照明设计的基本原则和设计程序、设计方法</td></tr>
</table>

知识要点

4.3　室内照明的作用与照明方式

4.3.1　室内照明的作用

室内照明设计就是利用光的一切特性，去创造所需要的光环境，通过照明充分发挥其艺术作用。具体表现在以下几个方面：

1. 满足空间的功能需求

室内照明最根本的作用是满足不同空间内使用者的照明需求，如卧室和书房因使用功能的不同，对亮度和照明形式的需求也有所不同。同时，同一空间，因使用者的不同，也可能对照明有不同的需求，如：年龄越大所需要的亮度越高。优秀的室内照明设计应区分考量各种综合因素，为空间提供满足使用需求的光环境。

2. 营造空间气氛

光的亮度和光色是营造空间气氛的主要因素之一。充足亮度的光能激发和鼓舞人心，而柔弱的光令人轻松而心旷神怡。光的亮度还会对人心理产生影响，有人认为对于私密性的谈话区照明，可以将亮度减少到功能强度的 1/5。光线弱的灯和位置布置得较低的灯，会在周围形成较暗的氛围，使天棚显得较低，使房间感觉更亲切，私密感加强（图 4-17）。

不同的光色会带来室内气氛的变化。许多餐厅、咖啡馆和娱乐场所，常常加重暖色，使整个空间具有温暖、欢乐、活跃的气氛，暖色的照明环境也会对就餐者的食欲具有一定的提升作用（图 4-18）。家居空间也常采用暖色光而显得更加温暖和睦。在夏季，青绿色的冷色光会使人感觉凉爽。强烈的多彩照明，如霓虹灯、各色聚光灯，可以使室内的环境活跃生动起来，增加繁华热闹的节日气氛。

图 4-17　私密空间的照明

图 4-18　餐饮空间中的暖色光

3. 加强空间感及组织引导空间

空间的不同效果可以通过光的作用充分表现出来。实验证明，室内空间的开敞性与光的亮度成正比，亮的房间感觉要大一点，暗的房间感觉要小一点；漫射光会有空间无限的感觉，直接光能加强物体的阴影，从而加强空间的立体感（图 4-19），起到雕塑空间形体的作用。

灯光可以突出趣味中心，也可以用来削弱不希望被注意的次要地方，从而进一步使空间得到完善和净化。许多商店为了突出新产品，采用亮度较高的重点照明，而相应地削弱次要的部位，获得良好的照明艺术效果。光可以使空间变实或变虚，如台阶照明或家具的底部照明，可以使物体和地面"脱离"，形成悬浮的效果，使空间显得空透、轻盈。

灯光可以起到一定的引导动向作用，如：室内空间动静分区处与公共空间的门厅的光环境设计，以及公共建筑内的疏散照明等。

4. 光影的艺术

光和影本身就是一种特殊性质的艺术，光影的艺术魅力是难以用语言表达的。生动的光影效果可以丰富空间内涵，增加空间层次，并赋予空间奇妙的动感（图 4-20）。

图 4-19　灯光增加空间立体感

图 4-20　光影艺术丰富空间

4.3.2　照明的方式和种类

1. 照明的方式

在照明设计中，照明方式的选择对光质量、照明经济性和建筑艺术风格都有重要的影响。合理的照明方式应当既符合建筑的使用要求，又和建筑结构形式相协调。

（1）一般照明

一般照明又称为基础照明、整体照明，指为照亮整个场所而设置的均匀照明。一般照明是最基本的照明方式，一般选用照度均匀的照明灯具。当同一场所不同区域的照度要求不同时，可以采用分区一般照明，为各特定区域提供均匀照明。

（2）局部照明

局部照明是指特定视觉工作用的、为照亮某个局部而设置的照明（图 4-21）。局部照明虽然仅对很小的区域提供照明，却能起到以小见大的作用。在满足照明的同时，还能以光影为空间营造出丰富多彩的光环境。

重点照明也是局部照明。重点照明是为提高指定区域或目标的照度，采用重点投射光使其比周围区域突出的照明方式。它能够突出主题，对特定的对象起到凸显的作用（图 4-22）。如：商业空间中商品陈设架或橱窗的照明，目的在于增强顾客对商品的吸引力和注意力，其亮度是根据商品种类、形状、大小以及展览方式等确定的。一般使用强光来加强商品表面的光泽，强调商品形象。其亮度是基本照明的 3～5 倍。为了加强商品的立体感和质感，常使用方向性强的灯和利用色光来强调特定的部分。

图 4-21 局部照明

图 4-22 重点照明

(3)装饰照明

为了对室内进行装饰,增加空间层次,营造环境气氛,常采用装饰照明。一般使用装饰吊灯、壁灯、挂灯等图案形式统一的系列灯具,这样可以使室内的灯具形式繁而不乱,既渲染了室内环境气氛,又能更好地表现具有强烈个性的空间艺术。

一般建筑室内照明多采用混合照明的方式,即同时使用一般照明和局部照明,或三种照明方式同时采用。

2. 照明种类

照明种类可分为:正常照明、应急照明、值班照明、警卫照明和障碍照明。

应急照明指因正常照明的电源失效而启用的照明(图 4-23)。应急照明包括疏散照明、安全照明、备用照明,其中:疏散照明是用于确保疏散通道被有效地辨认和使用的应急照明;安全照明指用于确保处于潜在危险之中的人员安全的应急照明;备用照明为用于确保正常活动继续或暂时继续进行的应急照明。

图 4-23 应急照明

4.3.3 建筑化照明

建筑化照明是在建筑的不同部位安装上电光源或灯具,以达到特殊的装饰效果,同时获得照明作用和艺术美感。

常见的建筑化照明形式有:

1. 窗帘泛光

将灯管或灯带安置在窗帘盒内,窗帘盒内饰白色以利反光,使得一部分光线射向天棚,一部分向下照在窗帘上，从而形成美丽的泛光，如图 4-24 所示。

2. 花檐泛光

即在顶棚和墙壁的交接处或墙面凹凸处，安装发光的灯具。这种照明会在墙壁上形成美丽明亮的光带，如图 4-25 所示。

图 4-24　窗帘照明

图 4-25　花檐泛光

3. 凹槽口照明

即在顶棚的高差变化处设置暗槽，安装灯管或灯带，所有光线射到顶棚上，靠反射光照明室内的一种间接照明方式，如图 4-26 所示。为了有最好的反射光，面板应涂以反光效果好的白色。为避免直接看到光源，应该设置挡板加以遮挡。凹槽口照明使室内呈现出柔和的气氛，并能扩大空间层次，但由于低照度、缺少变化，只能用作辅助照明。

4. 发光顶棚

即在整个顶棚上安装灯具，在其下边安装上扩散片（如乳白透明片）得到扩散光的照明方式。发光顶棚适于高度照明，多用于门廊、展览室等处。但灯的间距及灯和扩散板间隔的关系，也须充分考虑（图 4-27）。

图 4-26　凹槽口照明

图 4-27　发光顶棚

5. 满天星照明

即将点式灯具按一定间距安装在顶棚上的凹槽内的照明方式，如图 4-28 所示。

6. 格栅反射照明

利用木片、薄铝片和塑料片做成格片网，格片内的灯光通过格片均匀地散到室内。这种照明没有刺眼的眩光，多用于陈列馆、展览馆和美术馆(图 4-29)。

图 4-28　满天星照明

图 4-29　格栅反射照明

7. 人工窗

即安装在没窗的房间，恰如窗户一样的照明方式。它适用于书房、显示器室、展览室等处(图 4-30)。

图 4-30　人工窗

4.4　室内照明设计

照明设计是一项综合性工作。首先应根据建筑物的功能和使用要求，来选择配备合适的光源和灯具，然后进行照明方案设计，设计照明装置及电气部分，必要时还需进行照度计算。

4.4.1　室内照明设计的基本原则

1. 实用性

室内照明应保证规范的照度水平，以满足工作、学习和生活的需要，设计时应从室内整体环境出发，全面考虑光源、光质，投光方向和角度的选择，使室内活动的功能、使用性质、空间造型、色彩、陈设等与其相协调，以取得整体环境效果。

2. 安全性

一般情况下，线路、开关、灯具的设置都需有可靠的安全措施，诸如配电盘和分线路一定要有专人管理，电路和配电方式要符合安全标准，不允许超载，在危险地方要设置明显标志，以防止漏电、短路等火灾和伤亡事故发生。

3. 艺术性

室内照明有助于丰富空间，形成一定的环境气氛。照明可以增加空间的层次和深度，光与影的变化使静止的空间生动起来，能够创造出美的意境和氛围，所以，室内照明设计时应正确选择照明方式、光源种类、灯具造型及体量，同时处理好颜色、光的投射角度，以取得改善环境空间、增强环境艺术的效果。

4. 经济性

室内照明设计在满足实用性、安全性、艺术性的前提下，也要考虑经济因素、尽量减少成本。

4.4.2　室内照明设计的要求

1. 合理的照度

照明设计时应有一个合适的照度值，照度值过低，不能满足人们正常工作、学习和生活的需要；照度值过高，容易使人产生疲劳，影响健康。照明设计应根据空间使用情况，符合《建筑照明设计标准》(GB50534)规定的照度标准。照度分布应有一定的均匀性，避免因照度差异过大，使人眼频繁适应而造成疲劳。

照度的设计中要本着以人为本理念注重人性化设计，如：在工作区域设置局部照明确保照度合理；弘扬尊老敬老传统，在设计中关注老年人的生理特点，对于老年人生活区域适当增加照度，提高老年人生活的舒适性。常见室内场所照明标准值见表 4-1。

表 4-1　常见室内场所照明标准值

房间或场所		参考平面及其高度	照度标准值(lx)	备注
起居室	一般活动	0.75m 水平面	100	
	书写、阅读		300*	
卧室	一般活动	0.75m 水平面	75	
	床头、阅读		150*	
住宅餐厅		0.75m 餐桌面	150	餐厅保证一定的照度，可以让菜品显得更加诱人，激发食欲
厨房	一般活动	0.75m 水平面	100	厨房的照明分为一般照明和局部重点照明，针对切菜等工作台面需要局部照明
	操作台	台面	150*	
卫生间		0.75m 水平面	100	
走道、楼梯间		地面	50	
老年人卧室	一般活动	0.75m 水平面	150	老年人由于眼功能退化，其照度需求往往是年轻人的 2～3 倍。老年人对眩光更加敏感，所以光环境设计时更要避免眩光
	床头、阅读		300*	
老年人起居室	一般活动	0.75m 水平面	200	
	书写、阅读		500*	
普通办公室		0.75m 水平面	300	
高档办公室		0.75m 水平面	500	
会议室		0.75m 水平面	300	

续表 4-1

房间或场所	参考平面及其高度	照度标准值(lx)	备注
服务大厅、营业厅	0.75m 水平面	300	
一般商店营业厅	0.75m 水平面	300	
高档商店营业厅	0.75m 水平面	300	
专卖店营业厅	0.75m 水平面	300	
中餐厅	0.75m 水平面	200	
西餐厅	0.75m 水平面	150	
酒吧间、咖啡厅	0.75m 水平面	75	
多功能厅、宴会厅	0.75m 水平面	300	
教室、阅览室	0.75m 水平面	300	
计算机教室、电子阅览室	0.75m 水平面	500	
学生宿舍	地面	150	

注：* 指混合照明照度。

2. 亮度比的控制

亮度比是指同时或相继观看视野中两个表面上的亮度之比。亮度比的控制一般是指环境亮度与作业亮度之比应控制在适当的范围。亮度比过小，难以将视觉注意力吸引到要看的区域，环境显得平淡单调；亮度比过大会带来适应上的困难，视觉容易疲劳。据研究，在工作环境中，作业对象的亮度应当高，作业表面（如阅读的书页上）与它的贴近表面（如桌面）的亮度比以保持在 3∶1 为宜。

在照明设计中，还会以墙面、顶棚、地板的反射比作为评估和衡量的标准。根据《建筑照明设计标准》(GB 50034)：墙面反射比为 0.3～0.8；地面反射比为 0.1～0.5；顶棚反射比为 0.6～0.9。

3. 适宜的显色性

显色性主要用来表示光照射到物体表面时，光源对被照物体表面颜色的影响作用。光源显色指数低，被照物体表面颜色会失真。在设计中应选择显色指数适宜的光源，使空间色彩完美呈现，增加艺术感染力。

4. 眩光的控制

眩光即人眼看到高亮度光源（直接眩光）或明亮的反射光（间接眩光）的不适感。眩光的存在使人眼看不清周围的物体，因而造成眼睛的负担，降低工作效率、工作品质甚至影响安全。

眩光有直射眩光和反射眩光两种形式。直射眩光是指光源发出的光线直接射入人眼；反射眩光指在具有光泽的墙面、桌面、镜面等反射出来的光刺入人眼。对直射眩光应降低光源的亮度、移动光源位置或隐蔽光源，选择保护角较大的遮光灯罩。反射眩光可通过提高环境亮度、减少亮度对比，或采用低反射率的材料等办法解决。如注视工作面为粗糙面或吸收面，使光扩散或吸收，起到减弱眩光的作用。

5. 阴影

在工作物件或其附近出现阴影，会造成视觉的错觉现象，增加视觉负担，影响工作效率，在设计中应予以避免。一般可采用扩散性灯具或在布置灯具时，通过调整光源位置，增加光源数量等措施加以解决。如医院手术室的无影灯,就是通过增加光源的数量,达到无影的效果。但在室内的艺术化照明中,却可以通过阴影加强空间和被照形体的立体感。

6. 照明的稳定性

供电电压的波动会引起光源光通量的变化,从而导致工作环境亮度的变化,影响人的视觉功能。根据《建筑照明设计标准》(GB50034)的相关规定:照明灯具的端电压不宜大于其额定电压的105%,且一般工作场所不宜低于其额定电压的95%。如果达不到上述要求,可将照明供电电源与有冲击负荷的供电线路分开,也可考虑采取稳压措施。

在交流电路中,气体放电灯(如荧光灯)发出的光通量是随着电压的变化而波动的,因而在观察移动的物体时,特别是高速旋转的物体时,会出现视觉失真现象,称为“频闪效应”。频闪效应会使人产生错觉,甚至引发安全事故,因此,气体放电光源不能用于物体高速转动或快速移动的场所。

7. 照明节能

为了落实照明节能,在照明设计时可采用以下方法:

(1)在保证照明质量的前提下,选用LED等高效电光源,以提高照明设备的效率,即提高光源与灯具的效率,来减少用电量。

(2)通过合理的分控线路设计,保证按需控制照明。

(3)通过光敏、声控、红外感应等开关,以及智能灯光控制系统合理控制照明时间,保证灯光应根据需要掌握,随用随开。

(4)充分利用自然光照明。

4.4.3 室内照明设计的方法及步骤

1. 明确照明设施的目的与用途

进行照明设计首先要确定此照明设施的目的与用途,是办公室、会议室、教室、餐厅还是舞厅,如果是多功能房间,还要把各种用途列出,以便确定满足要求的照明设备。

2. 光环境构思及光通量分布的初步确定

在照明目的明确的基础上,确定光环境及光能分布。如:舞厅需有刺激兴奋的气氛,要采用变幻的光、闪耀的照明;教室要有宁静舒适的气氛,要做到均匀的照度与合理的亮度,不能有眩光。

3. 照明方式的确定

一般来说,室内空间照明会综合使用一般照明、局部照明(包括重点照明)和装饰照明等照明方式。但不同性质的空间,其三者所占比重也不相同。如办公空间往往用荧光灯具作为一般照明,而在办公桌上设置台灯作为局部照明;服饰专卖店除整体照明外,重点陈列的商品会采用重点照明,同时以装饰照明烘托商业氛围。因此,照明方式的确定应依据空间的使用性质和照明需要进行设计。

4. 光源的选择

根据空间照明要求、环境条件和绿色照明要求选择光源。

5. 灯具的选择

综合考虑灯具的光学特性、空间照明的要求、装饰效果、使用方便、经济合理等诸多因素选择灯具,如合理选择具有护眼功能的台灯。

6. 灯具数量的确定

当明确了设计要求，选择了合适的照明方式、光源和灯具，确定了所需要的照度和各种质量要求后，通过照明计算可求出所需要的灯具数量和光源功率；或反过来，在已知照明情况的条件下，验证所完成的照明设计是否符合照度标准要求。

7. 灯具的布置与照明控制设计

依据确定的照明方式布置灯具。同时还要科学设计照明的线路，合理设置控制面板，如：走廊、楼梯、卧室使用双控开关，安装智能化照明控制面板等。

学习情境3　光环境设计技能训练

<table>
<tr><td>工作任务描述</td><td colspan="3">按本单元项目要求，进行公园小茶室室内照明设计，并绘制顶棚灯具布置图和空间效果图</td></tr>
<tr><td rowspan="5">工作过程建议</td><td colspan="2">学生工作</td><td>老师工作</td></tr>
<tr><td colspan="2">步骤1：搜集小茶室或类似空间的光环境设计案例，进行光环境设计分析</td><td>示范、引导案例分析、功能分析</td></tr>
<tr><td colspan="2">步骤2：进行小茶室室内照明设计草图构思</td><td>指导</td></tr>
<tr><td colspan="2">步骤3：通过多方案比较，确定最终方案，并按要求绘制图纸</td><td>指导</td></tr>
<tr><td colspan="2">步骤4：方案讲评</td><td>总结</td></tr>
<tr><td colspan="2">工作环境</td><td colspan="2">学生知识与能力准备</td></tr>
<tr><td colspan="2">教学做一体化教室（多媒体、网络、电脑、工作台）、专业图书资料室、专业绘图教室</td><td colspan="2">具备资料搜集能力、具备照明设计基本分析能力、装饰制图能力、熟悉光源和灯具的类型</td></tr>
<tr><td>预期目标</td><td colspan="3">照明设计程序正确，电光源、灯具选择恰当，照明布置方式处理恰当，能够正确运用室内照明设计手法</td></tr>
</table>

项目小结

<table>
<tr><td rowspan="4">项目考核</td><td>考核内容</td><td>成果考核标准</td><td>比例</td></tr>
<tr><td>光影变化的奥秘</td><td>展板图文并茂，内容正确，板面美观，讲解清晰完整</td><td>30%</td></tr>
<tr><td>光环境设计案例分析</td><td>PPT制作精美，图文并茂，室内照明的作用、照明方式、照明设计原则与方法等分析正确</td><td>30%</td></tr>
<tr><td>光环境设计技能训练</td><td>构思新颖，电光源、灯具选择恰当，照明布置方式处理恰当，能够正确运用室内照明设计手法，图纸符合要求，美观</td><td>40%</td></tr>
<tr><td rowspan="3">项目评价</td><td>教师评价</td><td></td><td>50%</td></tr>
<tr><td>项目组互评</td><td></td><td>30%</td></tr>
<tr><td>内部评价</td><td></td><td>20%</td></tr>
<tr><td>项目总结</td><td colspan="3">师生共同回顾本单元项目教学过程，对各个学习情境的表现与成果进行综合评估，找出各自的得失及提出改进措施</td></tr>
</table>

单元五　室内色彩设计

<table>
<tr><td>项目名称</td><td colspan="4">公园小茶室室内色彩设计</td></tr>
<tr><td>项目任务</td><td colspan="4">某公园小茶室室内色彩设计，要求色彩搭配恰当，符合总体设计构思，绘制平面布置图和室内空间效果图(公园小茶室原始平面见图 1-1)</td></tr>
<tr><td>活动策划</td><td colspan="2">工作任务</td><td colspan="2">相关知识点</td></tr>
<tr><td>学习情境 1</td><td colspan="2">室内色彩环境体验</td><td colspan="2">5.1 色彩的属性
5.2 色彩的物理、生理与心理效应
5.3 材质、照明与色彩的关系</td></tr>
<tr><td>学习情境 2</td><td colspan="2">室内色彩设计案例分析</td><td colspan="2">5.4 室内色彩的作用和设计原则
5.5 室内色彩设计的方法</td></tr>
<tr><td>学习情境 3</td><td colspan="2">室内色彩设计技能训练</td><td colspan="2"></td></tr>
<tr><td>教学目标</td><td colspan="4">了解色彩的属性，掌握色彩的空间构成要素，掌握室内色彩环境设计的方法。了解室内色彩设计的作用，掌握色彩的室内空间构成要素及应用，掌握室内色彩环境设计的方法并加以应用。提升学生的职业责任感，培养工匠精神和创新意识</td></tr>
<tr><td>教学重点与难点</td><td colspan="4">重点：室内色彩设计的方法
难点：室内色彩设计的方法</td></tr>
<tr><td>教学资源</td><td colspan="4">教案、多媒体课件、网络资源、专业图书资料、精品课等</td></tr>
<tr><td>教学方法建议</td><td colspan="4">项目教学法、案例分析法、参观考察、讨论等</td></tr>
<tr><td rowspan="3">思政元素</td><td>思政契合点
(案例或知识点)</td><td colspan="2">教学活动(思政内涵)</td><td>思政落脚点</td></tr>
<tr><td>色彩的联想和心理效应</td><td colspan="2">有一种红色被称为“中国红”，红色不仅有喜庆、吉祥、热情等含义，也代表着革命精神。青年一代该如何传承“中国红”?</td><td>热爱祖国
文化自信
责任担当</td></tr>
<tr><td>室内色彩设计的原则</td><td colspan="2">色彩具有民族性和地域性特色，如何在设计中运用色彩体现民族特色或地域特色</td><td>文化传承
家国情怀
专业精神</td></tr>
</table>

学习情境1 室内色彩环境体验

<table>
<tr><td>工作任务描述</td><td colspan="3">考察不同类型的室内色彩环境或播放各类室内色彩设计案例，引导学生感受各类色彩空间，交流、讨论不同色彩的感觉，并以展板形式归纳总结</td></tr>
<tr><td rowspan="4">工作过程建议</td><td colspan="2">学生工作</td><td>老师工作</td></tr>
<tr><td colspan="2">步骤1：考察各类室内色彩环境或播放图片</td><td>引导学生观察</td></tr>
<tr><td colspan="2">步骤2：交流、讨论各自的色彩感觉，初步分析色彩的基本属性，色彩的物理、生理和心理效应</td><td>提出问题，指导</td></tr>
<tr><td colspan="2">步骤3：搜集色彩的物理、生理和心理效应在室内空间中应用的典型图例，分析、归纳并以展板形式汇报讲解</td><td></td></tr>
<tr><td colspan="2">工作环境</td><td colspan="2">学生知识与能力准备</td></tr>
<tr><td colspan="2">教学做一体化教室（多媒体、网络、电脑、工作台）、专业图书资料室</td><td colspan="2">掌握色彩构成基础知识、资料搜集与分析归纳能力、展板设计与制作能力</td></tr>
<tr><td>预期目标</td><td colspan="3">了解色彩的属性，能够正确理解、分析色彩的物理、生理和心理效应及其在室内色彩设计中的应用</td></tr>
</table>

知识要点

5.1 色彩的概念与属性

5.1.1 色彩的概念

人类对色彩的研究由来已久，但是直到17世纪英国物理学家牛顿通过色散实验对色彩进行了科学的解释，色彩才成为一门独立的学科。通俗来说，色彩是人类在常年的生活中，通过眼睛、大脑所形成的对于光的一种视觉效应。17世纪英国物理学家牛顿用三棱镜将白光分解成红、橙、黄、绿、青、蓝、紫各种颜色的光，这就是人类眼睛所能看到的区域，即从波长约380nm的紫色光波到波长约780nm的红色光波之间，它们被称为可见光。而紫光、红光以外的紫外线、红外线等均为不可见光，通过仪器才能观测到。当光刺激人眼视网膜时形成色彩感觉，所以，色彩是一种视知觉，是光作用于人眼睛的结果，没有光就没有色彩。

5.1.2 色彩的三要素

世界上几乎没有相同的色彩，根据人自身的条件和观看的条件我们大约可看到200万到800万种颜色。各种色彩现象都具有色相、明度和纯度三种性质，即色彩三要素。

1. 色相

色相是色彩最基本的属性，这种属性可以使我们将光谱上的不同部分区别开来。即按红、橙、黄、绿、青、蓝、紫等色彩感觉来区分色谱段。缺失了这种视觉属性，就无所谓色彩了。

根据有无色相属性，可以将外界引起的色彩感觉分成两大体系：有彩色系与无彩色系。有彩色系即具有色相属性的色觉。有彩色系具有色相、饱和度和明度三个量度。无彩色系不具备色相属性的色觉，只有明度一种量度，其饱和度等于零。

2. 纯度

纯度是指色彩的纯净饱和度，是对色彩鲜艳程度做出评判的视觉属性。从科学的角度看，一种颜色的鲜艳度取决于这一色相发射光的单一程度。有彩色系的色彩，其鲜艳程度与饱和度成正比，无彩色系是饱和度等于零的状态。在日常的视觉范围内，眼睛看到的色彩绝大多数是不饱和的色。同一色相即使纯度发生了细微的变化，也会带来色彩性格的变化。

3. 明度

即色彩的明暗程度，任何色彩都有自己的明暗特征。从光谱上可以看到最明亮的是黄色，最暗的是紫色。越接近白色明度越高，越接近黑色明度越低。任何色彩加入白色则明度提高，加入黑色则明度降低。明度在色彩三要素中可以不依赖于其他性质而单独存在，任何色彩都可以还原成明度关系来考虑，黑白之间可以形成许多明度台阶。

5.2　色彩的物理、生理与心理效应

5.2.1　色彩的物理效应

任何物体都呈现出一定的色彩，色彩形成的视觉感受会使物体的尺度、冷暖、远近、轻重等在人的主观感受中发生一定的变化，这就是色彩的物理效应。

1. 色彩的温度感

在色彩学中，色彩分为冷色系和暖色系，红、橙、黄等为暖色系，青、蓝、紫等为冷色系，而金、银、黑、白、灰被称为中性色。暖色如红、黄使人联想到燃烧的火焰、东方的旭日等，产生温暖的感觉；而冷色如蓝、绿使人联想到蔚蓝的海水、绿色的林荫，感觉凉爽。

色彩的冷暖与明度、纯度也有关，高明度的色一般有冷感，低明度的色一般有暖感。高纯度的色一般有暖感，低纯度的色一般有冷感。

色彩的冷暖是相对的，如红色与红橙色相比，红色偏冷；而红色与紫红色相比，红色较暖。绿色与蓝色相比，绿色较暖；而与黄色相比时，绿色偏冷。

在设计中，可以利用色彩的物理作用调节空间的温度感(图 5-1)。

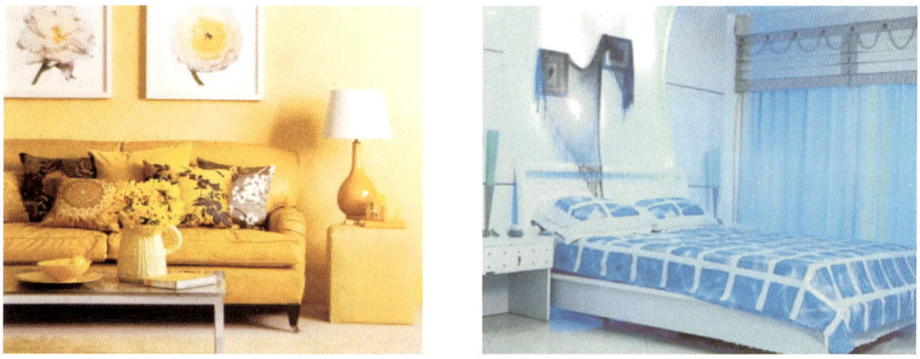

图 5-1　色彩的温度感

2. 色彩的重量感

色彩的重量感主要取决于明度和纯度。首先是明度，明度高的色彩感觉轻，如桃红、浅黄色；明度低的色彩感觉重，如黑色、熟褐等。其次是纯度，在同明度、同色相的条件下，纯度高的感觉轻，纯度低的感觉重。色相也会带来一定的轻重感差异，暖色感觉较轻，冷色感觉较重。

因此，一般情况下，室内空间的顶棚宜采用浅色，地面宜采用稍重一些的色彩，以避免头重脚轻的感觉。

3. 色彩的距离感

色彩可以使人产生进退、凹凸、远近等不同感受。色彩的距离感一般与色相有关，暖色系的色彩具有前进、凸出、拉近距离的效果，而冷色系的色彩具有后退、凹进、远离的效果。如在同一白墙上两个相同的红色圆与蓝色圆，会感觉红色圆比蓝色圆离我们近。色彩的距离感与明度及纯度也有一定关系。高明度、高纯度的色彩有前进、凸出感，低明度、低纯度的色彩有后退、凹陷感。在设计中，可以利用色彩的这一物理作用来改善、修正空间的形态或比例关系。

4. 色彩的尺度感

色彩的尺度感主要取决于明度和色相。暖色和高明度的色彩有扩散、膨胀的感觉，冷色和低明度的色彩有内聚、收缩的感觉，因此，相同的物体，色彩为暖色或明度较高时看起来比较大，色彩为冷色或明度较低时感觉比较小。利用色彩的这一作用，可以调整物体的体积感、空间尺度感及其比例关系。

5. 色彩的软硬感

色彩的软硬感主要取决于明度。低明度的色彩给人坚硬、冷漠的感觉，高明度的色彩给人柔软、亲切的感觉。软硬感还与纯度有关，高纯度和低明度的色彩有坚硬的感觉，低纯度和高明度的色彩有柔软感。因此，柔软织物往往是高明度的浅色，如粉红、淡黄、浅蓝、粉绿等；比较厚实、硬挺的织物往往是深褐、暗绿、紫红等深暗色。

5.2.2　色彩的生理作用

长时间受到某种色彩的刺激，不仅会影响人的视觉效果，还能使人在生理方面产生反应。如外科手术时医生长时间注视红色的血液，就会对红色产生疲劳，从而在眼帘中出现红色的补色绿色。因此，医生的手术服、手术室墙面等可采用绿色，以形成视觉的平衡。

一些研究表明，不同的色彩还会对人的心率、脉搏、血压等产生不同的影响。如红色刺激神经系统，会导致血液循环加快，肾上腺素分泌增加，产生兴奋感，时间太长会产生疲倦、焦虑的感觉；蓝色可以缓解神经紧张，脉搏会减缓，使人安静、稳定；绿色能解除疲劳、调节情绪，有助于身体平衡；橙色可以带来活力，能增进食欲，利于恢复和保持健康。科学家还发现，颜色能影响人的脑电波，脑电波对红色的反应是警觉，对蓝色的反应是放松。

在设计中应充分考虑色彩的生理作用与效果，通过合理应用，满足人的视觉平衡要求，取得适宜的空间效果和环境气氛。如餐厅空间可适当使用橙色来增进人的食欲；办公等空间中可多设置绿色植物，以缓解疲劳，提高工作效率。

5.2.3　色彩的联想和心理效应

色彩能较强地表达情感，通过人的视觉感官影响着人们的精神、情绪和行为。不同时期、不同性别、不同职业、不同年龄的人对色彩的心理反应是不相同的，而且不同地区、不同民族对色彩的感情也不尽相同，带给人的联想也不一样。

1. 红色

红色是一种刺激性特强，引人兴奋且能给人留下深刻印象的色彩。由于红色对人的视觉刺激强，同时容易使人联想到血和火焰，所以，红色代表生命、热情和活力，使人感觉富于朝气，有种蓬勃向上的诱导力。在我们传统观念中，红色往往与吉祥、好运、喜庆相联系，成为节日和其他庆祝活动中的常用色(图 5-2)。然而在某种情况下，红色又让人产生恐怖、危险及至骚动不安的感觉。

图 5-2　红色的运用

2. 橙色

橙色是黄色与红色的混合色，也是属于激奋色彩之一，代表温馨、活泼、热闹，给人明快感。橙色是色彩中最温暖的颜色，易于被人所接受，一些成熟的果实和富于营养的食品多呈橙色，因此，这种色彩又易引起营养、香甜的联想，并易引起食欲。

3. 黄色

黄色是一种快乐且带有少许兴奋性质的色彩，它代表明亮、辉煌、醒目和高贵，使人感觉到愉快，是非常明亮和娇美的颜色，有很强的光感，具有极强的视觉效果。可使人联想到向日葵、灯光、稻穗、柠檬、枯叶、香蕉等；抽象联想为华丽、轻快、鲜明、高贵、灿烂、光明、愉快、希望等；饮食联想为清香。在我国古代，黄色是帝王专用色彩，代表着尊贵、权力；而在基督教的国家，黄色是卑劣的象征。

4. 绿色

绿色是介于黄蓝之间的色彩，既有黄色的明快，又有蓝色的沉静，两者糅合，使绿色宁静、平和又富于活力。绿色是大自然的色彩，黄绿、嫩绿、淡绿、草绿等象征着春天、生命、青春、幼稚、成长、活泼、活力，代表旺盛的生命力，是表现活力与希望的色彩。翠绿、深绿、浓绿，象征盛夏、成熟、健康、兴旺、发达、富有生命力。而灰绿、土绿意味着秋季、收获和衰老。

5. 蓝色

蓝色属冷色，容易让人联想到天空、海洋、湖泊、远山、严寒，产生高远、空灵、宁静、清爽、洁净、理智、静默清高、清净超脱的感觉。蓝色的环境使人感到幽雅宁静，浑浊的蓝色令人的情感冷酷、悲哀，深蓝色有着遥远、神秘的感觉。

6. 紫色

紫色是一种很难使用的色彩，代表神秘、高贵、威严，给人以优雅、雍容华贵之感。提高紫色的明度，可产生妩媚、优雅的效果，而降低紫色的明度则容易失去其光彩(图 5-3)。

图 5-3　紫色的运用

7. 白色

白色是给人以纯洁印象的色彩，代表神圣、和平、纯洁、干净，但也象征着死亡、投降。这种色彩具有显示魅力的作用。

8. 黑色

黑色在视觉上是一种消极性的色彩。黑色一方面象征着悲哀肃穆、死亡、绝望；另一方面又给人以深沉、庄重、坚毅之感。黑色与其他颜色的搭配，可以使空间获得生动且极有分量的效果，能形成极大的视觉冲击力。

5.3　材质、照明与色彩的关系

5.3.1　材质与色彩的关系

室内色彩无法独立存在，它需要依附在相关的材质上。材质的质感和肌理对色彩的表现有较大的影响。室内空间的墙柱面、楼地面、吊顶等部位以及室内的陈设物品都被赋予了各种不同的材质，不同的材质会呈现出不同的色彩效果，材料的质感和肌理会影响色彩的变化并给人不同的色彩心理感受。

一般情况下，金属、玻璃、石材、镜面和水等给人以冰冷的质感，各种织物、毛皮则被人们认为是暖质材料。木材的特点比较中性，它比金属、玻璃等显得暖，比织物等显得冷。当材料的冷性品质和色彩的温暖感相矛盾时，会削弱色彩的暖性品质。同样，将冷色用在暖质材料上也会得到同样的削弱，金属比同色的布质要显得冷。

材质的表面有很多种处理的方式，如花岗岩板材有光滑的抛光板、粗糙的剁斧板、平整的粗磨板、规则的机刨板等多种质感效果。物体表面的光滑度或粗糙度变化越大，对色彩的改变就越大。即使是同一颜色的同一材料，不同的加工工艺会使色彩产生丰富微妙的变化。

肌理是指材质自身的花纹及触觉形象。肌理所形成的触觉形象与真实的触觉感有所不同，它是一种由于花纹、图案形成的触觉联想。肌理致密、细腻的效果会使色彩较为鲜明、肯定；反之，肌理粗犷、疏松会使色彩暗淡、混浊。有时对肌理的不同处理也会影响色彩的表达。同样是木质的清漆工艺，相同色彩的光亮漆就比哑光漆鲜艳、清晰。

在装饰设计中，要综合考虑色彩与光照、质感之间的相互关系，充分认识光照、材料质感对色彩视觉效果的影响，从空间环境的整体色彩关系出发，创造出极富有变化，又协调统一的色彩环境。

5.3.2　色彩与照明的关系

光照对色彩的影响是不言而喻的。没有光就没有色彩，照度会改变色彩的感觉。强光照射下，色彩会变淡，明度提高，纯度降低；弱光照射下，色彩变模糊，色彩的明度、纯度都会降低。当光源色改变时，物体色也必然相应改变，进一步改变其心理作用。当光源的光色与物体颜色接近时，会使物体的色彩效果减弱；当光源光色与物体颜色互补时，会使物体颜色变得暗淡。如红、黄等暖色在白炽灯照射下会光彩夺目，而在荧光灯下会使原来的色彩黯淡下来。餐厅、宴会厅往往需要暖色和较高的照度，多采用有较丰富红黄色成分的光和较好的显色性的灯具，使食物色泽鲜艳、美丽，有助于增进食欲(图 5-4)。

图 5-4　色彩与照明的关系

学习情境 2　室内色彩设计案例分析

<table>
<tr><td>工作任务描述</td><td colspan="3">搜集不同建筑类型室内空间色彩设计的优秀案例，分析室内色彩设计的原则和方法，并制作 PPT，要求图片清晰、文字精练</td></tr>
<tr><td rowspan="4">工作过程建议</td><td colspan="2">学生工作</td><td>老师工作</td></tr>
<tr><td colspan="2">步骤 1：通过实地考察、查阅图书、网络等形式搜集室内色彩设计的优秀案例</td><td>指导</td></tr>
<tr><td colspan="2">步骤 2：对搜集来的案例进行分析、比较、归纳，选择经典案例图片，并制作成 PPT</td><td>示范、引导案例分析</td></tr>
<tr><td colspan="2">步骤 3：通过 PPT 讲解室内色彩的作用，色彩设计的原则和方法</td><td>总结</td></tr>
<tr><td colspan="2">工作环境</td><td colspan="2">学生知识与能力准备</td></tr>
<tr><td colspan="2">教学做一体化教室（多媒体、网络、电脑、工作台）、专业图书资料室</td><td colspan="2">了解色彩的基本属性，熟悉色彩的物理、生理、心理效应；熟悉照明、材质对色彩的影响；资料搜集与分析归纳能力；办公软件应用能力</td></tr>
<tr><td>预期目标</td><td colspan="3">能够分析、理解色彩在室内空间中的作用；能够分析、掌握色彩的设计原则和方法</td></tr>
</table>

5.4　室内色彩的作用和设计原则

5.4.1　室内色彩的作用

1. 美化空间环境

色彩的艺术表现力是室内设计要素中最活跃、视觉效果最强烈的。一个物体最先进入人眼帘的是色彩，而不是形态和材质。良好的色彩环境，加上材质、灯光的恰当配合，可以营造出优美的空间环境。

2. 体现空间情绪

由于色彩对人生理、心理具有影响作用，并受生活经验、传统习惯、宗教信仰、文化背景以及性别、年龄、职业、民族等的影响，不同的人会对色彩或产生相同的感受，或产生不同的心理联想。因此，在设计中应尊重业主的色彩感情（或大众普遍的色彩感情），同时也通过色彩表达空间的情感倾向。如图 5-5 所示，中国的婚庆空间，多以红色表达喜庆、热烈、热闹的气氛。

3. 调节空间感受

根据色彩的物理效应，可以通过色彩的调整对室内空间的温度、空间的尺度、空间的光线以及物体的轻重感等进行调节，以达到最理想的空间效果。如各种颜色都有不同的反射率，实验显示，色彩的反射率主要取决于明度，白色的反射率在 92.3%～64%之间，灰色的反射率在 64%～10%之间，黑色的反射率在 10%以下。根据不同室内空间的采光条件，选用恰当的色彩对室内光进行调节。采光条件较差的室内空间，可采用反射率较高的色彩，使室内光线效果

图 5-5　色彩与空间情绪的关系

获得适当的改善。

5.4.2　室内色彩设计的原则

色彩设计作为装饰设计的重要组成部分，和任何设计形式语言一样，具有审美与实用的双重功能，不但使人产生愉悦感，同时使人的生理感受与心理感觉平衡，从而满足物质生活与精神生活的双重需要。在具体设计中，应注意以下几个原则：

1. 功能性

室内色彩设计应把满足室内空间的使用功能和精神功能要求放在首位，并综合考虑使用功能、经济效益、舒适美观、环境氛围等种种要求。不同使用性质的空间对色彩环境的要求也不相同，庄重严肃的室内空间，如纪念堂、法庭等，多采用灰色、冷色等稳重的色彩；娱乐场所，如舞厅，则需要高纯度的绚丽缤纷的色彩，给人以兴奋、愉悦的心理感受(图 5-6)。

图 5-6　色彩的功能性

2. 时空性

时空是指时间和空间两方面的问题。人在空间内活动，会从一个空间行进到另一个空间。同时，视线在移动，时间在流逝，因此，空间序列中相连空间的色彩关系、视线移动中色彩的变化、人在空间中停留时间的长短等，都会影响色彩的视觉效果和生理、心理感受。如办公室、居室等使人长时间停留的，不宜使用大面积过于刺激的色彩，避免人长期处于兴奋状态而对身心造成伤害；要塑造一个清新凉爽的室内空间时，除其本身采用蓝色等冷色调之外，可在其前厅空间使用暖色调，这样，当人从前厅进入冷色调的主空间时，会感觉更冷。

3. 符合空间构图需要

室内色彩配置必须符合空间构图原则，在色彩构图上正确处理变化与统一、对比和协调、主体与背景、主基调和辅色调的关系，注重色彩的平衡与稳定、色彩的节奏与韵律等美学规律的运用，充分发挥室内色彩对空间的美化作用。

充分利用色彩的基本属性和色彩对人的心理影响，在一定程度上改变空间尺度和比例关系，从而改善空间效果。如空间过大时，可用前进色，减弱空旷感，提高亲切感；空间狭小时，宜采用后退色，获得宽敞感；柱子过粗时，宜用深色，减弱粗笨感。

4. 地区性、民族性及个人喜好

色彩具有普遍性，同时也具有民族性和地域性，不同民族和地域的人们对色彩有着不同的理解和感受，会产生不同的联想，并且每个人对色彩也各有所爱。因此，在设计中，应充分了解各地区、各民族的风俗习惯、风土人情，以及业主个人的色彩喜好，才能设计出富有特点、易于接受的室内色彩效果(图 5-7)。

图 5-7　某民族餐厅的色彩效果

5. 从属性

色彩设计除了自身形成一定的独立和谐的关系外，更重要的是要有一个和谐的背景环境，来衬托这个环境中的物体，体现着生活在这个环境中的使用者的性格、身份、爱好等。因此，室内环境空间中的人和物才是空间的主角，而空间界面的色彩只能是从属的。色彩的从属性还表现在室内设计的程序上，首先是选用相应的材料，接下来才是确定色彩。顺序是不能颠倒的。

5.5　室内色彩设计的方法

5.5.1　室内色彩设计的基本方法

1. 确定室内空间的主色调

主色调是指在色彩设计中以某一种色彩或某一类为主导色，构成色彩环境中的主基调。主导色一般是由物体色、界面色、灯光色等综合而成的，通常选择含有同类色素的色彩来配置构成，从而使人获得视觉上的和谐与美感。主色调决定了室内环境的气氛，因此确定空间主色调是决定性的步骤，必须充分考虑空间的性格、主题、氛围要求等。一般来说，偏暖的主色调形成温暖的气氛；偏冷的主色调则产生清雅的格调。主色调一旦确定，应贯穿整个空间和设计的全过程。如北京香山饭店在色彩上以白、灰为主色调，无论墙面、顶棚、地面，还是家具、陈设，都贯彻了这个色彩基调，把江南民居朴素、雅致、幽静的意境表达得淋漓尽致（图 5-8）。

图 5-8　室内空间的主色调

2. 做好配色处理

室内空间具有多样性和复杂性，室内各界面、家具与陈设等内含物的造型、材质和色彩千变万化，丰富多彩，因此，需要在主色调的基础上，做好配色处理，实现色彩的变化与统一。

（1）背景色、主体色与点缀色

背景色是大面积的色，通常决定室内空间的色彩基调，多以柔和的灰色调营造和谐的气氛，增加空间稳定感。背景色一般为室内界面以及大面积织物的色彩。

主体色是室内色彩的主旋律，决定室内空间的性格。主体色一般为家具及大型陈设的色彩。主体色既可作为背景色的协调色（同类色、近似色）出现，也可作为背景色的对比色（互补色、对比色）存在，通常小空间宜采用协调色，大空间可采用对比色。

点缀色常选用与背景色形成对比的颜色，以打破单调。点缀色一般为室内陈设品的色彩。

（2）色彩的调和与对比

色彩搭配的基本方法是色彩的调和与对比。

色彩调和的方法有同类色调和、类似色调和、对比色调和等。

同类色调和，因色相相同而极为调和，可以在明度、纯度的变化上形成高低的对比，以弥补同色调和的单调感(图 5-9);类似色调和,如红与橙、蓝与紫等,主要是利用类似色之间的共同色来产生作用;对比色调和,如红和蓝、橙和绿等,可以通过降低一方色彩的纯度,或在对比色之间插入金、银、黑、白、灰等中性色,或利用双方面积大小的差异,以达到对比中的调和。

图 5-9 同类色调和

色彩对比的方法有色相对比、明度对比、纯度对比、冷暖对比、面积对比以及连续对比、同时对比等。色彩对比可以使色彩各自的特点更加鲜明、生动。双方差异越大,对比越强烈;差异减小,对比强度也随着降低。对比可以带来丰富的视觉变化,但仍然要注重色彩的均衡(图5-10)。

图 5-10 互补色对比

3. 色彩构图

色彩的变化与统一是色彩构图的基本原则。当主色调确定后,要通过色彩的对比形成丰富多彩的视觉效果,通过对比使各自的色彩特点更鲜明,从而加强色彩的表现力和感染力。但同时应注意色彩的呼应关系,避免造成色彩的孤立。

色彩的呼应即将同一色彩用到关键的几个部位,从而使其成为控制整个室内的关键色。

如用相同色彩于家具、窗帘、地毯，使其他色彩居于次要的地位(图 5-11)。同时，也能使色彩之间相互联系，形成一个多样统一的整体。只有取得彼此呼应的关系，才能在视觉上联系并唤起视觉的运动。

图 5-11　色彩的呼应

在色彩构图时，还应注意色彩布置的韵律感。色彩的规律布置，容易引起视觉上的运动，即色彩的韵律感。色彩韵律感不一定用于大面积，也可用于位置接近的物体上。如在一组沙发、一块地毯、一个靠垫、一幅画或一簇花上都使用相同的色块，即可建立起物与物之间的相互联系，形成韵律美。

在设计过程中，应始终明确色彩的主从关系，不能"喧宾夺主"，影响主色调的形成。最终的结果是使空间色彩丰富而不繁杂，统一而不单调。

5.5.2　室内色彩设计

在建筑装饰设计中，具体方法就是要做好室内界面、家具、陈设的色彩选择和搭配。

1. 界面色彩

界面包括墙面、地面和顶棚，它们具有较大的面积，除局部外一般不作重点表现，因此，界面色彩通常为背景色，起衬托空间内含物的作用。墙面色彩宜采用明度较高而纯度较低的淡雅色调，如绿灰、浅蓝灰、米黄、米白、奶白等，四壁用色以相同为宜，在配色上应考虑与家具色彩的协调和衬托。地面色彩通常采用与家具或墙面颜色相近而明度较低的颜色，以期获得稳定感。但在面积狭小或光线较暗的室内空间，应采用明度较高的色彩，使房间在视觉上显得宽敞一些。顶棚色彩宜选用高明度的色调，以获得轻盈、开阔、不压抑的感觉，也符合人们上轻下重的习惯。

一些建筑装饰构件，如门、窗、通风孔、墙裙、壁柜等与界面紧密相连，它们的色彩在设计中应灵活处理，一般宜与界面色彩相协调。需要突出强调时，也可作对比处理。

2. 家具色彩

在室内空间中，家具所占据的面积比重在整个室内空间中是比较大的一部分，家具在室内空间中发挥着分割空间、营造风格、烘托气氛等重要的作用，家具色彩对整体室内环境色彩的影响是非常重要的。总的来说，亮色调的家具富有朝气，暗色调的家具庄重大气，灰色调的家具端庄典雅，多彩色调的家具灵动活泼。

3. 陈设色彩

在室内空间中，陈设数量大，而体积较小，常可起到画龙点睛的作用，因此，陈设的色彩多作为点缀色，选用一些纯度较高的鲜亮色彩，用作色彩的对比变化，从而获得生动的色彩效果。但有些陈设，如窗帘、帷幔、地毯、床罩等织物，其面积较大，既可用于重点装饰，也可用作背景色。

学习情境 3　室内色彩设计技能训练

<table>
<tr><td>工作任务描述</td><td colspan="3">按项目任务要求，进行公园小茶室的室内色彩设计，并绘制室内效果图</td></tr>
<tr><td rowspan="5">工作过程建议</td><td colspan="2">学生工作</td><td>老师工作</td></tr>
<tr><td colspan="2">步骤 1：分析任务书，搜集相关资料和设计案例</td><td>指导</td></tr>
<tr><td colspan="2">步骤 2：依据公园小茶室的总体立意与构思，以及前期的空间组织、界面设计、照明设计，进行公园小茶室室内色彩设计构思和多方案草图设计</td><td>启发，指导</td></tr>
<tr><td colspan="2">步骤 3：通过多方案比较与优化，确定最终方案，并按要求绘制效果图</td><td>总结</td></tr>
<tr><td colspan="2">步骤 4：方案讲评</td><td></td></tr>
<tr><td colspan="2">工作环境</td><td colspan="2">学生知识与能力准备</td></tr>
<tr><td colspan="2">教学做一体化教室（多媒体、网络、电脑、工作台）、专业图书资料室、专业绘图教室</td><td colspan="2">室内色彩设计基础知识、资料搜集与分析能力、手绘或电脑效果图表现能力</td></tr>
<tr><td>预期目标</td><td colspan="3">能够在设计中恰当运用色彩的物理、心理及生理效应调整空间及气氛，能够准确把握材质、照明对色彩的影响，能够灵活运用室内色彩设计方法</td></tr>
</table>

项 目 小 结

<table>
<tr><td rowspan="4">项目考核</td><td>考核内容</td><td>成果考核标准</td><td>比例</td></tr>
<tr><td>室内色彩环境体验</td><td>展板图文并茂，内容正确，板面美观，讲解清晰完整</td><td>30%</td></tr>
<tr><td>室内色彩设计案例分析</td><td>PPT 制作精美，图文并茂，室内色彩设计方法分析正确</td><td>30%</td></tr>
<tr><td>室内色彩环境设计技能训练</td><td>设计构思新颖，运用色彩调整空间方法恰当，室内色彩设计方法运用灵活恰当</td><td>40%</td></tr>
<tr><td rowspan="3">项目评价</td><td>教师评价</td><td></td><td>50%</td></tr>
<tr><td>项目组互评</td><td></td><td>30%</td></tr>
<tr><td>内部评价</td><td></td><td>20%</td></tr>
<tr><td>项目总结</td><td colspan="3">师生共同回顾本单元项目教学过程，对各个学习情境的表现与成果进行综合评估，找出各自的得失及提出改进措施</td></tr>
</table>

单元六　家具与陈设

<table>
<tr><td>项目名称</td><td colspan="3">小茶室室内软装饰设计</td></tr>
<tr><td>项目任务</td><td colspan="3">某公园小茶室室内软装饰设计，要求家具、陈设选配恰当，布置合理，绘制出软装饰平面布置图和室内空间效果图（公园小茶室原始平面见图 1-1）</td></tr>
<tr><td>活动策划</td><td colspan="2">工作任务</td><td>相关知识点</td></tr>
<tr><td>学习情境 1</td><td colspan="2">家具市场调研</td><td>6.1 家具的作用与分类
6.2 家具发展概述</td></tr>
<tr><td>学习情境 2</td><td colspan="2">家具配置的案例分析</td><td>6.3 家具的选配
6.4 家具的布置</td></tr>
<tr><td>学习情境 3</td><td colspan="2">丰富多彩的陈设品</td><td>6.5 陈设的作用和分类</td></tr>
<tr><td>学习情境 4</td><td colspan="2">陈设配置的案例分析</td><td>6.6 陈设的选配和陈列方法</td></tr>
<tr><td>学习情境 5</td><td colspan="2">软装饰设计技能实训</td><td></td></tr>
<tr><td>教学目标</td><td colspan="3">了解中外家具的发展概况，能够分析、掌握主要家具风格流派的特点，能够分析家具、陈设的类型及特点，能够正确运用家具、陈设在空间环境中的作用，能够恰当选配家具和陈设并进行巧妙布置。树立文化自信，传承和创新发展中国优秀传统文化，培养工匠精神</td></tr>
<tr><td>教学重点与难点</td><td colspan="3">重点：家具与陈设的选配与布置
难点：家具与陈设的选配</td></tr>
<tr><td>教学资源</td><td colspan="3">教案、多媒体课件、网络资源、专业图书资料、精品课等</td></tr>
<tr><td>教学方法建议</td><td colspan="3">项目教学法、案例分析法、考察调研、讨论</td></tr>
<tr><td rowspan="3">思政元素</td><td>思政契合点
（案例或知识点）</td><td>教学活动（思政内涵）</td><td>思政落脚点</td></tr>
<tr><td>中国古典家具</td><td>中国古典家具是历代工匠的智慧结晶，通过案例分析明代家具的特色及优点，讨论中国古典家具在现代室内设计中的运用</td><td>工匠精神
文化传承
创新精神</td></tr>
<tr><td>陈设的分类</td><td>列举自己家乡具有地域特色的工艺品、艺术品等</td><td>文化自信
家国情怀
传承与创新</td></tr>
</table>

学习情境 1　家具市场调研

<table>
<tr><td>工作任务描述</td><td colspan="3">考察当地家具市场(或播放各类家具图片),引导学生调研、分析家具的类型及特点,并进一步搜集资料,分析家具的作用、家具的发展过程及主要家具风格流派的特点,以PPT形式总结汇报</td></tr>
<tr><td rowspan="4">工作过程建议</td><td colspan="2">学生工作</td><td>老师工作</td></tr>
<tr><td colspan="2">步骤 1:考察当地家具市场(或播放各类家具图片)</td><td>指导学生调研</td></tr>
<tr><td colspan="2">步骤 2:对调研结果进行讨论、分析,并搜集家具的作用、家具的发展过程及主要家具风格流派的图文资料</td><td>提出问题</td></tr>
<tr><td colspan="2">步骤 3:归纳总结,制作 PPT,并汇报讲评</td><td>总结</td></tr>
<tr><td colspan="2">工作环境</td><td colspan="2">学生知识与能力准备</td></tr>
<tr><td colspan="2">家具市场、教学做一体化教室(多媒体、网络、电脑、工作台)、专业图书资料室</td><td colspan="2">调研能力、办公软件应用能力、资料搜集与分析能力</td></tr>
<tr><td>预期目标</td><td colspan="3">能够分析家具的类型及特点,了解中外家具的发展概况,能够分析、掌握主要家具风格流派的特点</td></tr>
</table>

知识要点

6.1　家具的作用与分类

6.1.1　家具的作用

1. 识别空间

绝大多数室内空间在家具未布置之前,是很难判断空间的使用功能性质的,更谈不上对空间的利用。因此,家具是空间使用性质的直接表达者,家具的类型和布置形式,能充分反映空间的使用目的、等级、品位及个人特性,从而赋予空间一定的性格和品质。如图 6-1 所示,布置上圆形的餐桌和餐椅,明确了空间功能和特点——中餐厅。

2. 组织空间

人们在一定的室内空间中的活动是多样化的,往往需要将一个大空间分隔成多个相对独立的功能区,并加以合理组织。家具的布置是空间组织的直接体现,是对室内空间组织的再创造。充分利用家具布置来灵活组织分隔空间是建筑装饰设计中常用手法之一,它不仅能有效分隔空间、充实空间,还能提高室内空间使用的灵活性和利用率,同时使各功能空间隔而不断,既相对独立,又相互联系。如图 6-2 所示,宾馆大堂常利用服务台、沙发等围合限定出服务区、休息区等功能区,服务台和沙发的布置位置、布置形式将直接影响空间使用功能。

图 6-1　通过家具识别空间

图 6-2　利用家具组织空间

3. 利用空间

在建筑空间组合中，常常有一些尖角旮旯难以正常使用，但布置上适宜的家具后，就能把这些空间充分利用起来（图 6-3）。吊柜也是一种常见的利用空间的手法。

图 6-3　利用建筑空间

4. 强化空间风格，营造环境气氛

家具实质上是一种实用性陈设品，其艺术造型表现出不同的风格特征，反映着各民族、各地域、各历史时期的文化特征和各艺术流派的设计思想。并且家具在室内空间所占比重较大，体量突出。因此，家具的风格、色彩、质地对空间风格的形成、环境气氛的创造起着极为重要的作用。如藤编家具可营造纯真朴实、回归自然的乡土气息(图 6-4)。中国古典家具，尤其是明清家具，能很好地营造出具有中国传统文化特色的室内空间；玻璃和钢木家具能够体现出强烈的现代感；板式彩色家具体现出跃动的青春朝气。

图 6-4　家具强化空间风格

6.1.2　家具的分类

1. 按使用功能分

(1)坐卧类：支持整个人体及其活动的椅、凳、沙发、躺椅、床凳。

(2)凭倚类：满足人进行操作的工作台、书桌、餐桌、柜台、几案等。

(3)贮藏类：存放和展示物品的衣柜、书架、搁板、斗柜等。

2. 按使用场所分

(1) 办公家具：办公家具指办公空间中使用的家具，主要包括办公桌、工作椅、会议桌、电脑桌、书报架、文件柜、保险柜等。

(2) 教研家具：教研家具指在学校和科研空间中使用的家具，主要有课桌椅、讲台、绘图桌、实验台等，其中课桌椅的尺寸须与学生的年龄相适应。

(3) 商业家具：商业家具指百货商场、超市、专卖店等各种商业场所中供储存、陈列、展示、洽谈接待、收银等使用的家具。主要有货柜、货架、展架、展示台、接待台、收银台等。这些家具的形式和材料要与产品及卖场的装修风格相配合。

(4) 居住空间家具：居住空间家具是人们居家生活所用的家具，包括沙发、茶几、电视柜、鞋柜、休闲椅、书桌、书架、餐桌、餐椅、橱柜、床、衣柜、梳妆台等等。

(5) 宾馆家具：宾馆家具指宾馆空间所使用的家具，宾馆家具和民用家具相似，但由于供旅客临时使用，所以在造型、结构、尺寸等方面具有自己的特点。

(6)其他公共建筑空间家具：如礼堂、影剧院、车站、公园等公共场所使用的家具，这些家具以座椅为主，一般结构简单、坚固、不易搬动，包括固定式和折叠式。

3.按制作材料分(图 6-5)

(1) 木制家具：木制家具是指用木材和胶合板、刨花板等木质人造板为基材制作的家具。木材具有材质轻、强度高、易于加工和涂饰、具有天然的纹理和色彩、触感舒适等优点，因此是理想的制造家具材料。自从人造板加工工艺发明以来，木质家具有了更为广阔的发展空间，形式更为多样化，节省木材，更方便于和其他材料的结合。目前木制家具仍是家具中的主流。常用的木材有松木、水曲柳、椴木、榉木、柚木、柞木、胡桃木、橡木、檀木、花梨木等。

(2) 藤竹家具：藤竹家具是以竹、藤制作的家具。竹、藤材料具有质轻、高强、富有弹性、易于弯曲和编织等特点。竹藤家具能营造出浓郁的乡土气息，使得室内别具一格。同时竹藤家具也是理想的消夏家具。竹藤家具多为椅子、沙发、茶几、小桌，也有柜类。在材料上，天然竹藤材料须经过干燥、防腐、防蛀、漂白处理后才能使用。

(3) 金属家具：金属家具包括以金属管材、板材或线材等作为主架构，配以木材、各类人造板、皮革、玻璃、石材等制造的家具和完全由金属材料制作的铁艺家具，它们统称金属家具。金属家具的结构形式多种多样，常见的有拆装、折叠、插接等。金属家具所用的金属材料主要有碳钢、不锈钢、铝合金、铸铁等，这些材料不仅强度高，且其能够通过冲压、锻铸、模压、弯曲、焊接等加工工艺灵活地制造出各种造型。因此，较之传统木质家具，金属家具结构夸张、造型优美、具有简洁大方、轻盈灵巧的美感。金属家具用电镀、喷涂、敷塑等主要加工工艺进行表面处理和装饰。金属家具连接通常采用焊、螺钉、销接等多种连接方式组装。

(4) 塑料家具：通常是以 PVC 等塑料为主要材料，通过模压成型的家具。具有质轻高强、耐水、造型多样、色彩丰富、光洁度高、易清洗打理、价格便宜等特点。由于塑料种类繁多，所以塑料家具也能够以完全不同的形态出现，既有模压成型的硬质塑料家具、有机玻璃家具，又有树脂配以玻璃纤维生产的玻璃钢家具，也有塑料膜充气、充液制成的悬浮家具。

(5) 布艺、皮革家具：是由布料、皮革、海绵、弹簧等多种材料组合制成的家具。通常以钢、木作为骨架，外包质地柔软的海绵、皮革、布料。常见的有沙发、软凳、软床等。这种家具增加了人体与家具的接触面，从而减小了身体对家具接触部位的压强，避免和减轻了压力给人体带来的酸痛，增加了坐卧的舒适感。布艺、皮革的面料也具触感好的优点，图案、色彩丰富多样，能给人以温馨华丽的感觉。

(6) 玻璃家具：玻璃家具多以较厚的玻璃或钢化玻璃为基材，通过金属接头的连接而成，常见的玻璃家具有茶几、台案、餐桌等。

4.按结构形式分

(1) 框架结构家具：为传统的家具制作工艺，框式家具以传统木家具为主，以榫卯结构形成的框架作为家具的受力体系，再覆以各种面板组成。框式家具坚固耐用，但不利于工业化的大批量生产。框式家具一般不可拆卸。

(2) 板式家具：是现代家具最常见的结构形式。板式家具是以人造板为主要基材，经圆榫和五金件连接而成的拆装组合式家具。板式家具不需要骨架，板材既是承重构件又是围合与分隔空间的构件。板式家具具有外观时尚、结构简单、线条简洁、不易变形、不开裂、价格实惠、可以多次拆卸安装、运输方便、易于工业化生产等特点。

用于板式家具的常见人造板材有胶合板、细木工板、刨花板、中密度纤维板等。其中胶合板常用于制作需要弯曲变形的部位；细木工板(大芯板)和刨花板，一般仅用于低档家具。最常用的板材是中密度纤维板。

板式家具常见的饰面材料有装饰薄木(俗称贴木皮)、木纹纸(俗称贴纸)、三聚氰胺树脂装饰板、PVC 胶板、聚酯漆面(俗称烤漆)等。其中天然木皮饰面既保留了天然纹理又节约木材，具有纹理自然、耐磨性强的特点，一般用于高档板式家具产品。三聚氰胺树脂装饰板和木纹纸也能仿出木材的纹理、色泽，但没有天然纹理自然。木纹纸饰面的耐磨性较差，一般用于低档产品。PVC 胶板、聚酯漆面可以制作出各种颜色的饰面。

实木家具

人造木质板材家具

竹藤家具

金属家具

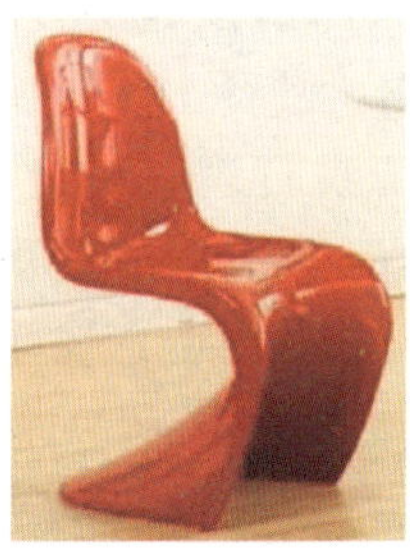

塑料家具

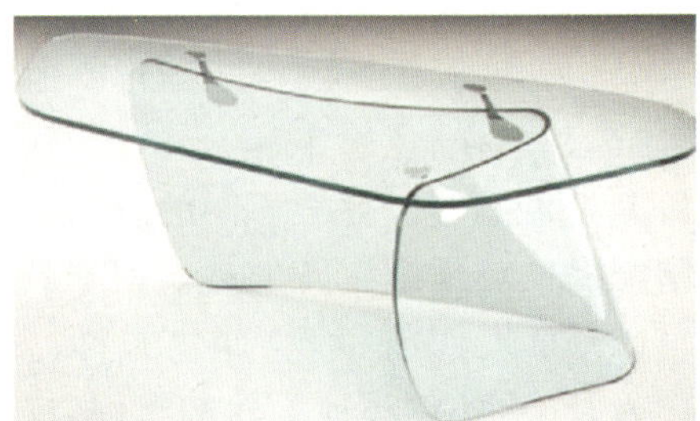

玻璃家具

布艺皮革家具

图 6-5　家具的分类

(3) 折叠家具：折叠家具是现代家具之一。主要特点是能够折叠、造型简单、使用轻便、可供居家旅行两用、节约房屋使用面积。常见的有折叠椅、折叠桌、折叠床等。有些桌子折叠后成箱形，有些椅子或凳子折叠后可放在桌内，有些床可以折叠成沙发。折叠桌和折叠床等多以铰链连接。礼堂、剧院这些公共场所使用的折叠椅子多采用椅面活动式。家庭中使用的折叠椅采用椅面、椅腿连接活动式，不用时可以折叠堆放，少占用空间。折叠凳子多为凳面折合，也有布面对折。坐面可用木板、木条、人造板、布面、皮具和编藤等。也有些一物多用的家具，也是折叠家具的一种，主要特点是增加一些部件，能够抽出推进，翻转折叠，使一件家具能代替几件家具使用。

(4) 曲木家具：曲木家具以弯曲的木质部件组装而成。弯曲的零部件多为经弯曲干燥的实木条、弯曲成形的胶合板，也有一些金属构件。这些零部件多用螺钉、螺栓等进行装配。常见的曲木家具有桌、椅、凳、茶几、沙发等，曲木家具具有形态优美、坐卧舒适等特点。

(5) 薄壳家具：薄壳家具是采用现代工艺和技术，将塑料、玻璃纤维等材料经过模压、浇注等工艺一次压制成薄壳零件与其他部件组装或一次成型的家具。薄壳家具常见的是椅、凳、桌。薄壳家具具有质轻、强度高、造型新奇、色彩绚丽、富有现代感等特点。

(6) 充气家具：充气家具是由具有一定形状的气囊组成的，充气后即可使用。充气家具常用于旅行用的躺椅、沙发等。也有充水的水垫床。充气家具携带和贮藏方便，造型新颖，坐卧舒适。

(7) 整体浇注家具：整体浇注家具是指主要以水泥、玻璃钢、发泡塑料等为原料，利用定型模具浇注成型的家具。这类家具常用于酒吧、公园等娱乐休憩场所。

(8) 根雕家具：根雕家具以老杉木、樟木、鸡翅木、花梨木、酸枝木等树木的树根、树枝和藤条等天然材料为原料，略加修整、雕琢、打磨、钉接而成。根雕家具常见的有茶几、坐具、博古架、花架等。这种家具从形状看，盘根错节、出自天然，丝毫不露斧凿痕迹，极具自然美感。同时还具备家具的各种功能和形态。如腿面、椅背，以及各部分比例、角度等，使人坐上去有舒适感，且坚固耐用，既有观赏价值，又有实用价值。

5. 按家具组成分

(1) 单体家具：单体家具具有独立的形象，各家具之间没有必然的联系，可依据需要单独选购。单体家具便于灵活搭配，但在色彩、形式和尺寸上缺乏统一。

(2) 配套家具：是指在一定空间内使用，在材料、尺寸、样式、色彩、装饰上配套设计的家具。如餐厅的餐桌椅，卧室的床、床头柜、衣柜、梳妆台等成组配套的家具。配套家具便于形成室内和谐统一的风格。

(3) 组合家具：组合家具是指家具能够分解为两个或两个以上的单元，各单元能够自由地以不同形式拼接，产生不同的形态或使用功能。如组合沙发除了可以组合成不同的形状和样式外，有些还能将沙发的扶手组合成茶几等。组合家具有利于标准化、系列化的推广。有些组合家具在单元生产上已达到方便化程度，用户可根据自己的需要进行拼装使用。

6.2　家具发展概述

6.2.1　中国古典家具

中国传统家具的历史可谓源远流长，从商周时期的低坐式家具到鼎盛时期的明清家具，历经三千多年的发展、演变，逐步形成了丰富多彩、技术精良、造型优美、风格独特的中国传统家具。

商、周、春秋时期是我国低矮型家具的形成期。这时期人们习惯于席地而坐，因此，家具都比较低矮。商、周时期铜器中的铜禁、铜俎，反映了中国早期家具的雏形。周代又出现屏风、曲几、衣架等家具(图 6-6)。春秋时斧、锯、钻、凿等木工工具广泛使用,相传这些传统木工工具都是由春秋时期的著名木匠鲁班发明的。

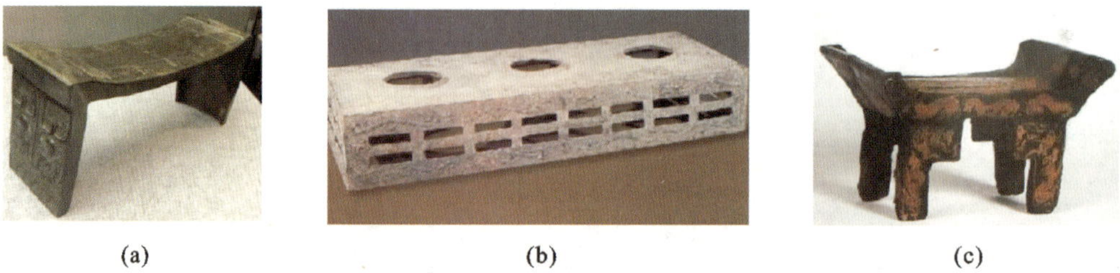

图 6-6　商周时期家具

(a)商代青铜饕餮蝉纹俎;(b)西周青铜夔纹禁;(c)春秋彩绘漆木俎

战国、秦汉、三国时期是我国低矮型家具大发展的时期。战国墓中出土的家具有床、几、俎、案、箱等,不仅做工相当精致,而且已采用了格肩榫、燕尾榫、透榫、勾挂榫等多种榫卯,表面进行髹漆或饰以红、黑等色漆描绘的图案,有的还施以精美的浮雕。到汉代,屏风得到广泛使用,它不仅可以屏蔽风寒,同时还起到分隔室内空间的作用。床的用途扩大,不仅是卧具,还用于日常起居和接待客人。胡床也进入中原地带。家具的装饰纹样增加了绳纹、齿纹、三角形、菱形、波形等几何纹样以及植物纹样(图 6-7)。

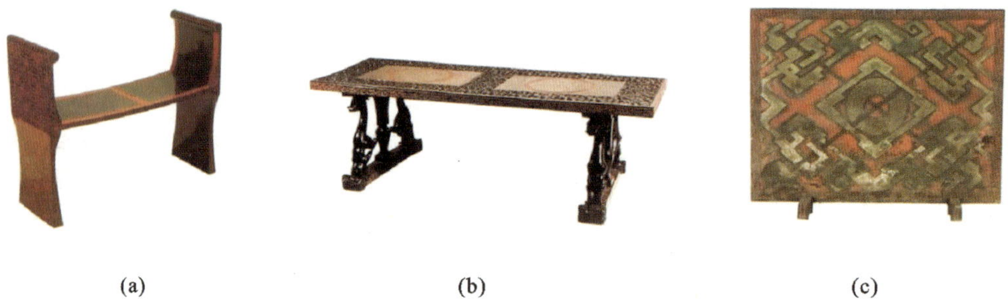

图 6-7　战国、秦汉时期家具

(a)战国黑漆朱绘回旋纹几;(b)战国黑漆朱绘鸟足漆案;(c)西汉彩绘漆屏风

两晋、南北朝时期由于受到民族大融合和佛教传入的影响,家具在此时发生了显著变化,高型家具已有萌芽,床和榻的尺度也加高,床上设有帐架和仰尘,还有可以折叠移动的屏风。并且出现了方凳、圆凳等新型家具的雏形(图 6-8)。

图 6-8　晋顾恺之《女史箴图》中的床榻

隋唐时期席地而坐的生活方式仍然占据主流,但垂足而坐也逐渐成为普遍的现象,家具也发生了明显的变化,出现了高、低型家具并存的局面。家具种类繁多,已有各种几,长、短、方、圆案,高、低桌,方、圆凳,扶手椅,靠背椅,床,榻,墩,架,箱,柜,橱等。至五代,高型家具的品种已基本具备,且逐渐占据主流,为两宋时期高型家具的普及打下了基础(图 6-9、图 6-10)。

图 6-9　五代《韩熙载夜宴图》中的家具

图 6-10　五代周文矩《宫中图卷》中的圈椅和圆凳

两宋时期，垂足而坐已完全代替了席地而坐的生活方式，高型家具已普及。家具造型秀气轻巧，线脚处理丰富，使用了束腰、马蹄、蚂蚱腿、云兴足、莲花托等各种装饰形式。家具在室内布置上也逐步形成了一定的格局，一般厅堂多采用对称布置，卧室、书房等则采用不对称布置(图 6-11)。

图 6-11　宋代家具

(a)宋代《蕉荫击球图》中的家具；(b)宋代赵佶《听琴图》中的家具

至明、清时期，我国古代家具的类型和品种都已齐备，除功能上充分满足了当时的生活要求，构造上使用了精巧的榫卯外，造型上也达到很高的艺术成就，形成了独特的风格。

明代是我国古代家具发展的顶峰期。明代家具多采用花梨木、紫檀、楠木等优质硬木，表面油漆暗红透亮，木质的天然纹理透彻鲜明，并在适当部位小面积饰以浮雕、镂雕或镶嵌玉石、大理石、珐琅等(图 6-12)。明代家具的特点主要表现在：

图 6-12 明代家具

(a)交椅;(b)圈椅;(c)四出头官帽椅;(d)南官帽椅;(e)圆凳;(f)方凳

(1)重视使用功能,基本符合人体形态的要求。

(2)结构科学合理,榫卯精密,坚固耐用。

(3)在造型上,形体简洁,端庄大方,比例适度,轮廓简练,线条舒展。

(4)精于选材配料,注重发挥材料的特性,并重视木材的天然色泽和纹理的表现。

(5)装饰精巧适度,雕刻、线脚处理得当,起着画龙点睛的作用。

清初家具基本上保持着明代家具的风格。清中叶以后,广泛吸收了多种工艺美术手法,再加上统治阶级的欣赏趣味的影响,清代家具逐渐形成了新的风格特征。清代家具在继承和发展明代家具特点的同时,在装饰上力求华丽,常运用描金、彩绘、镶嵌等装饰手法,吸收了西洋的装饰纹样,并将多种工艺美术应用在家具上,使用了金、银、玉石、珊瑚、象牙、珐琅器、百宝镶嵌等不同材质,追求金碧璀璨、富丽堂皇的效果(图 6-13)。遗憾的是晚清时期的家具,多数由于过分追求奢华,忽略了家具结构的合理性,显得烦琐累赘。

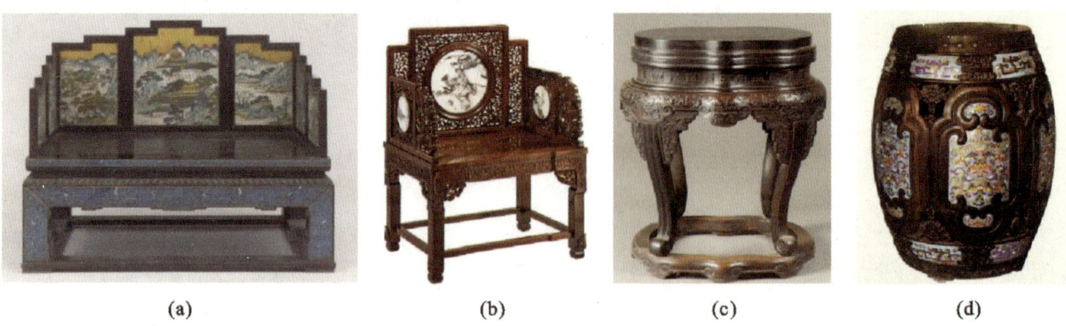

图 6-13 清代家具

(a)紫檀嵌珐琅宝座;(b)太师椅;(c)紫檀雕花桃式杌;(d)紫檀嵌珐琅绣墩

6.2.2 外国古典家具

1. 古代家具

古埃及家具主要有折凳、桌椅、榻、箱、柜等。家具造型多采用对称形式，比例合理，用色鲜明，以雕刻和彩绘相结合的手法饰以动植物装饰图案，尤其是家具的四腿、四脚多为动物腿形和牛蹄、狮爪等，显得粗壮有力。古希腊家具有座椅、卧榻、桌、箱等，前期的座椅多采用长方形结构，椅背、椅座平直；后期的座椅形式变得自由活泼，椅背、椅腿均由曲线构成，上面置以坐垫，方便舒适。古罗马家具坚厚、凝重，装饰复杂、精细，多使用雕刻和镶嵌，出现了带翼的狮身人面怪兽等模铸的人物和植物图饰。

2. 中世纪家具

欧洲中世纪是指古罗马衰亡到文艺复兴前的一段时期。这一时期的家具主要有拜占庭家具、仿罗马式家具和哥特式家具。拜占庭家具在形式上继承古罗马家具风格，并吸收了埃及以及小亚细亚等东方艺术形式，装饰手法以旋木和镶嵌为主。仿罗马式家具是在公元11世纪，将古罗马建筑的拱券、檐部等用于家具的造型与装饰，从而形成仿罗马式家具，家具采用旋木技术，其中座椅的椅背、扶手、坐面、腿等全部采用旋木制成，箱柜正面以花卉和曲线纹样的薄木雕刻装饰。哥特式家具受哥特式建筑的影响，在家具上采用了哥特式建筑的特征和符号。家具比例瘦长、高耸，多以哥特式尖拱、尖顶、细柱、焰型窗、花窗格及垂饰罩等花饰、浮雕或透雕镶板为装饰(图6-14)。

3. 文艺复兴时期家具

文艺复兴时期家具是指14世纪下半叶至16世纪，从意大利开始而后遍及欧洲的家具形式。受文艺复兴运动中提倡人文主义、复兴古典文化等思潮的影响，家具艺术也吸收了古代造型艺术的精华，以新的表现手法将古典建筑上的符号，如檐板、半柱、拱券以及其他细部形式移植到家具上。家具表面采用灰泥模塑浮雕装饰，做工精细，表面加以贴金和彩绘处理(图6-15)。

图6-14 哥特式家具

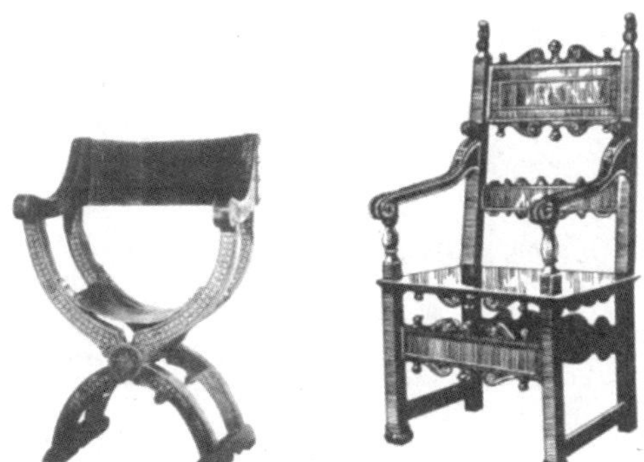

(a) (b)

图6-15 文艺复兴时期的意大利家具

(a)但丁椅；(b)靠椅

4. 巴洛克式家具

16世纪末，巴洛克风格由意大利产生，并逐步流行于欧洲各国。巴洛克式家具将富于表现力的细部装饰集中在重点部位，简化不必要的部分，加强了整体和谐统一的效果。椅座、扶手、椅背用织物或皮革包衬来替代原有的雕刻，使家具华贵而富有情感，功能上也更加舒适(图6-16)。

5. 洛可可式家具

18 世纪 30 年代，洛可可式家具兴起，它在巴洛克式家具的基础上进一步将优美的艺术造型和舒适的功能巧妙地结合起来，尤以柔婉的线条和纤巧华丽的装饰见长。路易十五式的靠椅和安乐椅是洛可可式家具的典型代表作，其雕饰精巧的靠背、坐面、弯腿，色彩搭配淡雅秀丽的织锦、刺绣包衬和光亮的油漆，不仅奢华高贵，而且舒适实用(图 6-17)。但到后期，其形式走向极端，因曲线的过度扭曲和比例失调的纹样装饰而走向没落。

图 6-16　巴洛克式家具

图 6-17　洛可可式家具

6. 新古典家具

18 世纪后半叶至 19 世纪初，古典复兴思潮盛行。摆脱了虚假烦琐的装饰，以直线造型为主，简洁、庄严的新古典家具成为时代新潮。如法国路易十六式家具，以直线造型为主，家具外形倾向于长方形。家具腿向下逐渐变细，并在腿上刻槽纹，表现出支撑的力度。椅背有矩形、圆形和椭圆形等，造型优美，镶嵌及镀金装饰精雅而有度。帝政式家具是指法国拿破仑称帝时期的家具式样，以古罗马家具为模仿对象，不考虑功能与结构，一味追求庄严，体量厚重，线条刚健，在装饰上几乎使用了所有古典题材的图案，如柱头、半柱、檐板、狮身人面像、半狮半鸟的怪兽像等。

6.2.3　近现代家具

19 世纪初期，欧洲各国先后完成了工业革命，技术的变革推动了社会形态和生活方式的改变。在艺术领域，思想、观念的冲突与变化导致了多种艺术思潮的出现，一系列的设计创新运动推动了家具设计思想、家具形式、结构和制作方法的改变。

德国人托耐特(Michael Thonet) 第一个实现了家具的工业化大生产，并掌握了实木弯曲技术，于 1859 年推出了经典之作——第 14 号椅(图 6-18)。以普金、莫里斯为代表的工艺美术运动首先提出了“艺术与技术结合”的设计思想，尝试将功能、材料与艺术造型结合起来。新艺术运动摆脱了历史的束缚，极力寻求一种新的艺术设计语言，即以自然形态的曲线为装饰母体的新风格。比利时的霍塔、维尔德，法国的海格特 · 桂玛德，英国的麦金托什等人在家具设计方面取得了卓越的成就(图 6-19)。荷兰风格派强调艺术需要简化、抽象，认为最好的艺术应是基本几何形体的组合和构图，色彩也简化为红、黄、蓝、黑、白、灰。1918 年里特维尔德设计的红蓝椅被誉为“现代家具与古典家具的分水岭”。以包豪斯学院为基地的包豪斯学派积极探求工业技术与艺术的结合，注重以使用功能为设计的出发点，强调表现材料的结构性能和美学性能，面向工业化生产，追求形式、材料和工艺技术的统一。最有代表性的是布劳耶设计的钢管椅(图 6-20)。

图 6-18 第 14 号椅

图 6-19 “工艺美术运动”产生的作品

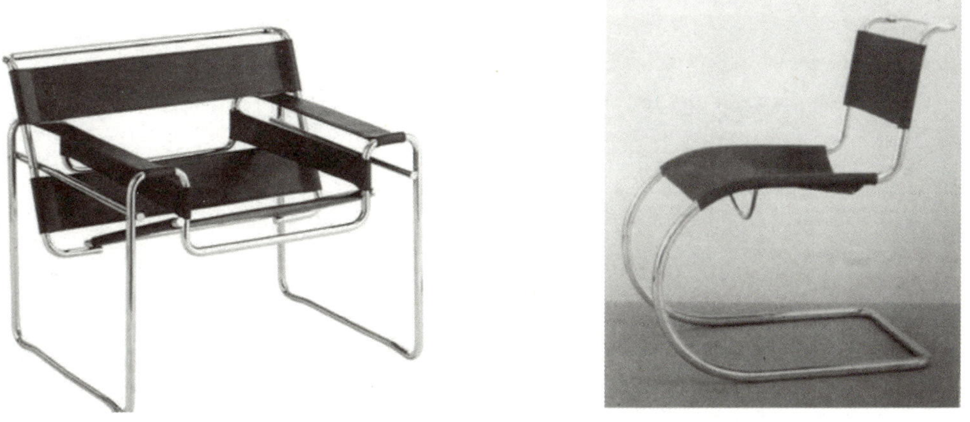

图 6-20 布劳耶设计的钢管椅

第二次世界大战后，随着经济和科学技术的迅猛发展，新材料、新工艺不断涌现，现代家具进入高速发展时期。各种不同形式、不同材料和不同机能的家具相继问世，家具的设计风格也因现代设计思想的普及与多元化发展而呈现出多元化的格局(图 6-21)。现代家具的成就主要表现在：

(1)以人体工程学为主要依据，把家具的使用功能作为设计的基本出发点。

(2)在设计理念上摆脱了传统家具的束缚和影响，充分利用现代科学技术和新材料、新工艺，创造了符合现代审美情趣、丰富多彩的、前所未有的新形式，并适合于工业化大批量生产。

(3)尊重材料的本性,注重材料形态、纹理、色泽、力学及化学性能的运用和表现。

(4)注重家具的系列化、组合化、可装卸化,为家具的使用提供了多样性和选择性。

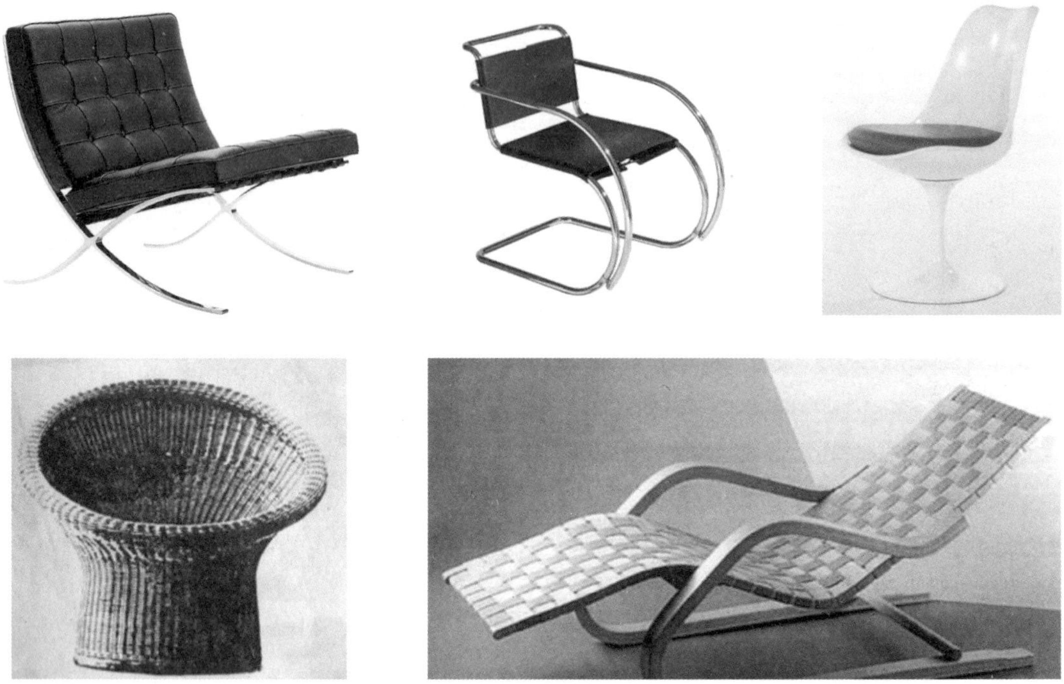

图 6-21 现代家具

学习情境 2 家具配置的案例分析

<table>
<tr><td>工作任务描述</td><td colspan="3">搜集各类建筑室内空间图片,分析家具在室内空间中的选配原则和布置方法,以 PPT 形式总结汇报</td></tr>
<tr><td rowspan="4">工作过程建议</td><td colspan="2">学生工作</td><td>老师工作</td></tr>
<tr><td colspan="2">步骤 1:通过实地考察、查阅图书、上网等形式搜集室内家具配置的优秀案例</td><td>引导学生观察</td></tr>
<tr><td colspan="2">步骤 2:对搜集来的案例进行分析、比较,总结家具在室内空间中的选配原则和布置方法,选择经典案例图片,并制作成 PPT</td><td>提出问题,指导</td></tr>
<tr><td colspan="2">步骤 3:讲解 PPT</td><td>总结</td></tr>
<tr><td colspan="2">工作环境</td><td colspan="2">学生知识与能力准备</td></tr>
<tr><td colspan="2">校外参观场所、教学做一体化教室</td><td colspan="2">资料搜集与分析能力、办公软件应用能力、室内家具基础知识</td></tr>
<tr><td>预期目标</td><td colspan="3">正确分析、掌握家具在室内空间中的选配原则和布置方法</td></tr>
</table>

知识要点

6.3　家具的选配

6.3.1　家具的基本尺度

家具既是实用品又是艺术品，既要满足人们生活活动的各种使用要求，又要满足人们的精神需求。因此，家具的设计要点在于功能、材料与结构技术、造型三个方面。功能是家具的主要目的，是决定性因素；材料与结构技术是家具构成的物质技术条件，是达到目的的手段，在一定程度上制约着家具的功能和造型；造型则是家具功能、材料与结构技术和艺术内容的综合表现。

家具设计要以满足实用、舒适等要求为基本原则，并力求结构安全、工艺精巧、便于工业化生产，而且要造型美观、新颖独特，符合现代人的审美情趣。

1. 家具设计的依据

家具的服务对象是人，人的使用是家具的基本目的。因此，人体机能是家具设计的主要依据，家具必须首先符合人的生理机能和满足人的心理需求。

人体工程学对人体尺度和人体动作域，人体和家具的关系，尤其是使用过程中家具对人体产生的生理、心理反应进行了科学的实验和计测，为家具设计提供了科学的依据，并将人体活动的动作形态分解成坐、卧、立等各种姿态，据此研究家具的设计，确定家具的基本尺度及家具之间的相互关系。

2. 家具的基本尺度

家具的尺度与人体的基本尺度和各姿态的动作域关系密切。人与家具、家具与家具之间的关系是相对的，应以人的基本尺度为准则来衡量这种关系，进而确定家具的基本尺度。

通过人体工程学的研究，首先确定了家具设计的基准点，立姿使用的家具应以立位基准点计算，立位基准点为脚底后跟点加上鞋底厚度的位置。坐姿使用的家具应以坐位基准点计算，人的坐位基准点是以坐骨结节点为准。

(1)坐卧类家具的基本尺度

坐卧类家具是人们日常生活中使用最频繁、接触最紧密的家具。坐卧类家具的基本功能是使人们坐得舒服、睡得安稳、减少疲劳、提高工作效率。

坐具的设计一般要控制座高、座宽、座深、靠背与扶手高度、靠背与水平线的夹角、座面与水平线的夹角等因素，并应考虑座面形状和座垫的软硬程度。座椅的常规尺寸见表 6-1。

表 6-1　座椅的常规尺寸(mm)

类别	扶手椅	靠背椅	折椅	尺寸级差
座高	400～440	400～440	400～440	20
座宽	＞460	＞380	340～400	10
座深	400～440	340～420	340～400	10
背宽	＞400	＞270	＞270	10

续表 6-1

类别	扶手椅	靠背椅	折椅	尺寸级差
背长	＞270	＞270	＞270	10
背斜角	95°～100°	95°～100°	100°～110°	1°
座斜角	1°～4°	1°～4°	1°～4°	1°
扶手高度	200～250	—	—	10

人在睡眠时，并不是静止的，而会经常变换姿势和位置，人的睡眠质量不仅与床垫的软硬有关，还与床的尺度有关，一般要考虑床宽、床长及床高几个方面的尺度。床的常规尺寸见表 6-2。

表 6-2　床的常规尺寸(mm)

类别		单人床	双人床	双层床	
				放置床垫	不放置床垫
床面长	双屏床	1920、1970、2020、2120		1920、1970、2020	
	单屏床	1900、1950、2000、2100			
床面宽		800、900、1000、1200	1350、1500、1800	720、800、900、1000	
(底)床面高		放置床垫 240～280，不放置床垫 400～440		240～280	400～440
层间净高				≥1150	≥980
安全栏杆高度				≥380	≥200
安全栏杆缺口长度				500～600	

(2)凭依类家具的基本尺度

凭依类家具是日常生活中必不可少的辅助性家具，凭依类家具的基本功能是为在坐、站状态下进行各种活动提供相应的辅助条件，并兼有放置或贮存物品的功用。

坐姿用桌的桌面高度以在肘高(坐姿)以下 50～100mm 为宜，但精密工作受视距影响，需增加桌面高度，办公用桌高度参见表 6-3。桌椅面高差以 270～300mm 为宜，桌下净空以 600mm 为宜。

表 6-3　办公用桌作业面高度(mm)

作业类型	男性	女性
精密、近距离观察	900～1100	800～1000
读、写	710～780	700～740
打字、手工施力	680	650

立姿用桌的桌面高度宜在肘高(立姿)以下 50～100mm，一般以 910～980mm 为宜，根据作业性质可酌情增减。

(3)贮藏类家具的基本尺度

贮藏类家具主要是用作日用品的储藏与展示，常见的有衣柜、书柜、食品什物柜、装饰柜等，贮藏类家具的功能设计要考虑人和物两方面的关系，一方面要方便人们存取，另一方面要满足物的存放要求。贮藏类家具的常规尺寸见表 6-4。

表 6-4　柜子的常规尺寸(mm)

类别	衣柜	书柜	文件柜
宽度		600～900(级差 50)	450～1050(级差 50)
深度	≥530	300～400(级差 20)	400～500(级差 10)
高度		1200～2200 (第一级差 200, 第二级差 50)	370～400 700～1200 1800～2200
层间净高		(1)≥230 (2)≥310	≥330
挂衣杆上沿离顶板内表面间距离	≥40		
挂衣杆上沿离底板内表面间距离	≥1400(挂长衣) ≥900(挂短衣)		
顶层抽屉上沿离地面	≤1250		
底层抽屉下沿离地面	≥50		

6.3.2　家具的选配原则

1. 实用性原则

家具的选择首先应满足室内空间的实际使用要求,如起居室空间内的家具选择,应依据每个业主对起居空间的具体功能要求来确定,而不能面面俱到,千篇一律,避免无用的家具侵占人们的活动空间。

2. 与空间尺度相协调

家具体量的选择应注意与室内空间尺度的比例关系相协调。家具体量过大,则会有拥塞之感;家具体量过小,则会显得空旷。

3. 有助于强化空间风格

家具是室内最主要的大体量陈设,在室内空间中占据重要位置,对室内整体格调影响较大。因此,家具选配时,应注意家具的材质、色彩、风格与室内空间的总体格调协调统一,以进一步强化空间风格。如中国古典家具能更好地体现中国传统文化内涵(图 6-22);现代风格家具则更有利于营造简约、时尚的装饰风格。

图 6-22　中式家具强化空间风格

4. 充分利用空间

家具的造型应依据空间的形态和空间组织的需要来选择,尤其是一些边角地带,恰当的家具造型可以充分利用空间,有效提高空间利用率。

5. 有一定的应变性

家具选择还应注意家具的应变性和适应性,如选择可折叠、伸缩、变形等家具,方便适应不同空间的使用和摆放要求。多功能的家具则能满足不同阶段(或时段)的使用需求;选择色彩和形体易于协调的家具,可以适应室内布置的变更。

6.4 家具的布置

6.4.1 家具的布置原则

1. 方便使用的原则

家具是以人的使用为目的,家具的布置必须以方便使用为首要原则,尤其是在使用上相互关联的一些家具,应充分考虑它们的组合关系和布置方式,确保在使用过程中方便、舒适、省力、省时。如图 6-23 所示,书房内书桌与书架的布置要方便使用。

2. 有助于空间组织的原则

家具的布置是对室内空间组织的二次创造,合理的家具布置可以充实空间,优化室内空间组织,改善空间关系,均衡室内空间构图。如一些建筑空间会有空旷、狭长或压抑等不适感,巧妙地运用家具布置,不仅可以改善不适感,还可以丰富空间内涵。

3. 合理利用空间的原则

提高建筑空间的使用价值是建筑装饰设计中一个重要的问题,家具布置对空间利用率影响很大,因此,在满足使用要求的前提下,家具布置应尽可能充分地利用空间,减少不必要的空间浪费(图 6-24)。但也要合理有度,要留有足够的活动空间,防止只重视经济效益,而对使用、安全和环境造成不利影响的过度利用。

图 6-23 家具的方便使用原则

图 6-24 家具布置合理利用空间

6.4.2 家具的空间布局形式

家具在室内空间的格局有对称式布局、非对称式布局、集中式布局、分散式布局等。

对称式布置可获得庄重、严肃、稳定的空间效果,也是中国传统厅堂中家具常用的布置形式。

非对称式能获得相应自由、活泼、轻松的效果,常用于休息、休闲场所。

集中式布置多用于使用功能单一、家具品种不多的小空间。

分散式布置则用于功能多样、形式复杂、家具品种多的大空间，往往组成若干个家具组团分散布局。

6.4.3　家具的布置方法

家具布置时应根据空间的使用性质及特征，首先明确家具的类型和数量，然后确定布置形式，力求使功能分区合理、动静分区明确、流线通畅便捷，并从空间整体格调出发，确定家具的布置格局，在满足实用功能的同时，获得良好的视觉效果和心理效应。

家具在室内空间的布置一般有周边式布置、岛式布置、单边式布置和走道式布置等。

周边式布置即沿墙四周布置家具，便于组织活动(图 6-25)。

岛式布置强调出中心区的重要性和独立性，并使周边的交通活动不干扰中心区(图 6-26)。

图 6-25　周边式布置

图 6-26　岛式布置

单边式布置是将家具布置在一侧，留出另一侧作为交通空间，使功能分区明确，干扰小(图6-27)。

走道式布置即将家具布置在两侧，中间形成过道，这种布置方法空间利用率较高，但干扰较大(图 6-28)。

图 6-27　单边式布置

图 6-28　走道式布置

学习情境 3 丰富多彩的陈设品

<table>
<tr><td>工作任务描述</td><td colspan="3">调研工艺品市场，搜集室内陈设品相关资料，分析、讨论陈设品在室内空间中的作用，陈设品的内涵和分类，以 PPT 形式汇报</td></tr>
<tr><td rowspan="4">工作过程建议</td><td colspan="2">学生工作</td><td>老师工作</td></tr>
<tr><td colspan="2">步骤 1：调研工艺品市场，搜集室内陈设品相关资料</td><td>引导学生观察</td></tr>
<tr><td colspan="2">步骤 2：分析、讨论陈设品在室内空间中的作用和陈设品的内涵与分类</td><td>提出问题，指导</td></tr>
<tr><td colspan="2">步骤 3：整理资料，制作 PPT 并讲评</td><td>总结</td></tr>
<tr><td colspan="2">工作环境</td><td colspan="2">学生知识与能力准备</td></tr>
<tr><td colspan="2">校外参观场所、教学做一体化教室（多媒体、网络、电脑）</td><td colspan="2">调研能力、资料整理与分析能力</td></tr>
<tr><td>预期目标</td><td colspan="3">能够正确分析、理解陈设品在室内空间中的作用、陈设品的内涵和分类</td></tr>
</table>

知识要点

6.5 陈设的作用和分类

6.5.1 陈设的作用

1. 突出室内设计主题

各类建筑都特别注重文化氛围的营造，往往通过建筑装饰设计寓文化主题于室内环境中。陈设品以其视觉效果好、可触性强、表现手段独特等特点，使设计主题的表现准确、深刻，具有画龙点睛的作用。如图 6-29 所示，刘公岛甲午战争博物馆后部大厅中央的青铜大钟，警示人们牢记历史，警钟长鸣，起到了突出空间主体，强化空间内涵的作用。

图 6-29 陈设突出主题

2. 烘托环境气氛，强化空间风格

陈设品因其造型、色彩、图案、质地等因素往往表现出一定的风格特点，不同的陈设品可以营造和烘托出不同的环境气氛，对室内环境的风格起到加强、促进的作用。如图 6-30 所示，某餐馆内的渔网、鱼篓、斗笠、蓑衣与大树进一步烘托了环境气氛。

图 6-30　烘托环境气氛

3. 组织、引导空间

陈设也具有一定的空间职能作用，一些体量较大、造型独特、风格鲜明、色彩鲜艳的陈设品能够在室内空间中起到限定空间、分隔空间、引导人流等空间职能作用。因为它们醒目、突出，易形成视觉中心，从而在空间中起到引导、暗示、限定等作用。

4. 柔化空间环境

随着现代建筑技术的发展，钢筋混凝土、金属材料、玻璃、石材等充斥着我们的生活空间，给人以强硬、冷漠之感。通过引入柔软的织物、生活器皿、绿色植物及工艺品等，既弥补了建筑自身的缺憾，又使空间表现出浓郁的生活气息，给人温暖亲切之感(图 6-31)。

5. 反映民族特色和地域特征

不同地域、不同民族有着特定的文化背景和风俗习惯，随着历史文化的积淀，形成了各自鲜明而独特的民族特色和地域特征。许多陈设品就具有浓郁的民族特色和地方风情，在室内陈列这些陈设品，可以使空间环境表现出一定的民族特色和地域特征。如图 6-32 所示，某酒店客房内唐卡挂画、传统图案地毯等尽显西藏的民族特色。

图 6-31　柔化空间环境

图 6-32　陈设体现民族特色(图片来源:风格酒店)

6. 张扬个性,陶冶情操

人们因性格、年龄、文化修养、职业、爱好等方面的不同,往往会对不同的陈设品产生喜好。因此,室内陈设在一定程度上反映出主人的个性。而且,造型优美、格调高雅,尤其是具有一定内涵的陈设品,不仅能够美化环境,还可以陶冶人的情操。

6.5.2 陈设的分类

陈设的范围十分广泛(图 6-33),可根据其作用分为艺术品和日用品两大类:

1. 艺术品

(1)字画

字画又分为书法、国画、西洋画、版画、印刷品装饰画等。其中书法和国画是中国传统艺术形式,书法作品有篆、隶、楷、草、行之别,国画主要以花鸟、山水、人物为主题,运用线描和墨、色的变化表现肖像写意,具有鲜明的民族特色。传统的字画陈设表现形式有楹联、挂幅、中堂、匾额、扇面等,近些年斗方更为流行。常见西洋画有水彩、油画等类型,其风格多样、流派纷呈,多配画框来悬挂陈列。印刷品装饰画更是内容丰富、形式多样。

图 6-33　丰富多彩的陈设品

(2)摄影作品

摄影作品也是室内陈设常用的艺术品,因其具有很强的纪念意义而有别于绘画,因此,陈列摄影作品不但美观,同时也能把人带入美好的回忆中。摄影作品有婚纱摄影、旅行留念等。

(3)雕塑

雕塑是以雕、刻、塑以及堆、焊、敲击、编织等手段制作的三维空间形象的美术作品。雕塑的形式有圆雕、浮雕、透雕及组雕,常用的材料有石、木、金属、石膏、树脂及黏土等,室内常用到的雕塑陈列品有泥塑、木雕、石雕、瓷塑、根雕等。

(4)工艺美术品

工艺美术品的种类和用材更是广泛,如陶瓷、玻璃、金属等制作的造型工艺品,竹编、草编等编织工艺品，织锦、挂毯、刺绣、蜡染等织物，还有剪纸、风筝、面具等；其中有些是纯艺术品，有些则是将日用品进行艺术加工后形成的，旨在用于观赏的工业品。它们有的精美华丽；有的质朴自然，具有浓郁的乡土气息。

(5)收藏品和纪念品

收藏品内容丰富，形式多样，如古玩、邮票、书籍、CD、花鸟鱼虫标本、奇石、兵器、民间器具等。收藏品既能表现主人的兴趣爱好，又能丰富知识，陶冶情操。纪念品包括奖杯、奖章、赠品等，它既具有纪念意义，又具有装饰作用。利用这些来装饰家庭，具有很强的生活情趣。

2. 日用品

日用品在室内陈设中所占比重较大。日用品在满足实用性的同时也能体现出一定的装饰效果。常用于装饰的日用品有：

(1)生活器具。如餐具、茶具、酒具、果盘、储藏盒等。它们中有朴实自然的木材制品，有华贵的金属制品，有晶莹剔透的玻璃制品，也有古朴浑厚的陶瓷制品，还有色彩艳丽的塑料制品等等。这些生活器具在满足日常需要的同时，也能丰富空间装饰效果，富有浓郁的生活气息。

(2)家用电器。如电视机、电冰箱、电脑、电话、音响设备等。这些功能性电器不仅能丰富生活，还能体现出高科技特征，使空间富有时代感。

(3)文体用品。如书籍、文具、乐器、体育健身器材等。书籍、文具不仅能丰富人们的精神生活，还能体现出业主的文化修养；钢琴、吉他、小提琴、二胡等乐器既能反映出主人的爱好，又能烘托高雅的气氛；而各种体育健身器材则是运动和活力的象征。

(4)灯具。是满足照明需要不可少的用品，同时又具有很强的装饰性，其造型丰富，材质多样，近年来 DIY 改造灯具也成为一种流行时尚。

(5)织物。织物除少数织锦、挂毯等为艺术品外，大多为装饰品。织物在室内能够很好地柔化空间、营造出温馨的氛围。室内空间中常用到的织物有窗帘、帷幔、帷幕等，它们有分隔空间、遮挡视线、调节光线等作用，一般选择垂性好、耐光、不褪色、易清洗的织物。

床罩、床单、沙发套、台布以及靠垫、坐垫等罩面织物，具有保护、挡尘、防污等作用，且装饰性强。罩面织物与人接触密切，宜选择手感好、耐久、易清洗的棉麻、混纺织物。

地毯的花色品种很多，主要有机织、簇绒、针刺、枪刺、手工编织等。它除了美观外，还具有脚感舒适、隔音、保暖等特点。地毯的铺设方式有满铺、中间铺、局部铺设等。

学习情境 4　陈设配置的案例分析

<table>
<tr><td>工作任务描述</td><td colspan="2">搜集各类建筑室内空间图片，分析陈设室内空间中的选配原则和布置方法，以 PPT 形式总结汇报</td></tr>
<tr><td rowspan="4">工作过程建议</td><td>学生工作</td><td>老师工作</td></tr>
<tr><td>步骤 1：通过实地考察、查阅图书、网络等形式搜集室内陈设配置的优秀案例</td><td>引导学生观察</td></tr>
<tr><td>步骤 2：对搜集来的案例进行分析、比较，总结陈设在室内空间中的选配原则和布置方法，选择经典案例图片，并制作成 PPT</td><td>提出问题，指导</td></tr>
<tr><td>步骤 3：讲解 PPT</td><td>总结</td></tr>
</table>

工作环境	学生知识与能力准备
校外参观场所、教学做一体化教室（多媒体、网络、电脑）	资料搜集与分析能力、办公软件应用能力、室内陈设品基础知识
预期目标	能够正确分析陈设品的选配原则，能够分析、掌握陈设的布置原则和方法

知识要点

6.6　陈设的选配和陈列方法

6.6.1　陈设的选配原则

任何一件陈设品在室内空间中都不可能独立存在，它应与室内空间环境、家具、其他陈设品共同组成一个和谐的整体，因此，选择和布置陈设品应统筹考虑以下几个方面：

1. 满足使用功能

陈设品是室内必不可少的，但也不是多多益善。选择和布置陈设品时，应注意不能影响空间的使用功能，不能妨碍人的正常活动。一些贵重或易损坏的陈设品，如文物、玻璃工艺品等，不应摆放在人流频繁的位置，且陈列形式应稳妥。

2. 变化与统一原则

在选择和布置陈设品时，应综合考虑空间的总体格调、陈设与家具、陈设与陈设间的相互关系。一般应把与室内空间主题、风格一致的陈设品作重点陈列，使之成为构图中心，同时配置其他陈设品形成对比，从而获得变化丰富而不杂乱，和谐统一而不单调的空间效果。

3. 构图均衡，比例恰当

配置陈设品时，应注意陈设品与邻近家具、其他陈设品及背景的构图关系的均衡。对称的均衡给人以严谨、庄重之感；不对称的均衡则能获得生动、活泼的艺术效果。同时，还应注意陈设品与室内空间的比例关系要恰当。若空间狭小而陈设品过大，会产生拥塞之感；若空间高敞而陈设品过小，则显得空旷无物。如电视机等视听设备，应根据空间大小选择适当的尺寸，以确保较好的观看距离，从而获得良好的视听效果。

4. 张扬个性

陈设品内涵丰富，种类繁多，在选择时应充分尊重业主的需要和喜好，以突出个人的爱好和个性。

6.6.2　陈设品的陈列方式

陈设品的丰富多彩，决定了其陈列方式的多种多样。常见的陈列方式有墙面陈列、台面陈列、落地陈列、橱架陈列、空间垂吊等。

陈设品的陈列方式与陈设品的类型、尺度大小、价值、材质等因素有关。一般平面类的陈设品多悬挂在墙面上，立体类的陈设品可摆放在台面、橱架及地面上。在实际生活中，同一空间往往会同时使用多种陈列方式，应注意它们相互之间的协调与配合。

1. 墙面陈列

墙面陈列是将陈设品悬挂、张贴、镶嵌在墙面上的陈列方法。墙面陈列的适用范围极为广泛，如书法绘画作品、摄影作品、壁画、壁挂、浮雕作品、剪纸、风筝等，也适用于纪念品、收藏品、服饰、文体用品，如吉他、球拍等。

墙面陈列形式有对称式布置、非对称式布置和成组布置等。对称式布置可以获得严谨、稳健、庄重的艺术效果，多用于具有中国传统风格或庄重严肃的室内空间。非对称式布置灵活多变，宜获得生动、活泼的艺术效果，运用较为广泛。当墙面上布置多个陈设品时，可将它们组合起来，统筹布置，形成水平、垂直、三角形或菱形等构图关系(图 6-34(a))。也可以在整个墙面上陈列巨幅绘画、摄影、浮雕等作品。这时巨幅作品的风格、色调、主题等往往统治着整个室内空间，具有很强的艺术感染力(图 6-34(b))。尤其是一些写实的景物摄影，会使人产生身临其境之感，景深较大的绘画、摄影作品还会具有扩大空间的效果。

墙面陈列应注意陈设品的观赏距离和陈列高度，既要满足构图要求，又要适宜观赏，同时还不能影响邻近家具的使用。

(a) (b)

图 6-34 墙面陈列

(a)成组布置的墙面陈列；(b)巨幅绘画给人身临其境之感

2. 台面陈列

台面陈列是将陈设品摆放在各类台面上的展示方式，也是运用最广泛的一种陈列方式(图 6-35)。台面主要包括餐桌、办公桌、书桌、几案、柜台、展台等，也包括化妆台、沙发、座椅、床等；适宜的陈设品也极为丰富，如书籍、文房四宝、台灯、电视机、音响、化妆品、餐具、茶具等日用品，雕塑、古玩、盆景、泥人等工艺品和收藏品等。

台面陈列有对称式布置与自由式布置两种方式，对称式布置端庄整齐，具有很强的秩序感，但使用过多会显得平淡、呆板；自由式布置灵活生动，变化丰富，但应避免杂乱无章或堆砌之感。

台面陈列应注意首先必须满足台面的使用要求，适量地放置陈设品，并优先配置与台面使用功能相关的实用性陈设品，适度配置其他装饰性陈设品，使变化丰富，搭配和谐。如餐桌应以餐具为主，书桌应以文房四宝、台灯、电脑等为主，商业柜台、展台应以商品展示为主。

3. 落地陈列

落地陈列适用于体量或高度较大的陈设品，如大型雕塑、盆栽、工艺花瓶、落地座钟、落地扇等(图 6-36)，多用于具有较大室内空间的公共建筑及面积较大的住宅客厅、卧室等。

图 6-35　台面陈列

图 6-36　落地陈列

落地陈列布置时，应注意陈设品的位置，既适宜观赏，又不妨碍人们的日常活动，同时还应注意发挥其分隔空间、引导空间的作用。由于这类陈设品体量较大，易引人注意，应注意其与空间整体风格的谐调。

4. 橱架陈列

橱架陈列是一种兼有贮藏功能的展示方式，可集中展示多种陈设品。尤其当空间狭小或需要展示大量陈设品时，橱架陈列是最为实用、有效的陈列方式。橱架陈列适用于体量较小、数量较多的陈设品，如书籍、玩具、奖杯、古玩、瓷器、玻璃器皿、各类工艺品、各类小商品等。橱架的形式有陈列橱、工艺柜、博古架、书柜等。橱架可以是开敞通透的，也可以用玻璃门封闭起来，这样既可以有效地保护陈设品，又不影响展示效果，对于贵重的工艺品或珍贵的收藏品尤为适宜(图 6-37)。

布置时应注意同一橱架上陈设品种类不宜过杂，摆放不宜太密集，以免产生杂乱、拥挤、堆砌之感。

5. 空间垂吊

空间垂吊也是一种常见的展示方式，如吊灯、风铃、吊篮、珠帘等都适用于垂吊陈列。空间垂吊可以充分利用竖向空间，减少竖向空间的空旷感，丰富空间层次。空间垂吊多采用自由灵活的布置方式，以获得生动、活泼的艺术效果；也可成对或成行规律排列，以产生较强的节奏感，并具有导向作用(图 6-38)。垂吊陈列应注意陈设品悬挂的位置和高度，以不妨碍人们的日常活动为原则。

图 6-37　橱架陈列

图 6-38　空间垂吊

学习情境 5　软装饰设计技能实训

<table>
<tr><td>工作任务描述</td><td colspan="2">按本单元项目任务要求，构思公园小茶室软装饰设计，并绘制图纸</td></tr>
<tr><td rowspan="5">工作过程建议</td><td>学生工作</td><td>老师工作</td></tr>
<tr><td>步骤 1：分析任务要求，搜集、分析相关资料与设计案例</td><td>引导学生观察</td></tr>
<tr><td>步骤 2：进行公园小茶室家具与陈设的多方案草图设计</td><td>指导</td></tr>
<tr><td>步骤 3：通过多方案比较，确定最终方案，并按要求绘制图纸</td><td>指导</td></tr>
<tr><td>步骤 4：方案讲评</td><td>指导总结</td></tr>
<tr><td colspan="2">工作环境</td><td>学生知识与能力准备</td></tr>
<tr><td colspan="2">教学做一体化教室</td><td>家具、陈设选配布置的基本知识</td></tr>
<tr><td>预期目标</td><td colspan="2">能够灵活运用家具与陈设选型布置的原则方法，软装饰设计构思巧妙，设计合理</td></tr>
</table>

项 目 小 结

<table>
<tr><td rowspan="3">项目考核</td><td>考核内容</td><td>考核标准</td><td>比例</td></tr>
<tr><td>家具市场调研</td><td>态度积极，团结协作，展板图文并茂，内容正确，板面美观，讲解清晰完整</td><td>10%</td></tr>
<tr><td>家具配置的案例分析</td><td>PPT 制作精美，图文并茂，室内空间组织设计方法分析正确、分类明确、内容全面</td><td>20%</td></tr>
<tr><td rowspan="4">项目考核</td><td>考核内容</td><td>考核标准</td><td>比例</td></tr>
<tr><td>丰富多彩的陈设品</td><td>态度积极，团结协作，展板图文并茂，内容正确，板面美观，讲解清晰完整</td><td>10%</td></tr>
<tr><td>陈设配置的案例分析</td><td>PPT 制作精美，图文并茂，陈设配置的原则和方法分析正确、深入</td><td>20%</td></tr>
<tr><td>软装饰设计技能实训</td><td>构思新颖，家具与陈设选配恰当，布置合理，图纸符合要求，空间效果美观</td><td>40%</td></tr>
<tr><td rowspan="3">项目评价</td><td>教师评价</td><td></td><td>50%</td></tr>
<tr><td>项目组互评</td><td></td><td>30%</td></tr>
<tr><td>内部评价</td><td></td><td>20%</td></tr>
<tr><td>项目总结</td><td colspan="3">师生共同回顾本单元项目教学过程，对各个学习情境的表现与成果进行综合评估，找出各自的得失及提出改进措施</td></tr>
</table>

单元七　室内绿化设计

<table>
<tr><td>项目名称</td><td colspan="3">公园小茶室室内绿化设计</td></tr>
<tr><td>项目任务</td><td colspan="3">某公园小茶室室内绿化设计，要求设计构思巧妙，布置合理，空间效果符合总体设计构思，绘制出室内绿化平面布置图和室内空间效果图(公园小茶室原始平面见图 1-1)</td></tr>
<tr><td>活动策划</td><td>工作任务</td><td colspan="2">相关知识点</td></tr>
<tr><td>学习情境 1</td><td>室内绿化小品调研</td><td colspan="2">7.1 室内绿化的类型与作用</td></tr>
<tr><td>学习情境 2</td><td>室内绿化小品设计案例分析</td><td colspan="2">7.2 室内植物的选配与布置
7.3 室内景观设计</td></tr>
<tr><td>学习情境 3</td><td>室内绿化小品设计技能训练</td><td colspan="2"></td></tr>
<tr><td>教学目标</td><td colspan="3">理解室内绿化的作用；能够正确分析、掌握室内绿化的配置原则和设计方法，并在室内装饰设计中灵活运用。树立绿色发展理念，提升民族自豪感，培养创新精神</td></tr>
<tr><td>教学重点与难点</td><td colspan="3">重点：室内绿化的配置方法
难点：室内绿化的配置方法</td></tr>
<tr><td>教学资源</td><td colspan="3">教案、多媒体课件、网络资源、专业图书资料、精品课等</td></tr>
<tr><td>教学方法建议</td><td colspan="3">项目教学法、案例分析法、考察调研、讨论等</td></tr>
<tr><td rowspan="3">思政元素</td><td>思政契合点
(案例或知识点)</td><td>教学活动(思政内涵)</td><td>思政落脚点</td></tr>
<tr><td>绿化的作用</td><td>在中国传统文化中一些植物被赋予了丰富的文化内涵，成为一种文化符号，来言情寓志，谈一谈你知道的</td><td>文化自信
文化传承</td></tr>
<tr><td>室内景观的构筑</td><td>讨论可以从中国古典园林中学习、借鉴哪些景观设计技巧用于现代室内景观设计中</td><td>文化传承
创新精神
工匠精神</td></tr>
</table>

学习情境 1　室内绿化小品调研

<table>
<tr><td>工作任务描述</td><td colspan="3">考察花卉市场，调研绿化的种类和不同类型室内绿化的应用情况，并以展板形式归纳总结</td></tr>
<tr><td rowspan="5">工作过程建议</td><td colspan="2">学生工作</td><td>老师工作</td></tr>
<tr><td colspan="2">步骤 1：考察花卉市场和不同类型室内空间，调研绿化的种类与应用（或通过播放视频、图片，查阅资料）</td><td>提出问题，指导学生调研</td></tr>
<tr><td colspan="2">步骤 2：分析调研结果，讨论绿化的类型及其在室内空间中的作用</td><td>指导</td></tr>
<tr><td colspan="2">步骤 3：整理调研资料，制作展板一张</td><td>指导</td></tr>
<tr><td colspan="2">步骤 4：展板汇报讲解</td><td>总结</td></tr>
<tr><td colspan="2">工作环境</td><td colspan="2">学生知识与能力准备</td></tr>
<tr><td colspan="2">教学做一体化教室（多媒体、网络、电脑、工作台）、专业图书资料室</td><td colspan="2">了解建筑装饰设计的含义、资料搜集与分析归纳能力、展板设计与制作能力</td></tr>
<tr><td>预期目标</td><td colspan="3">了解室内绿化的类型及特征，能够正确分析、理解室内绿化在室内装饰中的作用</td></tr>
</table>

知识要点

7.1　室内绿化的类型与作用

7.1.1　室内绿化的类型

人是自然生态系统的有机组成部分，人与自然具有一种内在的和谐感。城市的繁荣与快节奏的工作生活使人远离了自然，却激发出人回归自然的强烈愿望，由此将自然引入室内。室内绿化是人类自然属性的体现。

室内绿化有两种类型，一是室内植物本身，二是综合运用山石、水体、植物、小品等各种园林要素构筑的室内景观。

1. 室内植物的种类

室内植物的种类繁多，从植物属性和形态特征上可以划分为草本植物、木本植物、藤本植物和肉质植物四大类。常见的草本植物有文竹、虎尾兰、广东万年青、紫罗兰、水竹草、吊兰、水仙、兰花等；常见的木本植物有印度橡皮树、垂榕、苏铁、棕竹、鹅掌柴、棕榈、广玉兰、海棠、桂花、栀子等；常见的藤本植物有龟背竹、绿萝、常春藤、绿串珠等；常见的肉质植物有彩云阁、仙人掌等。

按观赏内容又可分为观叶植物、观花植物、观果植物等。常见的观叶植物有万年青、棕竹、南天竹、一叶兰、发财树、袖珍椰子、文竹、常春藤等，如图 7-1 所示。常见的观花植物有叶子花、杜鹃、君子兰、仙客来、马蹄莲、月季、梅花、紫薇等。常见的观果植物有金橘、虎头柑等。

棕竹

龟背竹

吊兰

万年青

图 7-1　观叶植物

按室内栽植绿化植物的形式划分，通常有盆栽植物、盆景植物和插花植物等。盆栽植物是指栽在花盆或其他容器中，以自然生长状态的叶、枝及花果供人们观赏的植物。盆景植物是指用于盆景中的植物，盆景是把植物、山石等艺术加工布置在盆中的自然风景的缩影。插花植物指可供观赏的枝、叶、花、果等切取材料，把它插入容器中，经过艺术加工组成精致美丽、富有诗情画意的花卉装饰品。

2. 室内水体的类型

室内水体可分为静态水体和动态水体两大类。

静态水体的形式主要为水池，水体的形态是以水池的造型来塑造的。从广义上来讲，观赏鱼缸也属于静态水体。静态水体可以营造出宁静、雅致的情调。

动态水体的形式多种多样，常见的有水帘、水幕、壁泉、涌泉、喷泉、瀑布、跌水等流动水体。动态水体赋予空间动感，体现出生机与活力。

3. 景观石的类型

常见的观赏性石头品种有太湖石、灵璧石、锦川石、黄蜡石、英石、黄石、昆山石、钟乳石、雨花石、鹅卵石等，如图 7-2 所示。

太湖石

锦川石

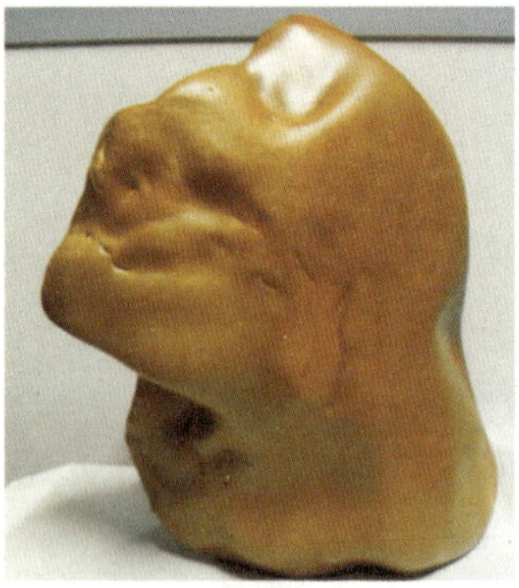
黄蜡石

图 7-2　观赏石

太湖石又称湖石，运用较早且广泛，产自洞庭湖中。它质坚面润，空镂宛转，形态奇异，纹理纵横，是室内石特别是峰石之首选。英石产于广东，石质坚而润，色泽为灰黑色，形态锋棱皱裂，结晶奇特，多用于室内景园，另外，可作几案小景陈设。黄蜡石油润如蜡，形圆可玩，表面淡黄，散置于草坪、树下、水边，既可歇息，又可观赏。黄石产于常州、苏州、镇江等地，质坚色黄，纹理朴拙。锦川石又称石笋，色有红、黄、赭、绿等，体态细长，如笋，表皮有斑，常置于竹丛花墙下，取雨后春竹之意，作春景图。南京的雨花石，是一种天然玛瑙石，玲珑妩媚，晶莹圆润。安徽的灵璧石，形似峰峦，扣之有声。湖南浏阳的菊花石，色灰白而坚，中有放射状晶纹，形似菊花。贵州的钟乳石，质硬形奇，形态万千。

观赏石的美被描述为“瘦、漏、透、皱”。瘦，即细长苗条，鹤立当空，孤峙无依；透，即多孔洞而玲珑剔透；漏，即有坑有洼，轮廓丰富；皱，即纹理明晰，起伏多姿，呈分化状态。

7.1.2　室内绿化的作用

1. 改善室内环境质量

室内绿化在净化空气、调节室内温湿度等方面具有不可忽视的作用。植物经光合作用可以吸收二氧化碳，释放氧气。同时，植物及室内水体可以调节室内的温度和湿度，提高室内氧气与空气负离子含量。据实验证明，与无种植阳台的温室相比，有种植阳台的温室不仅可造成富氧空间，便于人与植物的氧与二氧化碳的良性循环，而且其温室效应更好。一些植物能消除空气中的有毒化学物质，如茉莉、丁香、金银花、牵牛花等花卉分泌出来的杀菌素能够杀死空气中的某些细菌，抑制结核、痢疾病原体和伤寒病菌的生长；吊兰、芦荟、虎尾兰能大量吸收室内甲醛等污染物质，消除并防止室内空气污染。植物具有良好的吸音作用，能够有效降低噪音，还可吸附大气中的尘埃使空气环境得以净化。

需要注意的是，有些植物在室内是有害的。如花叶万年青，花叶中含有草酸和天门冬素，误食后则会引起口腔、咽喉、食道、胃肠肿痛，甚至伤害声带，使人变哑。一品红全株有毒，其白色乳汁刺激会使皮肤红肿，引起过敏性反应，误食茎、叶有中毒的危险。铁海棠(虎刺梅)、变叶木、乌桕、红背桂、结香、射干、鸢尾等大戟科和瑞香科观赏植物可能含有促癌物质。

2. 改善室内空间组织

(1)引导空间

具有观赏性的室内绿化能强烈地吸引人们的注意力，从而巧妙而含蓄地起到引导和暗示空间的作用。如以大型盆栽或置石来重点突出楼梯和主要道路的位置；借助花池、盆栽或吊盆等有规律的线型布置，可以形成空间诱导路线。连续的绿化布置从一个空间延伸到另一个空间，特别是在建筑入口处、不同空间的过渡处、廊道的转折处、台阶坡道的起止点处等，能很好地发挥空间衔接与过渡的作用。如在建筑入口处布置水池或盆栽，或在门廊的顶棚或墙上悬吊植物，或在进厅等处布置山水花木景观，都能使人从室外进入室内时有一种自然的过渡和连续感。此外，借助绿化使室内外景色通过通透的围护体互渗互借，可以增加空间的开阔感和层次感，使室内有限的空间得以延伸和扩大(图 7-3)。

(2)分隔空间

利用绿化限定、分隔空间是一种非常讨巧的空间分隔方法，常常可以获得“似隔非隔，隔而不断”的空间效果。既保证了不同空间区域的功能作用，又保持了整体空间的开敞性和完整性。同时，还丰富了室内空间的层次感。

(3)利用空间

建筑室内空间有时会存在某些缺陷，如空间过高过大，或过低过小，使人感觉不舒服。利用绿化可以改变室内空间感，如在高大宽广的室内空间里，可以筑造山水景观或栽植高大乔木，既能改变原有空间的空旷感，又能增加空间中的自然气氛。在室内空间中常有一些空间死角不好利用，这些角落可以用绿化来填充和装点，不仅使空间更充实，还能打破墙角的生硬感，

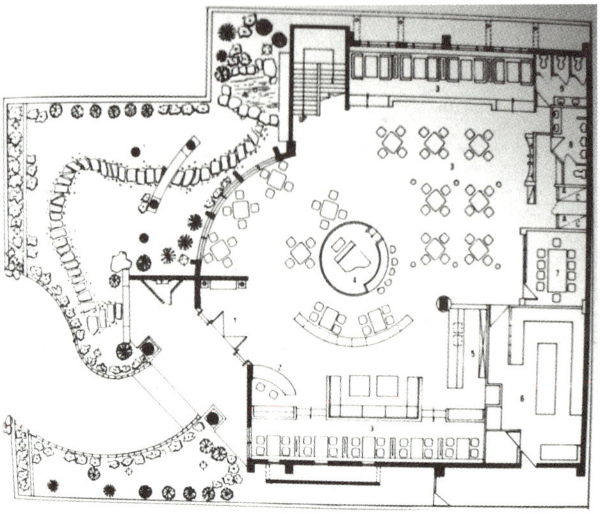

图 7-3 某餐厅出口处绿化

增添情趣(图 7-4)。

3. 柔化空间

现代建筑空间大多是由直线形和板块形构件所组合的几何体，使人感觉生硬、冷漠。而植物花草以其千姿百态的自然姿态、鲜艳夺目的色彩、柔软飘逸的神态、生机勃勃的生命与冷漠刻板的建筑几何形体形成强烈的对照。室内绿化以其多姿的线条、自然的形态、独特的质感、悦目的色彩和生动的影子，甚至叮咚的声响，使空旷、生硬、单调的几何建筑空间变得亲切宜人，形成柔和的情调(图 7-5)，从而增强内部环境的表现力。

图 7-4 绿化填补空间

图 7-5 绿化柔化空间

4. 陶冶情操

以绿色为主基调的室内绿化带来了大自然的气息，带来勃勃生机，使人犹如置身于大自然之中，不论工作、学习、休息，都可以使人放松身心、缓解疲劳、调节心理情绪等。

姿态万千的绿化景观又带给人不同的感受和情趣。如硕果累累的金橘给室内带来喜气洋洋的节日气氛；苍松翠柏给人以坚强、庄重之感；小池游鱼给人恬静之美；假山飞瀑带来气势磅礴的氛围。此外，东西方对不同植物花卉所赋予的一定含义和象征更增添了绿化的情趣和意义，使绿化成为人们寄托情感、怡情养性、陶冶情操的精神物品。如在我国，荷花为“出淤泥而不染，濯清涟而不妖”，象征高尚情操；竹为“未曾出土先有节，纵凌云霄也虚心”，象征高风亮节；松、竹、梅为“岁寒三友”；梅、兰、竹、菊为“四君子”；牡丹为高贵，石榴为多子，萱草为忘忧。在西方，紫罗兰为忠实永恒；百合花为纯洁；郁金香为名誉等。

学习情境 2　室内绿化小品设计案例分析

<table>
<tr><td>工作任务描述</td><td colspan="3">调研、搜集室内绿化设计案例，分析室内绿化设计的方法，分析归类，制作 PPT，要求图片清晰、文字精练</td></tr>
<tr><td rowspan="4">工作过程建议</td><td colspan="2">学生工作</td><td>老师工作</td></tr>
<tr><td colspan="2">步骤 1：通过实地考察、查阅图书、网络等形式搜集室内绿化设计的优秀案例</td><td>指导</td></tr>
<tr><td colspan="2">步骤 2：对搜集来的案例进行分析、比较、归纳，选择经典案例图片，并制作成 PPT</td><td>示范、引导案例分析</td></tr>
<tr><td colspan="2">步骤 3：通过 PPT 讲解室内植物的选配和布置、室内景观设计方法</td><td>总结</td></tr>
<tr><td colspan="2">工作环境</td><td colspan="2">学生知识与能力准备</td></tr>
<tr><td colspan="2">教学做一体化教室（多媒体、网络、电脑、工作台）、专业图书资料室</td><td colspan="2">了解室内绿化的类型和常用植物、水体、山石品种；资料搜集与分析归纳能力；办公软件应用能力</td></tr>
<tr><td>预期目标</td><td colspan="3">能够分析、掌握室内植物的选择和布置方法、室内景观设计方法</td></tr>
</table>

知识要点

7.2　室内植物的选配与布置

7.2.1　室内植物的选择

室内植物的选择是双向的。一方面对植物来说，应选择什么样的室内环境才能生长；另一方面对室内空间来说，是选择什么样的植物及配置较为合适。

1. 根据植物的生长习性选配

植物生理学研究表明，植物的生长需要阳光、空气和土壤，因此应根据室内的光照、温度和湿度条件来选择植物品种。一般情况下，应选择能长期或较长期地适应低光照、低湿度、耐高温的观叶植物和半耐阴的开花植物。具体配置时，应充分考虑房间的朝向、通风和配置位置。喜阴的植物宜放在光照不强烈的地方，如走廊尽头、房间角落等；喜阳的植物宜放在光照充足的地方，如南向的阳台、窗台及靠窗的地面。配置时还应考虑室内植物的养护问题，如修剪、绑扎、浇水、施肥等，尤其是悬吊植物要注意选择合适的供水和排水方法。

2. 根据室内空间环境的需要选择

从室内空间的功能考虑，植物装饰必须符合室内空间的性质和功能要求。如薄荷、茉莉、丁香、紫罗兰等植物可以使人放松，有利于睡眠，适宜放在卧室；书房应以摆放清秀典雅的绿色

图 7-6　酒店大厅的室内植物

植物为主，以创造一个安静的环境，并能缓解视觉疲劳，起镇静悦目的功效，而不宜大量摆设色彩鲜艳的花卉。但需要注意的是，挥发性强或花粉味浓的植物不宜摆放在哮喘病人或过敏体质人的房间内，防止出现过敏反应。

从室内空间尺度和比例关系考虑，植物的大小应和室内空间尺度以及家具陈设之间形成良好的比例关系。通常大空间宜摆放大盆大叶植物，小空间应选择小型盆栽植物；对于高大的开敞式中庭，如酒店的四季厅，甚至可以种植一些乔木(图 7-6)。

从室内色彩设计的角度考虑，应根据室内的色调选择植物色彩。如居室光线不足或背景色较深时，宜选用色泽明亮的观叶植物或色彩鲜艳的浅色花卉，以获得良好的色彩点缀效果。此外，室内植物色彩的选择还要随季节变化以及布置用途不同而作必要的调整。

植物配置还应考虑各种植物的姿色形态特点，选择合适的摆设形式和位置，并注意与其他配套的花盆、器具和饰物之间的搭配，力求做到和谐相宜。如悬吊植物宜置于高台花架、橱柜或吊挂高处，让其自然悬垂；观果植物宜置于高度适宜的台架上，以便于欣赏其开花结果的过程和果实的色彩、形态。

7.2.2　室内植物的配置

(1)孤植

孤植是采用较多且最为灵活的形式。一般选用观赏性较强的植物，或姿态、叶形独特；或色彩艳丽；或芳香浓郁，适宜于室内近距离观赏。单株孤植最常用的是盆栽，用于室内点缀，置于茶几或案头，也可置于室内一隅，软化硬角。在布景方面，常布置于空间的过渡变换处，起配景或对景作用。应注意其与背景的色彩和质感的关系，并有充足的光线来体现和烘托(图 7-7)。

(2)列植

主要指两株或两株以上按一定间距整齐排列的种植方式。列植包括两株对植、线性行植和多株阵列种植。

对植在门厅或出入口用得最多，常用两株有独特形态的观叶或花叶兼备的木本植物形成对称种植，起到标志性和引导作用。

线性行植是用花槽或盆栽，使多株植物成行配置的种植方式，有一行的，也有两行形成均衡对称的。植物一般为同种植物，且大小、体态相同；如果为不同植物，也宜在体量、外形、色彩和质感上接近，以免破坏整体感。线性行植可形成通道，组织交通，引导人流；也可用于空间划分和空间限定。植物可根据观赏和功能需求选择，花卉、木本植物均宜。

多株阵列种植是一种面的种植，亦可看成是多条线性行植的集合。阵列种植常采用高大的木本植物，形成顶界空间，特别适合于室内公共空间，如购物中心、宾馆、餐厅等的中庭。阵列种植的植物多选用棕榈科单生型的植物、桑科榕属植物，如椰子、蒲葵、垂叶榕等。此外，也有用附生植物如某些蕨类阵列地悬吊于大厅，形成顶界绿化空间(图 7-8)。

图 7-7　孤植

图 7-8　列植

(3)群植

指两株植物以上按一定美学原理组合起来的配置方式。有两种形式,一种是同种花木组合的群植,形成有观赏价值的植物丛,可以充分突出某种花木的自然特性,突出园景的特点。另一种是多种花木混合群植,它可以配合山石水景,模仿大自然形态。配置要求疏密相间,错落有致,丰富景色层次,增加园林式的自然美。群植一般高植物在中央,矮植物在边缘,常绿植物在中央,落叶、花木植物在边缘,形成立体观赏面,植物互不遮掩,也易成活(图 7-9)。

(4)附植

附植是把植物附着于其他构件上而形成的植物配置方式,包括攀缘和悬垂两种形式。

攀缘是用水泥、木、竹甚至钢等材料制成柱、架或棚,把藤本植物附着于其上,形成绿柱、绿架或绿棚。由于藤本植物是不规则的,其形态随附着的构件形态决定,因此给室内设计师更大的想象和创造的机会。

悬垂是把藤蔓植物或气生性植物种植在高于地面的容器而形成的特殊配置形式,包括下垂和吊挂两种。下垂式是利用缠绕性和蔓生性植物植于离地的固定或移动的容器中,植物从容器向下悬垂生长。吊挂式植物更多的是利用气生或附生植物,且容器或固着物是悬吊于顶棚上的(图 7-10)。

图 7-9　群植

图 7-10　垂吊植物

7.2.3 室内植物的布置方式

室内植物的布置方式要从两个方面考虑，一是平面上的考虑，一是垂直方向上的考虑。平面上的布置要充分利用室内剩余空间，如不影响交通的墙边、角隅，尽量少占室内使用面积。垂直方向上的布置要考虑人的视域问题，要根据植株的大小将植物布置在人的合适视域范围内，如大尺度的植物一般放置于与人群交通空间保持一定距离的墙、柱边，让人能观赏到植物的整体效果；中等尺度的植物可放在桌、柜、沙发旁边，便于人们观赏其枝、叶、花、果；小尺度的植物一般放置于桌、台、柜、架上，或悬吊于空中，让人能全方位观赏。

室内植物的布置应根据不同的目的和作用，采取不同的布置方式。常见的布置方式有：

1. 重点装饰

重点装饰是许多厅堂常采用的一种布置方式，可以布置在厅堂的中央，如在厅堂中央植树，摆放大型插花或组合式花坛；也可以布置在室内主立面，如某些会场中、主席台的前后以及圆桌会议的中心，客厅的主立面墙边；或设在走道尽端中央等，成为视觉焦点。

2. 边角点缀

边角点缀既是一种对剩余空间的充分利用，也是改变某些死角空间形象的有效手段，布置方式多种多样，如在沙发形成的转角处等部位。这种方式是介于重点装饰和边角布置之间的一种形态，其重要性次于重点装饰而高于边角布置(图 7-11)。

图 7-11 边角点缀

3. 结合家具、陈设等布置

室内植物可以与家具、陈设、灯具等结合布置。植物可放置于家具的台面上，如桌、台、几、柜面；也可放置于柜架中，如隔断柜、陈列架中。在许多餐饮空间和休闲空间中，植物还常常与灯具结合，以形成一个轻松、休闲、自然的环境气氛。

4. 垂直布置

垂直布置是通过天棚采用垂直悬吊的方式或放置于墙体支架、搁板上组成垂直绿化面。这种布置方式可以充分利用空间，不占地面，形成绿色立体环境，增加绿化的体量和氛围，并通过成片垂下的枝叶形成似隔非隔的美妙空间。

7.3 室内景观设计

室内景观一般是由山石、水体、植物以及小品等园林要素综合形成的。按表现的主体不同,可以分为以植物为主的景园、以山石为主的景园、以水体为主的景园等。

7.3.1 室内景观设计的原则

1. 景观主题要适应空间功能要求

室内景观的景园内容和设计主题要符合空间的使用性质和功能要求。如图 7-12 所示,广州白天鹅宾馆内庭以“故乡水”为主题的景观,以假山和瀑布作为组景焦点,植物、水体、建筑小品设置相得益彰,将室外自然光线、水体瀑布的自然声引入室内,气势磅礴而又富岭南特色,唤起多少海外游子的思乡情,每每引人驻足观赏,流连忘返。

2. 满足空间构图需要

室内景观设计要充分考虑空间的尺度大小,整体比例要适宜,避免造成空间局促,让人感到压抑。同时要考虑设置位置、视觉欣赏角度等,以满足观赏者在空间的观赏效果。如高大的空间可以考虑叠山为景,而小空间就应以置石为主。

3. 与空间环境氛围协调

室内景观内容丰富,形式多样,风格也各不相同。可以是中国传统园林风格,可以是日本园林风格,还可以是法式园林风格等。室内景观作为室内空间的组成部分,必须与室内整体风格相协调(图 7-13)。

图 7-12 广州白天鹅宾馆内庭“故乡水”景观

图 7-13 室内景观与整体风格的协调

7.3.2 室内景观的构筑

室内景观的构成要素不外乎山石、水体、植物、建筑(微缩)、小品等,从某种程度上说,室内景观仍属于园林的范畴,两者之间并没有严格的界限。因此,中国古典园林崇尚自然、追求意境的设计理念和对景、借景、叠山理水、花木配置等处理手法都可以用于室内景观构筑,当然也可以借鉴规则式园林、日式园林等构筑方法。

1. 山石景观

山石的形状千姿百态、各具特色,是中国园林造景的主要素材之一。室内山石景观不同于室外,它要受到空间尺度等因素的影响和制约。常见的主要有假山、石壁和散石等形式。

(1)假山

假山是以自然山石经人工组合而形成的景观。在室内叠置假山时，必须根据室内空间尺度的大小确定假山的尺度。一般情况下，假山常设置在中庭、四季厅等具有较为高大的尺度的空间内，并在假山前留出一定距离的观赏空间。当假山与绿化、水景组景时，假山只起背景的作用。对于假山石材，一般选用太湖石、英石、锦川石、剑石等，并采用卧、蹲、挑、悬、垂等手法进行设计。

(2)石壁

石壁是指在室内空间中砌筑挺直如削的石材界面。在室内设置石壁时，石壁应挺直、峭拔，壁面可凸凹起伏，也可局部悬挑、挂垂，以形成悬崖峭壁的自然形态。石壁常用于游览或娱乐性空间中，可以创造出轻松、活泼的气氛。

(3)散石

散石即大小不一、零散布置的石体。散石在室内可以起到点缀、烘托环境气氛的作用。散石布置应符合构图的基本规律。石头可以孤置、对置、群置，有时散石也被设置于水溪岸边，有的半露水面，有的嵌入土中，有的立于草坪之上，能形成自然和谐的室内景观。

2. 水体景观

水是自然界生命的源泉，和人们的生活息息相关。水体不仅具有动感、富于变化，更能够使空间充满活力和灵性。不同的水体可以渲染和烘托出不同的空间气氛和情调，或奔腾而下、气势磅礴，或蜿蜒流淌、欢快柔情，或静如明镜、清澈见底，具有极强的感染力。水与植物、山石、观赏鱼等共同组景，又可成为一道秀丽的自然景观，令人感到赏心悦目。

(1)水池

水池是水体设置常用的形式之一，一般多置于庭院中、楼梯下、路旁或室内外空间的交界处等，常与山石绿化、小桥池岸、亭台楼阁等共同组景，再加上游鱼戏水、倒影交错，构成了一幅静中有动、别具特色的景观效果(图 7-14)。水池设计从平面上可以分为方形、圆形、椭圆形以及曲折的自然形等，其大小、形状应根据空间的大小以及空间所需创造的意境来确定。通常水池还配有荷花、睡莲、浮萍等水生植物，形成一个完整的自然环境。池岸采用不同的材料筑成，可以表现出不同的风格、意境，并且池水还可以不同的深浅形成滩、池、潭等多种水景。

图 7-14　水池

(2)溪流

溪流的水体呈现出线状形态,也是当今水体设计中常用的形式之一。它们占用的空间不大,多与山石、小品组合成景。溪水蜿蜒曲折,时隐时现,时宽时窄,变化多姿。在曲线形的水流驳岸两侧还布置有植物绿化、石块、雕塑等,与环境中的桥、板等各类设施一起,共同创造出变化多姿、细腻生动的自然空间。

(3)瀑布

瀑布是一种垂直形态的水体,多采用水幕形式,往往会成为空间环境中的主题和趣味中心。不同尺度的瀑布给人的心理感受是不同的,雄伟壮观的瀑布给人以气势磅礴的感受,而小的瀑布与水池、小溪相连,也会使人感到亲切、自然,独具韵味。瀑布的声音也是变化多端,声音的变化可以通过改变水面高度、改变水流量、改变下部岩石的摆放角度等方法实现。与水池、溪流相比,瀑布更具有生命力与感染力。

(4)迭水

迭水是一种垂直形态的水体。与瀑布不同的是,它先将水引向高处,后再自上而下层层跌落下来,形成高低错落、姿态各异的水景形式。迭水常和石阶、植物组合造景,有时也可与山石、小品相配合,构成有声有色的美妙场景,常用于广场、景园及公共空间的室内。

(5)喷泉

喷泉是建筑装饰设计中常用的一种水体形式,常与水池、雕塑、小品等同时设计,组合造景,成为装饰与点缀室内环境的主要水体形式之一,如图 7-15 所示。它利用泉水向外喷射,形成活泼多样、绚丽多彩的观赏效果。喷泉的种类繁多,特别是现代喷泉充分利用声、光、色等现代科学技术手段,对喷头、水柱、水花、喷洒强度和综合形象等进行设计处理,产生诸如彩色喷泉、音乐喷泉、时钟喷泉、变换图案喷泉等多种造型。喷泉的设计,可根据室内空间的性质、空间的大小和空间的形状等进行不同规模、形式的设计。

图 7-15　喷泉

(6)涌泉

涌泉就是从地面、石洞或水中涌出的水体,多用于公共空间的装饰设计中。它可使静态的景观增加一些动感,起到丰富景观效果、调节动静关系的作用。与喷泉相比,涌泉不如喷泉变化丰富、形态优美,但它却在空间中表现出幽静、深远的装饰效果。

7.3.3 室内景观的布置

室内景观通常布置在入口门厅、中庭空间、过厅、走廊与楼梯等处。室内景观在空间中既可做重点装饰，形成视觉中心，也可以做点缀装饰，用以填补空间、衬托环境氛围。

做重点装饰时，一般放在室内空间中心、空间转折处或尽端等引人瞩目的位置，以形成空间的视觉焦点。这样不仅美化了环境，还可以发挥组织空间的作用(图 7-16)。

做点缀装饰时，多设置在室内空间的墙边、墙角、楼梯边等犄角旮旯的地方，一方面填补利用了空间，同时也烘托了空间气氛(图 7-17)。

图 7-16 大厅中央的景观

图 7-17 楼梯边角处的景观

学习情境 3 室内绿化小品设计技能训练

<table>
<tr><td>工作任务描述</td><td colspan="3">按项目任务要求，进行公园小茶馆的室内绿化设计，并绘制平面布置图和效果图</td></tr>
<tr><td rowspan="5">工作过程建议</td><td colspan="2">学生工作</td><td>老师工作</td></tr>
<tr><td colspan="2">步骤 1:搜集设计案例，进行公园小茶馆的绿化设计要点分析</td><td>示范、引导案例分析、功能分析</td></tr>
<tr><td colspan="2">步骤 2:绘制公园小茶室绿化设计的多方案草图</td><td>指导</td></tr>
<tr><td colspan="2">步骤 3:通过多方案比较，确定最终方案，并按要求绘制图纸</td><td>指导</td></tr>
<tr><td colspan="2">步骤 4:方案讲评</td><td>总结</td></tr>
<tr><td colspan="2">工作环境</td><td colspan="2">学生知识与能力准备</td></tr>
<tr><td colspan="2">教学做一体化教室(多媒体、网络、电脑、工作台)、专业图书资料室、专业绘图教室</td><td colspan="2">掌握室内绿化设计基本知识，具备建筑装饰识图与绘图能力、资料搜集与分析能力、手绘或电脑效果图表现能力</td></tr>
<tr><td>预期目标</td><td colspan="3">能够在设计中恰当选配绿色植物，能够灵活运用绿化、小品设计手法，达到烘托气氛、美化环境、优化空间的效果</td></tr>
</table>

项目小结

<table>
<tr><td rowspan="4">项目考核</td><td>考核内容</td><td>成果考核标准</td><td>比例</td></tr>
<tr><td>室内绿化小品调研</td><td>展板图文并茂，内容正确，条理清楚，板面美观，讲解清晰完整</td><td>30%</td></tr>
<tr><td>室内绿化小品设计案例分析</td><td>PPT 制作精美，图文并茂，室内绿化设计方法分析正确、分类明确、内容全面</td><td>30%</td></tr>
<tr><td>室内绿化小品设计技能训练</td><td>室内绿化布局合理，绿化品种选择恰当，装饰效果符合总体设计构思</td><td>40%</td></tr>
<tr><td rowspan="3">项目评价</td><td>教师评价</td><td></td><td>50%</td></tr>
<tr><td>项目组互评</td><td></td><td>30%</td></tr>
<tr><td>内部评价</td><td></td><td>20%</td></tr>
<tr><td>项目总结</td><td colspan="3">师生共同回顾本单元项目教学过程，对各个学习情境的表现与成果进行综合评估，找出各自的得失及提出改进措施</td></tr>
</table>

单元八　建筑外部装饰设计

<table>
<tr><td>项目名称</td><td colspan="3">公园小茶室外部装饰设计</td></tr>
<tr><td>项目任务</td><td colspan="3">在公园小茶室整体构思和室内设计的基础上，构思小茶室的店面及外环境设计，要求符合公园环境，与室内空间协调，绘制店面立面图、外环境布置图及室外效果图</td></tr>
<tr><td>活动策划</td><td colspan="2">工作任务</td><td>相关知识点</td></tr>
<tr><td>学习情境 1</td><td colspan="2">建筑外部装饰设计认知</td><td>8.1 建筑外部装饰设计概述</td></tr>
<tr><td>学习情境 2</td><td colspan="2">商业店面装饰设计案例分析</td><td>8.2 建筑外立面装饰设计
8.3 商业店面装饰设计</td></tr>
<tr><td>学习情境 3</td><td colspan="2">建筑外环境设计案例分析</td><td>8.4 建筑外环境设计</td></tr>
<tr><td>学习情境 4</td><td colspan="2">商业店面装饰设计技能训练</td><td></td></tr>
<tr><td>教学目标</td><td colspan="3">了解建筑外部空间装饰设计的要求；掌握建筑外部空间的装饰设计方法；能够按照设计的流程完成建筑外部空间的装饰设计，并能够绘制效果图、施工图。增强绿色环保意识，培养责任担当和家国情怀</td></tr>
<tr><td>教学重点与难点</td><td colspan="3">重点：商业店面装饰设计、外环境设计
难点：建筑外立面设计</td></tr>
<tr><td>教学资源</td><td colspan="3">教案、多媒体课件、网络资源（专业设计网站等）、专业图书资料、设计案例资料、精品课等</td></tr>
<tr><td>教学方法建议</td><td colspan="3">项目教学法、案例分析法、考察调研、讨论法、角色扮演法等</td></tr>
<tr><td rowspan="3">思政元素</td><td>思政契合点
（案例或知识点）</td><td>教学活动（思政内涵）</td><td>思政落脚点</td></tr>
<tr><td>建筑外部装饰设计的原则</td><td>建筑外部形象是街道、城市的一部分，如何在体现时代感的同时，延续城市的历史文脉？</td><td>热爱家乡
文化传承
社会责任</td></tr>
<tr><td>绿化景观设计</td><td>在设计工作中始终树立尊重自然、保护生态环境、绿色发展的理念</td><td>绿色发展
低碳环保
和谐共存</td></tr>
</table>

学习情境1　建筑外部装饰设计认知

<table>
<tr><td>工作任务描述</td><td colspan="3">考察建筑外部装饰工程，或观看建筑外部装饰工程图片，以展板形式总结建筑外部装饰设计的内容和原则</td></tr>
<tr><td rowspan="4">工作过程建议</td><td colspan="2">学生工作</td><td>老师工作</td></tr>
<tr><td colspan="2">步骤1：考察建筑外部装饰工程或播放建筑外部装饰工程图片，形成初步认知</td><td>引导观察</td></tr>
<tr><td colspan="2">步骤2：讨论、总结建筑外部装饰设计的内容和原则</td><td>启发、引导</td></tr>
<tr><td colspan="2">步骤3：制作展板，并展评</td><td>指导</td></tr>
<tr><td colspan="2">工作环境</td><td colspan="2">学生知识与能力准备</td></tr>
<tr><td colspan="2">校外参观场所、项目现场、教学做一体化教室（多媒体、网络、电脑）</td><td colspan="2">资料搜集与分析能力、团队协作、表达能力</td></tr>
<tr><td>预期目标</td><td colspan="3">了解建筑外部装饰设计的内容，分析、理解建筑外部装饰设计的原则</td></tr>
</table>

知识要点

8.1　建筑外部装饰设计概述

8.1.1　建筑外部装饰设计的内容和任务

建筑外部装饰设计与室内装饰设计是一个设计的两个部分，两者统一协调，才能构成完美的建筑形象。

建筑外部装饰设计包括建筑外观装饰设计和室外环境设计两部分。建筑外观装饰设计是为建筑创造良好的外部形象，包括建筑外观造型设计、色彩设计、材质设计、建筑局部及细部设计等；室外环境指与建筑主体相关联的外部空间环境，建筑物是室外环境的主体，而其他部分如广场、雕塑、绿化、小品等则是室外环境的辅助设施。

建筑外观装饰设计和室外环境设计是一个有机的整体，外部装饰设计中要统一考虑，协调处理。外部装饰设计是建筑设计的进一步深化和细化，其目的是创造一个良好的室外建筑空间环境。

8.1.2　建筑外部装饰设计的原则

1. 与建筑环境协调统一

建筑外部装饰设计应符合城市规划及周围环境的要求。城市规划对街道两侧建筑布局、建筑设计、色彩等均有总体的要求，这是装饰设计的基本前提；同时，建筑所处的地形、地貌、气候、方位、形状、朝向、大小、道路、绿化及原有建筑都对建筑的外部形象有着极大的影响。建筑外部装饰设计要满足规划要求，并充分考虑地区特色、历史文脉等方面的要素，取得与原有建筑、室外环境的协调一致。如上海新天地商贸中心是一个在上海拥有近一个世纪历史的石库门里弄建筑群的基础上开发的项目。石库门建筑有着深厚的历史烙印，代表了近代上海历史文化。开发商并没有简单地把建筑拆除重建，而是保留了石库门建筑群当年的砖墙、屋瓦，创造性地赋予其商业经营功能。今天，上海这片历史和文化的老房子已成为具有国际水平的时尚、休闲文化娱乐中心。

2. 有助于体现建筑的性格

建筑是为满足人们生产生活需要而创造的物质空间环境，不同的建筑有着不同的外观特征。外部装饰设计应结合建筑性格特点，取得室内外设计效果的一致性，增强建筑的可识别性，提高建筑造型的多样性。

3. 反映建筑物质技术

建筑体型和设计受到物质技术条件的制约，建筑装饰设计要充分利用建筑结构、材料的特性，使之成为装饰设计的重要内容。现代新材料、新技术的发展，为建筑外部装饰设计提供了更大的灵活性和多样性，创造出更为丰富的建筑外观形象。如我国的国家游泳中心(图 8-1)，建筑采用了 ETFE 薄膜来表达其“水”的主题，将 ETFE 附着在四个立面的泡沫状网架上，形成表现平静的“水体”含义的表皮。在夜晚，通过内、外部的灯光照射强化这一构思，使建筑形成通体晶莹而朦胧的效果。

(a)　　(b)

图 8-1　国家游泳中心

4. 体现时代感

建筑装饰设计与时代发展紧密相连，不同时代有不同的特征。建筑装饰也必然带有浓重的时代特征。随着科学技术的发展，人们的审美观念也在不断提高，因而建筑装饰设计要不断更新自己的思维和知识，创造符合时代特征的设计作品。

5. 符合经济要求

经济合理是建筑装饰设计遵循的基本原则。在保证装饰功能和装饰效果的前提下，降低工程造价是每一位设计人员的职责。

学习情境 2　商业店面装饰设计案例分析

<table>
<tr><td>工作任务描述</td><td colspan="3">调研、搜集建筑外观设计与商业店面设计案例，分析建筑外立面设计，特别是商业店面设计的方法，分析归类，制作 PPT，要求图片清晰、文字精练</td></tr>
<tr><td rowspan="4">工作过程建议</td><td colspan="2">学生工作</td><td>老师工作</td></tr>
<tr><td colspan="2">步骤 1：通过实地考察、查阅图书、网络等形式搜集建筑外观设计与商业店面设计的优秀案例</td><td>组织、指导</td></tr>
<tr><td colspan="2">步骤 2：对搜集来的案例进行分析、比较、归纳，选择经典案例图片，并制作成 PPT</td><td>启发、引导</td></tr>
<tr><td colspan="2">步骤 3：通过 PPT 讲解商业店面设计的方法</td><td>指导</td></tr>
<tr><td colspan="2">工作环境</td><td colspan="2">学生知识与能力准备</td></tr>
<tr><td colspan="2">校外参观场所、项目现场、教学做一体化教室（多媒体、网络、电脑）</td><td colspan="2">资料搜集与分析能力、办公软件应用能力、设计构思能力、绘图技能</td></tr>
<tr><td>预期目标</td><td colspan="3">了解建筑外观设计要点，分析掌握商业店面设计的原则与设计方法</td></tr>
</table>

知识要点

8.2　建筑外立面装饰设计

建筑外部是由许多构件组成的，这些构件包括门窗、墙柱、阳台、遮阳板、雨篷、檐口、勒脚、花饰等。设计就是恰当地确定这些部件的尺寸大小、比例关系以及材料色彩等，并通过形的变换、面的虚实对比、线的方向变化等求得外形的统一与变化。

8.2.1　立面造型设计

立面造型设计是通过点、线、面等构图元素的组合，运用对比、统一、穿插、呼应、均衡、稳定、节奏和韵律等美学原理，在满足使用功能的基础上，创造新颖美观的立面形象。立面造型设计常用的处理方法有加法、减法、凹凸、重复、旋转、断裂、拉伸、仿生等。

加法是将基本的几何形体进行各种组合，从而产生抽象而又丰富的立面形式；减法是以建筑整体为主导，从建筑整体中切割去一些片断。如图 8-2 所示，西萨·佩里设计的太平洋设计中心二期工程，使用减法将方体的端部切削去一部分，切削造成的缺损部位吸引人们的视线，打破了规则几何体的平静稳定，给整个建筑造型带来生机；凹凸变化可以形成虚实对比，以丰富建筑形体变化和光影变化；重复形成建筑的韵律美感；旋转方法可以改变形式空间的方向，以适应不同的环境对应关系，并构成形体空间的变化；断裂可以突破过分完整形态的封闭和沉闷，兼得规则的秩序感和自由变化的生动魅力；拉伸是从整体中拉出一部分，拉出部分由于衔接方式的不同形成具有表现力的造型和特异空间；仿生是模仿生物形态的一种造型手法，仿生能够表现生命形态的生机和活力。例如图 8-3 所示的崔跃君在加利福尼亚州伯克利建造的崔氏自宅，是以世界上最不可毁灭的生物——节肢动物为原型设计的。

图 8-2 减法

图 8-3 仿生

8.2.2 材质

材料质感不同，建筑立面也会给人以不同的感觉。材料的表面，根据纹理结构的粗和细、光亮和暗淡的不同组合，会产生以下四种典型的质地效果：

(1)粗而无光的表面。有笨重、坚固、大胆和粗犷的感觉。

(2)细而光的表面。有轻快、平易、高贵、富丽和柔弱的感觉。

(3)粗而光的表面。有粗壮而亲切的感觉。

(4)细而无光的表面。有朴素而高贵的感觉。

材料质感的处理包括两个方面，一方面是利用材料本身的特性，如大理石、花岗石的天然纹理，金属、玻璃的光泽等；另一方面是人工创造的某种特殊的质感，如仿石饰面砖、仿树皮纹理的粉刷等。

8.2.3 色彩

建筑立面的色彩，首先应遵循城市区域规划的要求，尽量与同一街道或区域内建筑立面色调相协调，以达到区域建筑文化内涵展现的诉求；其次，建筑立面的色彩还应满足建筑自身的使用功能、个性特征等功能要素，并根据建筑美学法则满足立面构图；另外，建筑立面的色彩还应兼顾到建筑装饰材料的质感、肌理及材料色彩的局限性。

8.2.4 立面细部装饰设计

立面的细部设计包括建筑入口、门窗、阳台以及檐部、勒脚等的设计。

建筑入口主要起到组织交通的作用，同时还具有空间的过渡与转换、建筑功能的标识与识别、建筑文化内涵的体现等其他功能，因此，建筑入口的设计在建筑外立面中具有非常重要的作用。一般情况下，建筑外立面的入口与建筑台阶、坡道、雨篷、标识、装饰构筑物等共同组成建筑的入口与门头，成为建筑外观中重要的组成元素之一。

门窗是建筑立面的组成部分，门的设计需要注意门的尺度、门的开启方式、门的造型、门与周边界面的处理、门的细部设计等。窗户的形式、大小、排列方式都影响着建筑的形象。窗户横向布置时，给人以亲切、安定、宁静的感觉；竖向布置时，给人以挺拔俊秀的感觉。窗有时会设置遮阳设施。

阳台是室内空间与室外沟通的场所。阳台通常分为外凸式和内凹式两种类型(图 8-4、图 8-5)。外凸式阳台在平面上有矩形、梯形、半椭圆形、半圆形等形式。矩形平面可利用面积最大,梯形、半椭圆形、半圆形阳台外观较活泼秀气。阳台的栏杆、栏板形式也会影响立面造型。

图 8-4　凸出式阳台

图 8-5　凹入式阳台

8.3　商业店面装饰设计

现代商业十分重视店面形象的维护,需要对店面形象进行定期更新。因而,在建筑外部装饰设计中,最主要的设计任务就是商业店面装饰设计。

商业店面不仅可以展现企业形象,烘托商业氛围,还是城市街区环境的一部分,对美化城市环境影响很大。现代店面设计包括主立面整体形象、入口和橱窗、招牌与标志以及店外环境等内容。

8.3.1　店面设计的原则

1. 彰显个性

店面装饰设计在与周围建筑的风格相统一协调的前提下,追求个性化的设计。针对不同的商业空间环境,巧妙地运用设计手法,创造丰富多彩、新颖独特的外观形象。

2. 凸显商业特征

充分运用橱窗、招牌、店徽、标志、灯箱、海报、影像等商业化的装饰手段,凸显商业特征,使其具有强烈的识别性和引导性。

3. 动态发展

现代商业流行趋势与时尚风格瞬息万变,商店装饰一方面趋向高格调、高品质,另一方面又以非常快的节奏变化。设计者应树立动态设计理念,充分考虑店面不断变化的需要。

8.3.2　店面的识别性和引导性

1. 识别性

店面的识别性指店面具有一种使人感知其经营内容和性质的形象特征。它通过店面的造型和醒目的匾牌、店徽、广告、橱窗、标志物等展示商店的内涵。店面的识别性在装饰设计中具有重要的作用,它不仅为消费者提供了选择的方便,同时也激发了消费者的购物心理。

增强店面识别性的方法和途径,主要有以下两个方面:

(1)通过店面的整体设计反映商店的识别性。如通过橱窗或大面积通透的玻璃窗展示商品(图 8-6)。

(2)通过牌匾、店徽、灯箱、海报、影像等展示商店的识别性。这些都是商店经营性质、特色、品种等元素的直接表达(图 8-7)。

图 8-6　大面积玻璃窗展示商品

图 8-7　通过店徽展示店面识别性

2. 引导性

店面的引导性主要指店面可以引导顾客购物,使顾客产生购买行为。在商业行为中,顾客的购物行为分为主动购物和被动购物。店铺装饰的直接目的即激发顾客对店铺商品的购买欲望。

店面的引导性主要通过视线引导、路线引导和空间引导这三个方面来实现。

(1)视线引导,指借助店面合理的装饰造型和醒目的品牌标志吸引顾客的视线。

(2)路线引导,指店面的外部位置能够引导顾客在一定距离内随着行走路线注意到店面并引导顾客进入店铺,而店面的内部空间路线能够引导顾客注意到每个位置的商品,从而提高购买率。

(3)空间引导,指店面所处的空间能够醒目地对顾客进行购买引导,例如临街店面或处在建筑交接位置的店面更容易引导顾客注意到店面。将店面凹进后形成一定的临街外部空间,并对此空间进行装饰美化,会形成促使顾客驻足、停留和观赏的引导空间。

8.3.3　店面造型设计

店面造型既要与商业街区等周边环境整体相协调,又要具有很强的可识别性与诱导性,形成强烈的视觉吸引力;既要满足功能性的合理要求,又要在造型设计上具有商业文化和建筑艺术的内涵。

商业空间的立面造型千姿百态,设计手法多种多样,但以展示商店的功能特色为设计总的思路和原则。

1. 设计思路

(1)根据经营的内容、性质进行构思。如中餐店可采用传统建筑的装饰手法;风味店可选择具有地方特色的装饰元素等(图 8-8)。

(2)利用原建筑的风格进行构思。充分利用原建筑的风格,对其进行点缀和装饰。如我国很多仿古的商业街,这些店面应结合传统的装饰风格进行设计。

(3)根据隐喻和象征进行构思。如影剧院用胶卷齿孔来装饰周边,酒吧用酒杯或酒瓶的形象来设计(图 8-9)。

图 8-8　传统装饰

图 8-9　隐喻

(4)统一形象的构思。一些专卖店、专营店要求统一形象。如麦当劳快餐店一律采用统一的店面标志,格调一致(图 8-10)。

(5)利用几何形体和构图原则进行构思。根据构图原则,利用几何形体的组合,创造生动、活泼、简洁、明快的店面形象(图 8-11)。

图 8-10　统一形象

图 8-11　几何形体构图

2. 设计方法

(1)立面的比例尺度

在店面造型设计时,要注意店面各组成要素之间的比例关系,如雨篷、墙面、檐部等构件的高度以及门、橱窗的大小和立面的比例关系;还要充分考虑到店面各自的特点,如一些小工艺品精品店的设计中,可以把门窗开得较小,以反衬商品。有些部分虽然在建筑主体设计时已经确定，但是店面装修时往往可以作一定的调整，入口、橱窗等与人体接近的部分还需要注意与人体的相应尺度关系及安全疏散的需要（图 8-12、图 8-13）。

图 8-12　入口与立面的比例

图 8-13　立面的比例

（2）立面构图与造型

充分利用墙面的形状、虚实、光影、材质、色彩等一系列对比与变化的构图设计手法，形成丰富的视觉变化，获得强烈的视觉冲击力，同时又要达到构图的均衡。

（3）材质与色彩的合理配置

为了给人留下深刻印象，设计者需要结合商店的经营内容和特色，巧妙地选择店面的材质和色彩，着力创造新颖别致的装饰效果。建筑外立面材料应具有一定的坚固耐久性，能够抵御风雨侵袭并有一定的抗暴晒、抗冰冻及抗腐蚀能力。目前常用的材质包括各类陶瓷面砖、石材、铝合金或塑铝复合面材、玻璃制品以及一些具有耐久、防火性能的新型高分子合成材料或复合材料等。在装饰设计中应正确地运用材料的质感、纹理和自然色彩。一些较大规模的专卖店、连锁店，常以特定的色彩与材质，向顾客传递信息（图 8-14）。

图 8-14　店面色彩设计

8.3.4　店面入口设计

店面入口设计应传达出商店的经营性质、规模及市场定位等信息，达到识别效果。入口设计应以吸引顾客进入店内为目的。根据安全疏散要求，入口门扇应向外开或为双向开启的弹簧门。

入口设计常用的手法有：

1. 入口外凸或内凹，形成对比

在入口处通过设置门斗、雨篷、突出的门头或入口向内退进等方式，使入口与立面形成虚实对比和光影变化，从而使入口显得醒目、易识别，同时也使室内外有了过渡空间（图 8-15、图 8-16）。

图 8-15　入口设置门厅

图 8-16　入口设置过渡空间

2. 新颖独特的构图与造型

对入口周围立面及大门的装饰构图和艺术造型进行精心设计，从而创造具有个性和很强识别效果的商店入口（图 8-17）。

3. 材质、色彩的配置

根据商店的风格、特点及周围环境，精心对入口处的装饰色彩和材质进行配置，以达到强烈的识别与吸引效果。如金属与石材、玻璃的材质配置或红色与黑白的配置等（图 8-18）。

图 8-17　造型别致的入口

图 8-18　精心设计的个性入口

4. 小品的设置

商店入口可以通过设置小品来起到突出主题、引人入胜的作用。如楹联的配置、主题商品的悬挂、雕塑与景观小品的设置等，都能彰显出店面的特点。

8.3.5　橱窗设计

橱窗是商业形象的重要组成部分，商店通过橱窗展示商品，体现经营特色，并起到良好的装饰效果，达到吸引顾客的目的。橱窗的设计应根据商店经营性质与规模、商品陈列方式以及室外环境空间等因素确定。

橱窗设计常用的手法有：

1. 外凸或内凹的空间变化

在商店立面允许的前提下，橱窗可向外凸，并可将橱窗塑造得具有一定的形体特色。当橱窗不能外凸时也可做成内凹，通过外凸和内凹加强橱窗的视觉冲击感受，起到引导顾客进店的效果(图 8-19)。

图 8-19　某玩具店凸出的橱窗

2. 封闭或开敞的橱窗处理

根据商店对商品展示的需要，可以把橱窗后部的内壁做成封闭的（设置可进入布置展品的小门），也可将后壁做成敞开的或半敞开的，这时整个店内铺面陈列的商品能通过橱窗展现在行人面前(图 8-20、图 8-21)。

图 8-20　封闭式橱窗

图 8-21　半开敞式橱窗

3. 橱窗与标志及店面小品的结合

结合店面设计整体构思，橱窗可以与商店店面的标志文字和反映商店经营特色的小品相结合，以显示商店的特点，起到烘托氛围的装饰效果。

8.3.6　店面照明设计

为使晚间人们能够易于识别，并通过照明进一步吸引和招揽顾客，诱发人们购物的意愿，店面照明除了需要有一定的照度以外，更需要考虑店面照明的光色、灯具造型等方面的装饰艺术效果，以烘托商业购物氛围(图 8-22)。

图 8-22　店面照明

商店室外照明方式可以归纳为：

1. 整体泛光照明

主要是为了显示商店建筑整体的体型和造型特点，常于建筑周围地面或隐藏于建筑物阳台、外廊等部位，以投光灯作泛光照明。也可以自相邻的建筑物或构筑物上对商店建筑进行整体照明，但需注意尽可能不使人们直接见到光源。

2. 轮廓照明

以带灯或霓虹灯沿建筑物轮廓或对具有造型特征的立面花饰等轮廓作带状轮廓照明。

3. 橱窗、入口重点照明

一般以射灯、投光灯等对橱窗照明。以投射，或以歇顶、发光顶等对入口的顶部照明。对招牌广告等则以霓虹灯或灯箱等照明。

4. 灯箱广告照明

灯箱广告是利用荧光灯或白炽灯，在箱体内向外照明，灯箱的正面可以是玻璃。正面可用放大的广告照片或大型的彩色胶片贴布，也可直接用有机玻璃等材料，使灯箱表面的广告画具有强烈的光线色彩效果。灯箱广告的主要形式有灯箱招牌、橱窗灯箱、立柱灯箱、货架灯箱、指示灯箱和壁式灯箱等。

5. 霓虹灯照明

霓虹灯照明广告渲染效果较好，视觉效应强。利用霓虹灯管艳丽鲜明的线条，可构成漫画、图案、文字、拼音字母或外文字母等，还可根据需要灵活交替变换发光，是极受商店欢迎的广告装饰手段。它具有设置灵活、方便、效果理想等特点，可用于店面、店内、橱窗、货架、天花板以及墙壁等各种场合(图 8-23)。

图 8-23　霓虹灯照明

8.3.7　店面标识设计

店面标识设计是指店牌、店徽、广告、标志等的设计，它们与入口、橱窗等一起构成了商店的识别性特征，体现商店的特色和个性。

1. 招牌与广告

商店的招牌与广告具有最为直接地向顾客传递商店经营范围和商品特色信息的作用，招牌与广告设置的位置、尺度、造型等都需要从商店的形体、立面，以及街区的环境整体考虑。招牌与广告应具有醒目、愉悦的视觉效果，力求色彩鲜艳、造型精美、选材精致、加工细腻、经久耐用。现代的招牌形式多样，按固定方式可分为悬挂式、出挑式、贴附式、单独设置四种。

(1)悬挂式：招牌和广告直接悬挂于商店外墙面或其他构件上，形式新颖活泼，容易引起注意，但其尺寸受到一定限制。

(2)出挑式：从商店外墙面悬臂出挑(图 8-24)。

图 8-24　出挑式

(3)贴附式：将店牌或广告牌直接贴附在墙面或玻璃上的方式，具有经济、灵活的特点(图 8-25)。招牌一般由衬底和招牌字组成。衬底可用陶瓷砖、马赛克、大理石、有机玻璃、镁铝合金、不锈钢、玻璃等，招牌字可采用铜板字、不锈钢组字、塑料组字、有机玻璃贴面泡沫字、吸塑发光字等(图 8-26)。

(4)单独设置：以平面或立体的形式独立设置于商店前的地面或屋顶。

2. 店徽、标志

商店店徽是商店的标志，通常可以采用中文、外文、拼音、图案等方式。它们与入口、橱窗一起构成了商店的识别性特征，为主动购物者提供选择上的方便，激发被动购物者的购物欲望。

图 8-25　贴附式

图 8-26　贴附式

学习情境 3　建筑外环境设计案例分析

<table>
<tr><td>工作任务描述</td><td colspan="3">调研、搜集室内绿化设计案例，分析室内绿化设计的方法，分析归类，制作 PPT，要求图片清晰、文字精练</td></tr>
<tr><td rowspan="4">工作过程建议</td><td colspan="2">学生工作</td><td>老师工作</td></tr>
<tr><td colspan="2">步骤 1：通过实地考察、查阅图书、网络等形式搜集室内绿化设计的优秀案例</td><td>组织、指导</td></tr>
<tr><td colspan="2">步骤 2：对搜集来的案例进行分析、比较、归纳，选择经典案例图片，并制作成 PPT</td><td>示范、引导案例分析</td></tr>
<tr><td colspan="2">步骤 3：通过 PPT 讲解室内植物的选配和布置，室内景观设计方法</td><td>总结</td></tr>
<tr><td colspan="2">工作环境</td><td colspan="2">学生知识与能力准备</td></tr>
<tr><td colspan="2">教学做一体化教室（多媒体、网络、电脑）、计算机绘图教室</td><td colspan="2">手绘能力、计算机绘图能力、设计构思能力、表达能力</td></tr>
<tr><td>预期目标</td><td colspan="3">能够分析、掌握室外景观设计的原则与形式、室外小品、水体与地面铺装的设计原则和方法</td></tr>
</table>

8.4　建筑外环境设计

8.4.1　绿化景观设计

绿化植物是建筑外部景观设计中的重要因素，是美化环境的重要手段，具有净化空气、调节和改善小气候、除尘、降噪等功效。

1. 绿化景观设计基本原则

(1)尊重自然原则

保护自然景观资源和维持自然景观生态过程及功能,是保持生物多样性及合理开发利用资源的前提,是景观持续性的基础。因此,因地制宜地结合当地生物气候、地形地貌进行设计,充分使用当地建筑材料和植物材料,尽可能保护和利用地方性物种,保护场地和谐的环境特征与生物的多样性。

(2)景观美学原则

突出景观的美学价值,是现代景观设计的重要内涵。绿化设计必须遵循对比衬托、均衡匀称、色调色差、节奏韵律、景物造型、空间关系、比例尺度、"底、图"转化、视差错觉等美学原则,创作出赏心悦目,富有审美特征又具精神内涵的自然景观。

2. 绿化景观设计形式

(1)规则式

规则式是指景园植物成行成列等距离排列种植,或作有规则的重复,或具规整形状,多使用植篱、整形树、模纹景观及整形草坪等。花卉布置以图案式为主,花坛多为几何形,或组成大规模的花坛,草坪平整而具有直线或几何曲线型边缘等。规则式常有明显的对称轴线或对称中心,树木形态一致,或人工整形,花卉布置采用规则图案。规则式景观布置具有整齐、严谨、庄重和人工美的艺术特色。

(2)自然式

自然式是指植物景观的布置没有明显的轴线,各种植物的分布自由变化,没有一定的规律性。树木种植无固定的株行距,形态大小不一,充分发挥树木自然生长的姿态,不求人工造型。充分考虑植物的生态习性,植物种类丰富多样,以自然界植物生态群落为蓝本,创造生动活泼、清幽典雅的自然植被景观,如自然式丛林、疏林草地、自然式花池等。

(3)混合式

混合式是规则式与自然式相结合的形式,通常指群体植物景观(群落景观)。混合式植物造景吸取了规则式和自然式的优点,既有整洁清新、色彩明快的整体效果,又有丰富多彩、变化无穷的自然景色。

8.4.2 室外小品设计

室外建筑小品是构成建筑外部空间的必要元素,是一种功能简明、体积小巧、造型别致、带有意境、富有特色的建筑部件。它们的艺术处理、形式美的加工,以及同建筑群体环境的巧妙配置,都可构成一幅幅颇具鉴赏价值的画卷,形成优美的景观小品,起到丰富空间、美化环境的作用,并具有相应的使用功能。

1. 建筑小品的种类

建筑小品主要是指岸边适当位置点缀的亭、榭、桥、架等,设置古朴精致的花架、空挑出一系列高低错落的亲水平台,进一步增加水体空间景观内容和游憩功能。建筑小品的种类甚多,范围也很广。根据其功能特点大致可以分为两大类:即兼使用功能的建筑小品和纯景观功能的建筑小品。

(1)兼使用功能的室外建筑小品

兼使用功能的建筑小品主要指具有一定实用性和使用价值的环境小品,在使用过程中还体现出一定的观赏性和装饰作用。包括：交通系统类景观建筑小品、服务系统类建筑小品、信息系统类建筑小品、照明系统类建筑小品、游乐类建筑小品等(图 8-27)。

(2)纯景观功能的建筑小品

纯景观功能的建筑小品指本身没有实用性而纯粹作为观赏和美化环境的建筑小品，如雕塑、石景等。这类建筑小品虽没有使用价值，却有很强的精神功能，可丰富建筑空间，渲染环境气氛，增添空间情趣，陶冶人们的情操，在环境中表现出强烈的观赏性和装饰性(图 8-28)。

2. 景观建筑小品设计原则

作为外部空间构成的重要元素，景观建筑小品的设计应以总体环境为依据，充分发挥其作用，创造丰富多彩的空间环境。

(1)设置应满足公共使用的心理行为特点，小品的主题应与整个环境的内容一致。

(2)造型方法符合形式美的原则，要考虑外部环境的特点和设计意图，切忌生搬硬套。

(3)材料选择、安装要考虑环境和使用特点，防止产生危害、变形、褪色等，以免影响整体环境效果。

在景观设计中，根据环境功能和空间组合的需要，合理选择和布置景观建筑小品，都能获得良好的景观艺术效果。

图 8-27 兼使用功能的室外建筑小品

图 8-28 纯景观功能的建筑小品

8.4.3 室外水体设计

景观中的水体有两种方式，一是自然状态下的水体，如湖泊、池塘、溪流、瀑布等；另一种是人工水景，如各种喷泉、水池等。由水景的存在形态可分为静态水景和动态水景。

1. 静态水景

静态水景指水体运动变化比较平缓、水面基本保持静止的水景。静态水景具有娴静淡泊之美，形成镜面效果，产生丰富的倒影。静态水景通常以人工池塘等形式出现，并结合驳岸、置石、亭廊花架等元素形成丰富的空间效果。现代景观设计中更注重生态化设计，提倡“生态水池”的设计理念(图 8-29)。

2. 动态水景

动态水景由于水的流动产生丰富的动感，营造出充满活力的空间氛围。现代水景设计通过人工对水流的控制(如排列、疏密、粗细、高低、大小、时间差等)并借助音乐和灯光的变化产生视觉上的冲击，进一步展示水体的活力和动态美。动态水景根据造型特点不同，可以分为喷泉、涌泉、人工瀑布、人工溪流、壁泉、迭水等(图 8-30)。

图 8-29 静态水景

图 8-30 动态水景

在进行水景设计时,要注意以下几点:

(1)水景形式要与空间环境相适应。根据空间环境特点选择设计相应的水景形式,如广场体现热烈、欢快的气氛,适宜喷泉;居住区需要宁静的环境,适合溪流、迭水等。

(2)水景的设计尽量利用地表水体或采用循环装置,以节约资源,重复使用。

(3)水景的设计要结合其他元素,如山石、绿化、照明等,以产生综合的效果。

(4)注意水体的生态化,避免出现“死水一潭”或水质不良的情况。

3. 水岸景观

水岸是自然因素最为密集、自然过程最为丰富的地域,也是最具活力、环境最为优美的地段。水岸是散步、观景、谈天说地的最佳地段。水岸景观设计主要包括两个方面,一是水岸植物景观,二是岸边建筑小品的设计。

在水体岸边,一般选用姿态优美的耐水湿植物,如柳树、木芙蓉、池杉、素馨、迎春等进行种植,美化河岸和池畔环境,丰富水体空间景观。种植低矮的灌木,使池岸含蓄、自然、多变,并创造丰富的花木景观。种植高大乔木,主要创造水岸立面景色和水体空间景观对比构图效果,同时获得生动的倒影景观。护岸可以用规则式或自然式,但不管哪种形式,都要以模拟自然水岸景观为目的。

8.4.4 地面铺装设计

地面铺装是指使用各种材料对地面进行铺砌装饰,包括各种园路、广场、活动场地、建筑地坪等。作为景观空间的重要界面,它和建筑、水体、绿化一样,是景观艺术的重要因素之一。

1. 道路铺装作用

道路铺装景观具有交通功能和环境艺术功能。最基本的交通功能可以通过特殊的色彩、质感和形状加强路面的可辨识性、分区性、引导性、限速性和方向性,如减速带等。环境艺术功能通过铺装的强烈视觉效果起着提供划分空间、联系景观以及装饰美化景观等作用,使人们产生独特的激情感受,满足人们心理需求,营造温馨宜人的气氛。

2. 铺装元素

景观设计中铺装材料很多,但都要通过色彩、纹样、质感、尺度和形状等几个要素的组合产生变化。根据环境不同,可以表现出风格各异的形式,从而形成变化丰富、形式多样的铺装,给人以美的享受。

(1)色彩。色彩是兴趣表现的一种手段,暖色调热烈、兴奋,冷色调则素雅、幽静。明快的色调让人清新愉悦,灰暗的色调则使人沉稳宁静。因此,在铺装设计中有意识地利用色彩变化,可以丰富和加强空间的气氛。如儿童游乐场可用色彩鲜艳的铺装材料,符合儿童的心理需求。另外,在铺装上要选取具有地域特性的色彩,这样才可充分表现出景观的地方特色(图 8-31)。

(2)纹样。铺装设计中,纹样起着装饰路面的作用,以其多种多样的图案纹样来增加景观特色。

(3)质感。质感是人通过视觉和触觉而产生的对材料的真实感受。铺装的美,在很大程度上要依靠材料质感的美来体现(图 8-32)。

(4)形状。铺装的形状是通过平面构成要素中的点、线、面得以体现的,如乱石纹、冰裂纹等,使人联想到郊野、乡间,具有自然、朴素感。

图 8-31　铺装的色彩和纹样

图 8-32　铺装的质感

学习情境 4　商业店面装饰设计技能训练

工作任务描述	按本单元项目任务要求,进行公园小茶室的店面装饰设计,并绘制平面布置图和效果图	
工作过程建议	学生工作	老师工作
	步骤 1:搜集设计案例,进行公园小茶室的店面设计要点分析	示范、引导案例分析、功能分析
	步骤 2:绘制公园小茶室的店面设计的多方案草图	指导
	步骤 3:通过多方案比较,确定最终方案,并按要求绘制图纸	指导
	步骤 4:方案讲评	总结
工作环境		学生知识与能力准备
教学做一体化教室(多媒体、网络、电脑、工作台)、专业图书资料室、专业绘图教室		掌握商业店面设计基本知识,具备建筑装饰识图与绘图能力、资料搜集与分析能力、手绘或电脑效果图表现能力
预期目标	能够在设计中恰当处理店面造型、色彩、材质、照明等要素,能够灵活运用入口、橱窗、标识的设计手法,达到店面构图美观,与室内外环境和谐的效果	

项目小结

	考核内容	成果考核标准	比例
项目考核	建筑外部装饰设计认知	展板图文并茂，内容正确，条理清楚，板面美观，讲解清晰完整	30%
	商业店面设计案例分析	PPT 制作精美，图文并茂，商业店面设计方法分析正确、分类明确、内容全面	30%
	建筑外环境设计案例分析	PPT 制作精美，图文并茂，外环境设计方法分析正确、分类明确、内容全面	
	商业店面设计技能实训	店面设计构思新颖、构图美观、标识清晰，突出了商业特色和经营内容，与室内外环境协调，图纸规范美观	40%
项目评价	教师评价		50%
	项目组互评		30%
	内部评价		20%
项目总结	师生共同回顾本单元项目教学过程，对各个学习情境的表现与成果进行综合评估，找出各自的得失及提出改进措施		

单元九　居住空间装饰设计

<table>
<tr><td>项目名称</td><td colspan="4">小户型居住空间装饰设计</td></tr>
<tr><td>项目任务</td><td colspan="4">1. 设计条件
业主情况由教师拟定，户型平面见图 9-1，净高 2.8m，结构形式为框架剪力墙结构，拟装修投资 15 万元(含设备)(注：业主情况和设计条件也可以由任课教师另行拟定，最好由校企合作企业提供真实设计任务)
2. 设计要求
(1)真正做到为生活而设计，在满足功能的基础上，恰当运用室内设计要素，精心营造一个构思新颖、富有人文气息的、高雅舒适的室内环境
(2)设计要适合业主的身份特点，体现出一定的文化品位和精神内涵
(3)针对居住的需要，合理地进行室内空间组织和平面布局，组织合理的交通流线。注意空间构成造型和界面处理，选用宜人的光、色和材质配置，要注意节能和防止污染
(4)设计中应考虑家庭结构的变化影响
3. 成果要求
装饰设计方案图、装饰工程施工图，符合设计深度要求和制图规范要求</td></tr>
<tr><td>活动策划</td><td colspan="2">工作任务</td><td colspan="2">相关知识点</td></tr>
<tr><td>学习情境 1</td><td colspan="2">家居空间认知</td><td colspan="2">9.1 居住建筑概述</td></tr>
<tr><td>学习情境 2</td><td colspan="2">家居空间装饰设计案例分析</td><td colspan="2">9.2 居住空间装饰设计概述
9.3 主要功能空间的设计要点
9.4 辅助功能空间的设计要点</td></tr>
<tr><td>学习情境 3</td><td colspan="2">居住空间装饰设计技能训练</td><td colspan="2">9.5 小户型居住空间装饰设计要点</td></tr>
<tr><td>学习情境 4</td><td colspan="2">居住空间装饰设计拓展训练</td><td colspan="2">大户型居住空间装饰设计要点</td></tr>
<tr><td>教学目标</td><td colspan="4">能够正确分析判断家装设计的依据，能够正确分析并合理组织居住空间功能布局，能够正确把握各功能空间的设计要点并灵活运用设计要素，独立进行一般住宅建筑的室内装饰设计构思，并完成方案图、施工图的设计与绘制。培养职业精神和责任担当，提升创新思维能力</td></tr>
<tr><td>教学重点与难点</td><td colspan="4">重点：各功能空间的设计
难点：设计构思能力的培养</td></tr>
<tr><td>教学资源</td><td colspan="4">教学做一体化教室(网络、多媒体、电脑)、专业资料室(或图书馆专业阅览室)、专业绘图教室等</td></tr>
<tr><td>教学方法建议</td><td colspan="4">项目教学法、案例分析法、考察调研、讨论法等</td></tr>
<tr><td rowspan="3">思政元素</td><td>思政契合点
(案例或知识点)</td><td colspan="2">教学活动(思政内涵)</td><td>思政落脚点</td></tr>
<tr><td>居住空间装饰设计理念</td><td colspan="2">如何立足自身设计工作，为“不断满足人民对美好生活的向往”做出自己的贡献</td><td>职业责任
工匠精神
家国情怀
民族复兴</td></tr>
<tr><td>家居功能空间设计要点</td><td colspan="2">调研后疫情时代，居家网络办公、上网课常态化，人们对家居环境有哪些新要求、新变化</td><td>职业精神
工匠精神
责任担当</td></tr>
</table>

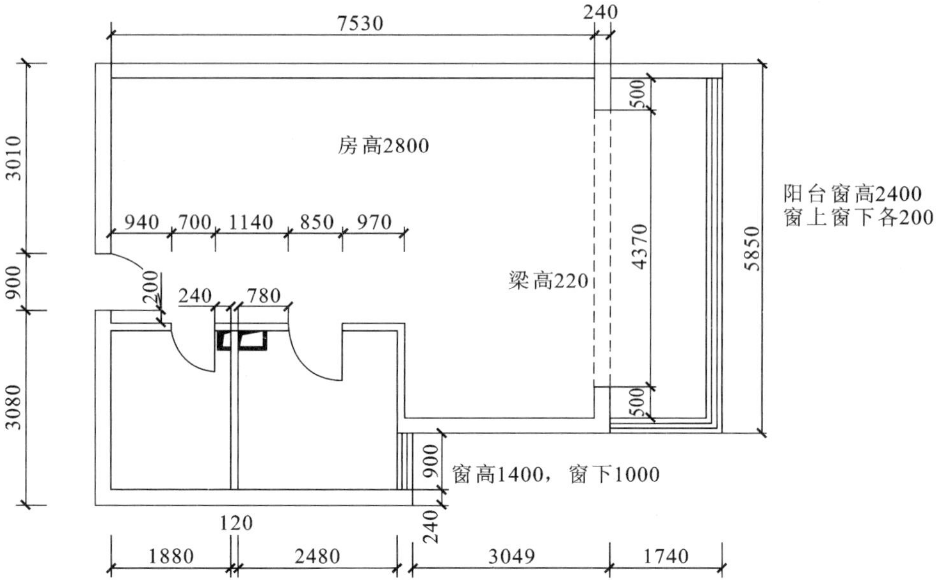

图 9-1　户型平面图

学习情境 1　家居空间认知

<table>
<tr><td>工作任务描述</td><td colspan="2">认识、感受不同类型的居住建筑及其内部空间，讨论、分析居住空间的功能要求和各功能空间的相互关系，画出功能分析图</td></tr>
<tr><td rowspan="4">工作过程建议</td><td>学生工作</td><td>老师工作</td></tr>
<tr><td>步骤 1:通过参观或图片浏览等多种方式认识、感受不同类型的居住建筑及其内部空间</td><td>引导学生观察</td></tr>
<tr><td>步骤 2:讨论、分析居住空间的功能要求和各功能空间的相互关系</td><td>启发、引导</td></tr>
<tr><td>步骤 3:画出常见居住建筑类型的功能分析图，讲评</td><td>指导、总结</td></tr>
<tr><td colspan="2">工作环境</td><td>学生知识与能力准备</td></tr>
<tr><td colspan="2">校外参观场所、教学做一体化教室(多媒体、网络、电脑)</td><td>资料搜集与分析能力、团队协作和表达能力</td></tr>
<tr><td>预期目标</td><td colspan="2">能够正确理解居住建筑的类型，能够正确分析居住空间的功能要求和各功能空间的相互关系，常见居住建筑类型的功能分析图表达准确</td></tr>
</table>

知识要点

9.1　居住建筑概述

居住建筑是人类社会最早出现的建筑类型。随着社会生产的发展和生活内容的增加，逐渐形成了各式各样的居住建筑。尤其是工业革命后，城市住宅发生了很大变化，并联式、连排式、公寓式住宅和高层住宅迅速发展。第二次世界大战以后，人体工程学、环境行为学等新型学科的研究成果逐步应用于建筑与室内设计，居住建筑进入了一个技术先进、设计科学的新阶段。如今，随着社会结构、家庭结构以及人们工作方式、生活方式的变化，住宅形式也日益多样化，呈现出多元化发展的态势。

9.1.1　居住建筑的类型

1. 按居住者的类别分类

可分为：一般住宅、高级住宅、青年公寓、老年公寓、集体宿舍等。

2. 按建筑高度分类

可分为：低层住宅（1～3层）、多层住宅（4～6层）、中高层住宅（7～9层）、高层住宅（10层以上）等。

3. 按房型分类

可分为：

（1）单元式住宅，是多、高层住宅中应用最广的一种住宅建筑形式。按单元设置楼梯，住户由楼梯平台进入分户门。

（2）公寓式住宅，一般建在大城市里，多数为高层楼房，标准较高，每一层内有若干单户独用的套房，有的附设于旅馆酒店之内，供一些常住客商及其家属短期租用。

（3）花园式住宅，也称别墅。一般是带有花园和车库的独院式平房或二三层小楼，内部居住功能完备，装修豪华并富有变化。

（4）错层式住宅，是指一套住宅室内地面不处于同一标高的住宅。一般把房内的厅与其他空间以不等高形式错开，高度不在同一平面上，但房间的层高是相同的。

（5）跃层式住宅，是指一套住宅占有两个楼层，上下层之间的交通不通过公共楼梯而采用户内独用小楼梯连接。

（6）复式住宅，一般是指每户住宅在较高的楼层中增建一个夹层，两层合计的层高要大大低于跃层式住宅，其下层供起居用，如炊事、进餐、洗浴等；上层供休息、睡眠和贮藏用。

4. 按户型分类

可以分为：

（1）一居室，属典型的小户型。特点是在很小的空间里要合理地安排多种功能活动，消费人群一般为单身一族。

（2）两居室，是一种常见的小户型结构。一般有两室一厅、两室两厅两种户型，方便实用，消费人群一般为新组家庭。

（3）三居室，是较大户型。主要有三室一厅、三室两厅两种户型，功能要求较全。

(4)多居室,属于典型的大户型,是指卧室数量超过四间(含四间)以上的住宅居室套型。

9.1.2　居住建筑室内空间的组成及相互关系

住宅的基本功能有睡眠、休息、盥洗、饮食、团聚、会客、视听、娱乐、学习等,随着现代人生活方式的改变,住宅的功能也更加丰富,包括工作、健身、美容、休闲等。居住空间就是由这些功能各异的空间组成,其中起居室、卧室、餐厅、厨房、卫生间、书房等属于基本空间,其他可根据住宅面积大小灵活划分,如门厅、储藏间、更衣间等。各空间功能明确,应相对独立成区,避免干扰;同时各空间之间又有着密切的关系,应相互联系,以方便使用。如图 9-2 所示,门厅、起居室、餐厅、厨房等都属于家庭公共空间,是供家人共享及亲友团聚的日常生活空间,活动内容多、使用频率高,较为热闹,应布置在相对靠外(入户门)的区域,同时考虑门厅与厨房、厨房与餐厅、起居室与门厅、餐厅及卫生间之间应有直接便捷的联系;而卧室、卫生间、书房则是家庭成员进行各自单独活动的私密性空间,较为安静,应布置在相对靠里的区域,同时考虑卧室与卫生间、书房、起居室之间的相互联系。

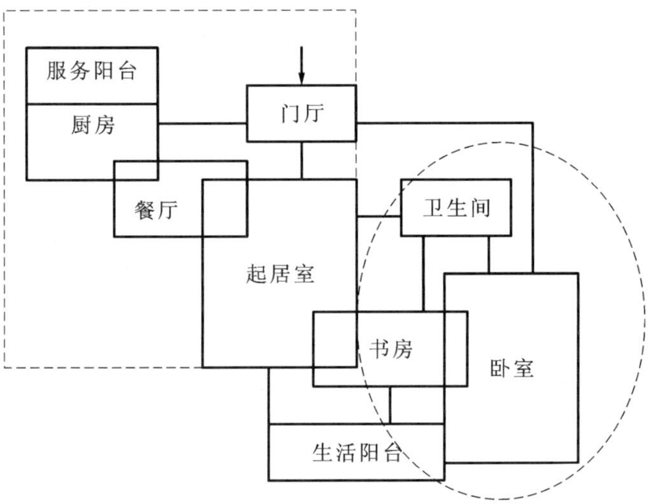

图 9-2　功能空间关系图

学习情境 2　居住空间装饰设计案例分析

<table>
<tr><td>工作任务描述</td><td colspan="2">搜集居住空间装饰设计优秀案例并加以分析,探讨居住空间装饰设计的原则和依据,着重研究各功能空间设计要点</td></tr>
<tr><td rowspan="4">工作过程建议</td><td>学生工作</td><td>老师工作</td></tr>
<tr><td>步骤 1:搜集、分析多个居住空间装饰设计优秀案例,每组分享 2 个案例分析</td><td>示范案例分析</td></tr>
<tr><td>步骤 2:分析、讨论居住空间装饰设计的原则和依据</td><td>提出问题,总结</td></tr>
<tr><td>步骤 3:分析各功能空间设计案例,讨论、归纳各功能空间设计要点</td><td>提出问题,总结</td></tr>
</table>

工作环境	学生知识与能力准备
教学做一体化教室（多媒体、网络、电脑、专业图书资料室（设计规范））	资料搜集与分析能力、熟悉居住空间功能要求及相互关系
预期目标	熟悉相关设计规范，能够分析理解居住空间装饰设计的原则和依据，能够熟练掌握各功能空间设计要点

知识要点

9.2　居住空间装饰设计概述

9.2.1　居住空间装饰设计理念

1. 以人为本

居住空间装饰设计应充分体现现代人的生活模式，以人为中心，充分尊重和满足人们各种物质需求和精神需求，更多体现人文关怀，为人们的居家生活提供安全、方便、舒适、愉快、高质量的空间环境。

2. 个性化与多样性

居住空间有很多共性要素，但不同家庭在日常生活中还存在着许许多多的个性差异要素。这些个性差异要素直接影响到人们对居住空间的物质需求与精神需求。因此，在设计中必须紧密结合业主的个性特点和具体需求，创造具有个性特征的居住环境，使人们的生活更加丰富多彩，从而形成多样化发展的家居空间环境。

3. 重视软装饰设计

随着人们对家居生活要求的不断提高，复杂的界面造型和装修方式已经逐渐被人们抛弃；家居配饰，即"软装饰"作为装饰设计中不可缺少的组成部分，延续和加强了空间的个性化及文化品位，越来越受到人们的喜爱和重视，已成为装饰设计的新时尚。

4. 家居智能化

随着社会信息化的加快，人们的工作生活与信息的关系日益紧密。信息化社会改变了人们的生活方式与工作习惯，智能化家居成为家居装饰的重点发展方向。智能家居系统可以为人们提供家电控制、照明控制、窗帘控制、防盗报警、门禁对讲等多种智能控制功能，而且可以进行遥控、手机远程控制、网络控制以及定时控制等，使家庭更为舒适、安全、高效和节能。而《住宅装修工程电气及智能化系统设计、施工与验收规范》(CAS 212)的颁布实施，则为家居智能化的发展提供了有力保障。

5. 节能环保

随着我国碳达峰、碳中和战略的实施，绿色、节能、环保已经成为时代的要求。在居室装饰设计中，主要体现在节约能源、节约资源、降低能耗、积极使用绿色技术、绿色材料，创造一个舒适、健康、节能低碳的生活环境等方面。

9.2.2　居住建筑装饰设计依据

(1)以居住者的家庭人员结构、生活需求状况为基本设计依据。根据居住者的民族信仰、职业特点、文化及艺术修养水平、个人兴趣爱好进行一定的个性化室内空间创意。

(2)尊重建筑物本身的结构布局,协调好装饰与结构之间的关系;使水、电、气等设施设备的处理做到安全可靠,协调统一。

(3)注重采光、采暖和通风条件的合理运用,为居住者创造一个舒适的生理环境。

(4)根据投资者的经济条件和消费方向的具体情况,合理分配并充分利用资金,避免不必要的浪费。

(5)现行设计规范、标准,如《住宅设计规范》(GB 50096)、《住宅装饰装修工程施工规范》(GB 50327)、《住宅室内装饰装修设计规范》(JGJ 367)等。

9.3　主要功能空间设计要点

9.3.1　起居室设计要点

1. 功能分析

起居室是居家生活的主要活动空间,是家庭成员的公共活动区域,具有家人团聚、会客、视听、娱乐等功能,同时兼具读书、餐饮、休闲、健身等功能。起居室还是个交通枢纽,起着联系卧室、厨房、卫浴间、阳台等空间的作用。

2. 空间组织

起居室空间一般为开敞式空间,也可以是相对封闭的空间。封闭式的起居室一般为静态的,给人以亲切感、安定感(图 9-3);开敞式的起居室与外部及其他空间联系较多,多为动态空间,视野开阔,使人感觉明快、敞亮(图 9-4)。

图 9-3　封闭式起居室空间

起居室的平面功能布局,可根据具体情况划分出会客区、休闲区、阅读区、餐饮区、亲子活动区等。

图 9-4　开敞式起居室空间

会客区又称主座位区，是家人谈话、会客的空间，一般由沙发、座椅和茶几围合形成。从位置上讲，一般安排在主入口附近，以方便交通；环境心理上则要求相对安静，应利用家具、陈设等围合形成一个相对独立并适合促膝而坐的谈话区（图 9-5）；通常会在主座位区设置放电视机、家庭影院等视听设备以及矮柜或组合柜等，以满足视听需求并形成起居室的视觉中心。但随着电子产品的丰富，娱乐方式的多样化，会客厅也不再以电视机为中心。

休闲区是家人娱乐、密友会谈、放松心情、享受生活的地方。一般可根据业主的生活习惯，在起居室一角设置酒吧或茶座形成休闲区域（图 9-6）。休闲区一般与会客区结合布局，也可以独立设置。休闲区设计要凸显轻松、随意又不失个性的空间氛围（图 9-7）。

图 9-5　家具及陈设围合而成的会客区

图 9-6　小酒吧形式的休闲区

也可根据业主的要求，将工作学习的环境要素合并到起居室中进行处理，闹中取静，在起居室内获得一席读书之地。如图 9-8 所示，在起居室一角，由书架、台灯、座椅围合成阅读区。面积较小的住宅，还可以利用餐桌、餐椅围合出一个餐饮区，一般应靠近厨房布置。

在空间组织时，应以主座位区为核心，充分考虑各功能区与主座位区的关系。根据空间和家庭成员活动的实际情况，利用家具、陈设、绿化、顶棚或地面造型、材料色彩及质感的变化等分隔限定手段划分出多个虚拟空间，使其既分区明确，又隔而不断；同时要组织好各功能区之间的联系路线，避免相互穿插干扰，从而形成一个完整、统一的起居室空间（图 9-9）。当起居室与餐厅采用开敞式连接时，也应采用一定的装饰设计手法进行处理，构成既相互独立又紧密联系的动态空间。

图 9-7　轻松、随意的休闲空间

图 9-8　起居室一角的工作区

(a)

(b)

(c)

(d)

图 9-9　起居室空间的分隔与联系

(a)利用地台限定空间；(b)利用珠帘分隔功能区；(c)利用家具围合限定空间；(d)利用隔断分隔空间

3. 界面设计

起居室是家庭中使用频率最高、人员流动最多的地方，地面应采用耐磨、防滑、易清洁的面层，如实木地板、复合木地板、陶瓷地砖、地毯等，局部可铺设地毯或设地台以进一步限定空间。

起居室墙面应选择耐久、美观、触感舒适、可清洁的面层，常用的有乳胶漆、墙纸、壁布、木墙板等。墙面装饰宜简洁、整体、统一，不宜变化过多，尤其不能为追求新奇的装饰效果而造成使用空间的浪费。必要时可以将主座位区对面的墙面作重点装饰，通过墙面造型变化、材质与色彩变化、手绘图案、灯光及陈设装饰等使其成为主体墙面，以形成起居室的视觉中心(图 9-10)。也可以根据起居室风格与造型的需要，对局部墙面进行材料质感或色彩的变化处理，如局部采用大理石、文化石、玻璃等，以营造独特的环境氛围。

图 9-10　电视背景墙

由于住宅建筑层高普遍较低，起居室顶棚一般应采用原顶刷乳胶漆、贴墙布(纸)等，可在顶面与墙面的交接处做顶角线或设简洁的顶棚线脚，不易做复杂的造型装饰；层高较高、面积宽敞的起居室可局部做吊顶，吊顶造型应可结合空间布局和灯具布置，但不宜繁杂、琐碎。

4. 家具与陈设

起居室的家具主要以会客区的坐卧类家具为主，其中沙发等家具在空间中占据主要位置，其风格、造型、材料质感对室内空间风格的形成和环境气氛的创造影响很大。因此，在选择和布置起居室家具时，首先要求家具尺度应符合人体工程学要求(图 9-11)；同时考虑空间尺度大小、空间整体风格和环境氛围。如图 9-12 所示，中国传统家具——圈椅为客厅空间增添了中国传统文化意蕴。

起居室的陈设品分为实用性陈设品和装饰性陈设品。实用性陈设品有灯具、音响设备、家用电器、茶具、酒具等；装饰性陈设品有书画作品、摄影作品、雕刻作品、古玩等各类艺术品、工艺品、收藏品。陈设品的选配应体现主人的兴趣爱好，并有助于加强室内装饰风格、烘托室内环境气氛(图 9-13)。同时，可适当配置盆栽、插花等绿色植物或鱼缸等，以增加生机和活力。

5. 色彩与照明设计

起居室是居住者日常生活的中心场所，活动内容比较丰富。起居室的色彩一般宜选用中基调色，不宜采用纯度高的刺激性的色彩，否则，易引起疲劳、烦躁、忧郁等不良情绪。当空间较小时，宜采用偏冷的色调；采光不好的起居室不宜使用沉闷的色调。

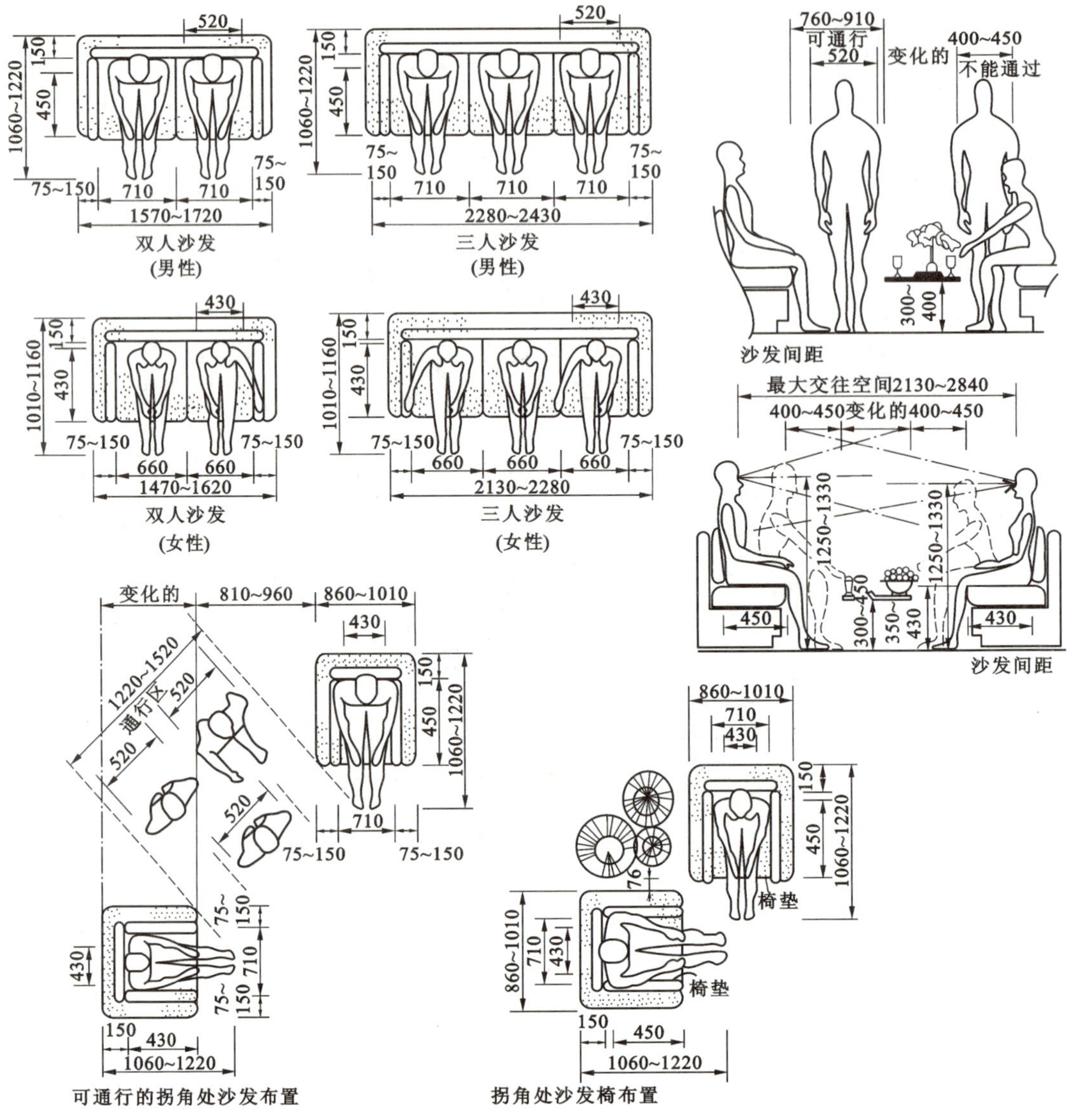

图 9-11　沙发的尺寸及空间尺度

图 9-12　中式家具强化空间风格

图 9-13　墙面陈列的鸟类图片表现出业主的爱好

起居室应直接采光。人工光源可根据不同区域的要求灵活设置，照度与光源色温应有助于创建一个宽松、舒畅的氛围。可直接光源（大型吊灯）与间接光源（暗槽灯）结合布置，固定光源与可动光源（落地灯、台灯）结合布置。在会客时，可采用一般照明；看电视时，可只开落地灯或台灯，采用局部照明；听音乐时，可采用低照度的间接光等。起居室的灯具可选择装饰性较强、坚固耐用的式样，其造型应与室内整体装饰效果相协调。

9.3.2　卧室设计要点

1. 功能分析

卧室是居室中最具私密性的房间，卧室的基本功能是睡眠，同时兼具休息、梳妆、储藏、更衣、阅读、学习、游戏等功能。根据使用对象不同，卧室分为主卧室和次卧室。主卧室是主夫妇共同使用的私人空间，具有比较强的私密性、领域性和安全性。次卧室则根据使用对象的不同进行设置，以满足老人、子女等的居住需求。由于卧室空间在使用性质上较为内向，所以设计时必须从使用者的个人爱好出发，充分考虑使用者的意愿和要求。

2. 主卧室设计要点

主卧室的主要功能是睡眠，主卧室的布局应以睡眠区为核心（图 9-14）。同时视房间面积和业主需求，可设置休息区，满足主人视听、阅读、谈话等活动的需要。在没有专门衣帽间的中小户型住宅中，应设置衣柜、储物柜等满足更衣及储藏需要；条件允许时，最好设置相对独立的更衣区（图 9-15）。也可以设置梳妆台及座椅，满足主人梳妆打扮等要求。没有独立书房时，还可将学习区设在主卧室中（图 9-16）。

图 9-14　以床为核心的卧室布局

卧室是私密性较强的空间区域，要求具有一定的封闭性。因此，卧室界面应选用防火、耐久、无毒、易清洁并具有一定隔声性能的材料。卧室的地面应给人以柔软、温暖和舒适的感觉，如选用木地面、地毯等装饰材料。墙面设计以简洁为宜，也可以结合床靠做造型设计以形成视觉中心（图 9-17）；墙面材料可选择有温暖感和高贵感的面层材料，如壁纸墙布、乳胶漆、局部木饰面、皮革或织物软包、艺术壁毯等；卧室的顶棚一般采用乳胶漆或壁纸面层的直接顶棚，在高度允许的情况下，也可做简洁的吊顶造型。

图 9-15　卧室内的衣帽间

图 9-16　卧室内的工作区

图 9-17　卧室墙面装饰

卧室空间适合采用柔和、安静、典雅、中明基调的色彩作为主色调，如柔和、浪漫的粉红色，温和、清雅的朱黄色、黄绿色，温馨、温雅的茶色等。不宜大面积使用过于刺激的色彩，以免影响睡眠质量。局部可适当利用色彩艳丽的陈设品进行色彩对比与变化，以丰富视觉效果。

卧室主要以睡眠休息功能为主，通常采用局部照明。兼有其他功能时，也可采用整体与局部相结合的照明方式。睡眠时，室内光线应柔和，选用台灯或床头壁灯；穿衣时，光线应均匀，由上向下照射，可选用投光灯；梳妆时，选用梳妆台灯；看书学习时，选用书桌台灯或落地灯等。卧室灯具的选择以简洁、柔和型为主，如半透明灯具等。灯具的样式应与室内整体设计风格相协调。

卧室的家具通常有床、床头柜、休闲沙发、衣柜以及梳妆台、书桌、书柜、电视柜等。卧室家具不宜太多。根据功能要求，可将家具分区布置，如由床和床头柜组成睡眠区；梳妆台、梳妆镜、座椅组成梳妆区等。床是卧室中最重要的家具之一，理想的床应该尺度适宜，软硬适度。常见双人床宽度有 1500mm、1800mm、2000mm，还有圆形的床。床的布置一般采用一端靠墙，三面临空的形式，不仅使用方便，也容易取得心理上的平衡感。床单、床罩等床上织物用品在室内空间中占据较大面积，其图案、色彩、质地等对柔化空间、调节室内气氛和人的情绪起到重要作用。

3. 儿童卧室设计要点

儿童卧室是孩子的私密空间，以满足孩子的睡觉、学习、游戏等活动要求。不同性别的孩子在生理与心理方面有着不同的特点，对环境的需求也不同；而且在孩子的成长过程中，不同年龄阶段也会产生不同的生理和心理变化，这些变化又会直接导致孩子在兴趣、爱好和需求上的变化。因此，在进行儿童卧室装饰设计时，应综合考虑不同性别、年龄的孩子的实际生理与心理特点和具体需求。

儿童卧室的功能布局应遵循其生活及活动规律。儿童卧室的基本功能是睡眠，兼有休息、储物、游戏、学习等功能，各功能区应结合儿童的实际生活需求灵活布置，如幼儿阶段的儿童以玩为主，需要较大的游戏空间；而小学生的学习要求逐渐提高，则需要一个安静的学习区。

儿童卧室的家具及陈设配置应符合儿童的生理与心理特点，体现童心童趣（图 9-18）。家具要使用安全、造型新颖别致。家具尺度要符合儿童的人体尺度，考虑儿童成长过程中的人体尺度变化。要满足儿童当前及以后一定时期内的使用要求，最好选择一些可以调节或灵活拼装的家具。家具的布置应为后期的更换或添置留有余地。我国第一部儿童家具国家强制性标准《儿童家具通用技术条件》于 2012 年 8 月 1 日起实施，其中，有尖角、不透气、甲醛超标、重金属超标等问题的产品都将被淘汰。陈设品的选择应体现儿童的兴趣、爱好，如女孩多喜欢洋娃娃、布艺玩具等，男孩多对飞机、汽车等机械类玩具感兴趣，多姿多彩的灯具也是不错的实用性陈设。

图 9-18 儿童房的家具与陈设

儿童卧室要选择无毒无害、质感柔软温暖的装饰材料，不宜使用粗糙的材料。地面最好选用软质或中性材料，如地毯、木地板、塑料地板等，便于儿童在上面坐爬玩耍。墙面造型宜简洁，装饰材料可选择色彩丰富的乳胶漆、图案活泼的壁纸等，如卡通明星和动植物图案的壁纸。用孩子自己的绘画装饰墙面或在墙面上专门做一个涂鸦区以满足孩子的表现需求也是不错的选择。顶棚以简洁为主，可视具体情况结合灯具布置做吊顶棚。

儿童卧室的色彩设计要符合儿童的心理，色彩要明快、活泼，如鹅黄、嫩绿、天蓝等，但也不宜太繁杂或对比太强，易造成视觉疲劳，不利于儿童的健康成长。人工照明要柔和，可采用整体照明与局部照明相结合的方法。灯具可选择儿童喜爱的造型图案。

另外，在细节设计上要注意消除一切不安全因素，如墙面、家具、器物的边缘凸角应做成圆弧形；电器插座、暖气片要尽量设在低龄儿童不宜触摸到的地方；电器插座要采用安全保护插座；不要摆放仙人掌等带刺的植物等。

4. 老人卧室设计要点

老人卧室的设计要符合老年人生理、心理与健康的需要。老人卧室宜选择通风良好、阳光充足的房间，不仅有助于老年人的身体健康，而且可以避免在阴暗的房间中待久了产生寂寞感。

老年人对睡眠质量尤为重视，老人卧室更需要安静的睡眠环境。因此，老人卧室的界面可选择隔声好的装饰材料，如地毯、软包、壁布、具有隔音效果的窗帘等；宜采用稳重、宁静、素雅、祥和的色彩，使老人心情平静、愉快，如以纯度和明度较低的中低基调为主色调，但也应避免大面积的深色而产生沉闷感。

老人卧室的家具以简洁实用为主，布置应不影响通行。床要宽敞且软硬适中，使睡眠舒适；储藏空间设计应考虑老人日常存取的便利；并可设置休息沙发、安乐椅、藤椅等方便老人阅读或休憩。陈设品布置应体现老人的个人情趣与爱好，如赏心悦目的书画作品、生机勃勃的风景摄影作品、别有情趣的民间艺术品等有助于创造优雅的生活氛围，绿色盆栽、插花等可以平添生机与自然气息。

9.3.3　餐室设计要点

1. 功能分析与空间布局

餐厅是居室空间中主要用餐场所，也是联络家庭成员感情、招待客人的空间。一般餐厅的位置应紧临厨房，并与起居室联系便捷，可以缩短供应膳食和进餐时入座的交通路线。餐厅的布局应根据房间情况、家庭人口、来客情况而定，可以设置独立的封闭式的餐厅空间；也可以在开敞式起居室一隅形成相对独立的用餐区域；或与开敞式厨房连接构成餐饮区（图 9-19）。

(a)　　(b)　　(c)

图 9-19　餐厅的布局

(a)独立式餐厅；(b)开敞式起居室一隅的用餐区；(c)与开敞式厨房连接的餐饮区

2. 界面设计

餐厅的地面易落油腻食品等污物，应尽量选择易清洁、不易污染的面层材料，如地砖、天然石材（大理石、花岗石）、人造石材、塑料地板等。餐厅墙面以整洁、耐久、易清洁为好，常见做法有乳胶漆、木饰面、壁纸墙布、艺术墙砖、石材等，面积小的房间也可以适当使用镜面来扩大视觉空间。顶棚宜选用耐久、易清洁的装饰材料，如乳胶漆、壁纸墙布、玻璃等。根据餐厅空间的高度，可以结合空间限定的需要或餐桌的布置进行简洁的吊顶造型。

3. 家具与陈设

餐厅家具主要有进餐用的餐桌和座椅，也可根据具体情况设置酒柜。根据房间的形状、大小和就餐人数来确定餐桌椅的形状、大小与数量，一般有正方形、长方形、圆形等，有 4 人桌、6 人桌，较大的餐厅甚至选用 8 人桌或 10 人桌等。圆形餐桌能够在最小的面积内容纳最多的人；方形或长方形餐桌较容易与空间结合；折叠式餐桌能够适应多种需要。

餐厅的实用性陈设有餐具、酒具、茶具等，装饰性陈设可选用促进食欲的装饰品、鲜花、植物、水果及风景照片等。

4. 色彩与照明设计

餐厅空间一般应采用暖色调，尤其是橙色等配色会使餐桌上的食品增添几分鲜美之感，更能诱发人们的食欲。当餐厅与起居室开敞连接，应服从起居室的总体色调，但可在局部进行色彩变化，以刻画出其空间的特性，创造出颇具特色的用餐小环境。

餐厅可选择一般照明或局部照明，以餐桌上方投下的局部照明为主，辅以一些背景照明，使整个就餐环境亲切宜人。但应注意光色对食物颜色的影响。灯具应根据空间的高低选用，升降式餐桌吊灯易形成“聚”的感觉，有助于加强就餐时亲切温馨的气氛(图 9-20)。投射式筒灯的效果也不错。灯具的造型风格及材质等应与餐厅总体风格相协调。

图 9-20 餐厅的照明

9.3.4 书房设计要点

1. 功能分析

书房是用于阅读、书写、工作的空间，兼有休息、密谈的功能，是一个私密性较强的空间。书房一般宜设在较为隐蔽、安静的位置，以便创造宁静、沉稳的工作环境。

2. 设计要点

书房是业主工作学习、修身养性、陶冶情操之所，书房的设计要体现“静”、“雅”的特点，以营造安静而又富有文化气息的室内氛围。

书房在布局上，应规整有序不凌乱，给人安稳的感觉。可根据具体情况划分出相对独立的工作区、收藏区和休息区，同时兼顾各部分之间的相互联系，尤其是藏书区与工作区应联系便捷。收藏区要有较大的展示面，以便查阅和欣赏(图 9-21)。在界面材料的选择上，可选用能够吸声降噪的材料，如地面可铺设地毯。

书房的色彩以白色、淡黄色、淡绿、浅棕、米白等柔和色调较为适宜，一般不宜过于耀目，也不宜过于昏暗沉闷。个别情况下也可使用鲜艳的色彩以激发创作灵感。

书房对自然采光和照明的要求较高，写字台最好放在阳光充足但不直射的窗边，工作疲倦时还可凭窗远眺以休息眼睛。书房内应设有台灯和书柜用射灯，便于主人阅读和查找书籍，但注意台灯光线要均匀地照射在读书写字的地方，不宜离人太近，以免强光刺眼。

图 9-21　书房的布置

书房的家具主要有书桌、书柜、休息椅或沙发等，其风格式样应与整体格调相一致。陈设及绿化的选择与布置应有利于学习、研究和创作，并把使用者的情趣充分融入书房的装饰设计中，如陈列个人收藏品、纪念品等；而绿色植物不仅能营造出雅致的读书环境，还可以净化空气，使人神清气爽。如图 9-22 所示，中式风格的家具与陈设进一步强化了书房的总体格调，烘托出雅致的空间氛围。

图 9-22　书房的家具与陈设

9.4　辅助功能空间设计要点

9.4.1　门厅设计要点

门厅也称玄关，是住宅空间的起始部分，是室内外空间的过渡与衔接，具有缓冲的作用，也是通向室内其他部分的交通空间，并兼有贮存等功能。

门厅的设计应综合考虑其使用要求和心理要求(图 9-23)。在使用方面,作为过渡空间,面积要适当,以满足缓冲和交通的需要。可以充分利用空间,采用比较简洁的形式设计一些存放外用衣、帽、鞋的橱柜、衣帽架、衣帽钩、鞋架以及伞架之类的设施,以解决储存需要。同时,在心理方面,门厅是家庭的门面,往往给客人留下第一印象,应注意视觉艺术效果;与起居室等空间之间最好有一定的分隔遮挡,避免陌生人对室内一览无余,以获得安定感。但也要注意门厅的采光和通风需要。

图 9-23 门厅设计

9.4.2 厨房设计要点

常言道:“开门七件事,柴米油盐酱醋茶。”这些都与厨房有着紧密的关系,由此表明厨房是住宅建筑的重要组成部分。厨房环境直接影响着人们的居家生活质量。随着人们饮食观念的变化和设备技术的提高,厨房正在进行着一场深刻的革命。

1. 厨房的发展趋势

(1)功能多样化

厨房已不仅仅是单纯的烹调食品的场所,逐渐成为融就餐、烹饪、休闲于一体的家居生活场所。因此,人们对厨房的需求不再仅仅局限于实用、清洁,而且要求舒适、美观、品质、绿色等。

(2)厨房设备现代化、集成化

随着厨房设备工业技术的发展,厨房设施不断增加,有电冰箱、电饭煲、电磁炉、微波炉、消毒柜、洗碗机、排油烟机及给排水设施等,这些现代化设备使厨房工作变得简便、轻松,并通过厨电一体化的整体厨房设计,使厨房环境更为整洁、优美。

(3)开敞式厨房成为趋势

长期以来,我国的烹饪方式、用餐习惯以及设备条件等使厨房较适宜封闭式,而现有设备条件(多功能的灶具、高质量的排油烟机、良好的给排水设备和各种洗涤器具)和饮食观念的变化,使与餐饮或起居空间有机结合的开放式厨房成为可能。开放式厨房利于家人一起参与厨房劳作，消除了个人单独备餐的孤独感和疲惫感，能够更好地营造温馨的居家氛围，空间更显宽敞，更具现代时尚，从而受到越来越多家庭的青睐。

2. 厨房设计原则

(1)功能合理，使用方便

厨房工作是按照一定的工作流程进行的，厨房的功能布局及家具设备布置必须符合作业流程。一般可利用吊柜、台柜等将冰箱、洗涤池、炉灶、排油烟机等设备封闭组合成上下两组，整体排列成统一高度的工作台案，这样既操作方便、有助于提高工作效率，又整齐美观、易于清洁。

(2)舒适、美观，表现生活品位

舒适、美观的厨房环境可以使厨房工作变得轻松愉快，使烹饪美食成为享受生活的一部分。通过厨房空间形式、色彩、灯光、家具、陈设及绿化的设计，可以使厨房成为其生活品位的表现，让生活节奏快、工作压力大的现代人在家中得到最大限度的舒缓、放松和享受。

(3)注意与水、电的技术协调

随着厨房设备的现代化，各种电器越来越多，与供水、排水的关系也更密切，因此，在设计时应注意与给排水、电气等专业的技术协调。

3. 功能分析与布局

厨房具有贮藏、清洗、调配、烹饪、备餐以及用餐、休闲等诸多功能，各个功能区由相关的设施设备和家具组合而成，主要的功能区有操作台和冰箱形成的贮藏调配区、以洗涤池为中心的清洗准备区、由炉灶组成的烹调区。各功能区之间存在密切的工作关系，尤其是三个主要功能区形成的工作三角形(图 9-24)。合理安排各功能区及相应设备的位置，使其满足最佳的工作流程，可以提高功效，减轻劳动强度，是厨房布局的关键。一般工作三角形周长应控制在3.5～6m之间为宜。三角形周长越长，人在厨房工作耗用的时间就越长，劳动强度也就越大。

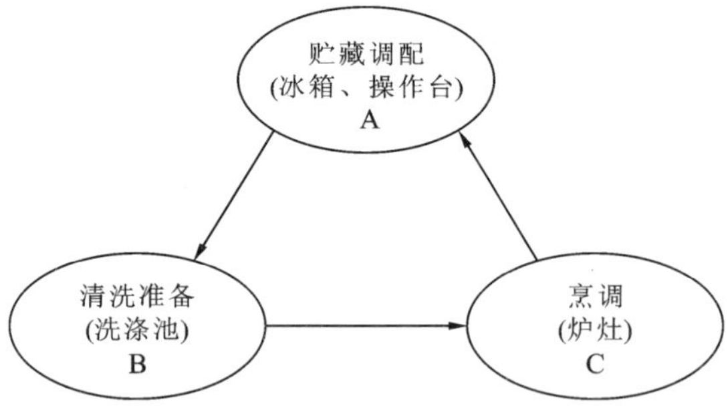

图 9-24 厨房工作三角形

厨房的平面布局形式有一字形、L 形、双排形、U 形、岛式等几种，设计者可根据厨房的大小和平面形状选择布置(图 9-25)。

(1)一字形布局。将贮藏、清洗和烹调等功能区沿墙一字排开，最为常见和实用，但太长时反而影响工作效率，必要时一些设备可选用可移动的手提式或小推车式。这种布局适用于较狭长的矩形空间。

(2)L 形布局。将贮藏、清洗和烹调等功能区沿相邻的两面墙连续布置，但 L 形的一条边不宜过长。这种布局适用于矩形空间。

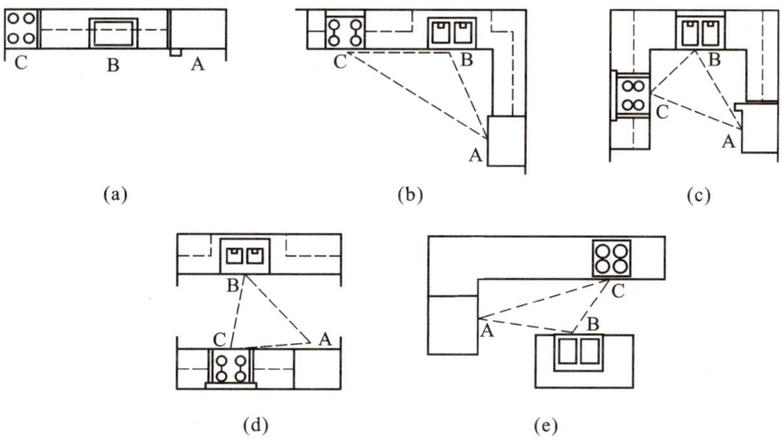

图 9-25　厨房的平面布局形式

(a)一字形;(b)L 形;(c)U 形;(d)双排形;(e)岛式装置

(3)U 形布局。沿相邻的三面墙连续布置,三个主要功能区各占一面墙,是一种操作方便、流畅、有效的形式。这种布局适用于方形房间,开间较大时还可增设一组岛式台柜,或一面敞开形成半岛式布局的开敞式厨房。

(4)双排形布局。沿相对的两面墙布置设备,形成走廊式平面。这种布局适用于较窄的矩形空间,但若经常有人穿行会给操作带来不便。

(5)岛式布局。将烹调中心或清洗备餐中心布置在厨房平面的中央,形成点式布局。适用于面积较大的厨房,利于多人共同参与厨房工作(图 9-26)。

图 9-26　岛式布置

4. 设计要点

(1)厨房家具设备及其布置应符合人体工程学要求,家具材质应利于清洁、防潮、防火(表 9-1)。

表 9-1　常用厨房家具设备的尺寸和材质

名　　称	尺寸(长×宽×高,mm)	材　　质
洗涤池	(510～610)×(310～460)×200 (310～430)×(320～350)×200 (850～1050)×(450～510)×200	不锈钢
煤气灶	700×380×120	搪瓷、不锈钢
排油烟机	750×560×70	铝合金、不锈钢
电冰箱	(550～750)×(500～600)×(1100～1600)	定型产品
台柜	长度×(500～600)×(800～850) (长度按实测长度)	防火板面、不锈钢面、人造石材台面
吊柜	长度×(300～350)×(500～800) (长度按实测长度)	防火板、装饰板、玻璃
微波炉	(550～600)×(400～500)×(300～400)	定型产品
燃气热水器	(320～360)×180×630	定型产品

(2)厨房烹饪时会产生大量的蒸汽与油烟,加工、洗涤容易在操作面上沾染污渍。因此,厨房的地面、墙面、灶台及台面应采用不易污染且便于清洁的装饰材料,如墙面采用陶瓷面砖、石材,地面采用陶瓷地砖、陶瓷锦砖等,顶棚采用塑料扣板、金属装饰板或石膏板吊顶处理,台面采用大理石、防火板或不锈钢板等,既美观又能起到防火的作用。

(3)厨房的窗户应直接对外开启,既可直接采光,又能自然通风。《住宅设计规范》(GB50096)规定:厨房的采光系数最低值为1%,窗地比≥1∶7。厨房照明一般采用整体照明和工作台面的局部照明相结合的方式,整体照明多采用布置在顶棚中央的吸顶灯,工作台面的局部照明可采用高低可调的吊灯、安装于吊柜下方的槽灯、灶台上部与抽油烟机合装的工作灯等。灯具宜采用密封、防潮、防锈并易于拆换、维修的灯具。

(4)厨房的通风除自然通风外,应在灶具上方安装排油烟机及加装排风扇,以确保良好的通风效果,避免油烟污染。

9.4.3　卫生间设计要点

卫生间是居室中重要的组成部分。随着居住条件的改善和生活水平的提高,卫生间的概念随着人们居家生活理念的深刻变化也已发生很大变化,成为集如厕、盥洗、梳妆、沐浴、洗涤、健身娱乐等多项功能的使用空间。

卫生间的形式主要有两种,一是一体式卫生间;二是干湿分离式,即洗面设备与便器分开设置,独立成间。双卫生间的住宅又分为两种类型,一是两个独立卫生间型,即主卧室带自用卫生间;另一种是两个功能侧重不同的卫生间,即厕卫与洗浴分别设置。

卫生间还有明暗之分,明卫生间即带有窗户,可自然通风和采光的卫生间,从舒适健康的角度而言,是最理想的。暗卫生间较适合北方气候较干燥的地区。

1. 设计原则

(1)方便使用、清洁的原则

卫生间设计应以实用为主。要根据使用者的使用要求,综合考虑如厕、盥洗、洗浴等功能的协调，尽可能避免相互干扰，且有一定的储藏空间，确保使用方便。室内要能够通风换气、去湿排臭，卫生洁具、界面材料等易于清洁，以保障室内卫生条件。

(2)安全性原则

卫生间设计应充分考虑安全问题。如地面、浴盆的防滑措施，老人和儿童使用的浴室要设置抓扶设施，避免尖利棱角造成磕碰，必要时设更衣座椅。电线和电气设备的选用和设置应符合电气安全规程的规定。

(3)舒适性原则

居家生活理念的变化赋予了卫生间更多的内涵，人们在解决个人卫生的同时，渴望通过美容、健身、按摩、听音乐、看电视等方式放松身心、愉悦心情，甚至与自然接近。合理利用视听设备、绿化、家具与陈设等，可以创造出舒适、温馨、浪漫、富有文化内涵和个人情调的空间氛围(图 9-27)。

2. 卫生间设计要点

卫生间的基本设备有洗手盆、便器和浴盆。卫生间的平面布局主要取决于卫生设备的布置，具体应根据卫生间面积和业主要求合理布局。当面积较小时，布局应尽量紧凑，但功能区域要有明显的划分，尽可能利用矮柜、玻璃隔断、隔帘等分隔，以避免相互干扰(图 9-28)。

图 9-27　温馨舒适的卫生间

图 9-28　卫生间的空间分隔

卫生间界面设计应考虑防潮、防水、易清洁等功能要求，同时，也应考虑不同材质给人的心理感受，要清爽、洁净、舒适。地面面层采用防水、防滑、易清洁的材料，常用的有地砖、陶瓷锦砖、天然石材(大理石、花岗岩)、塑料地毡等；地坪应向排水口倾斜。墙面面层采用防水、防雾、易清洁的材料，常见的做法有艺术墙砖、天然石材、人造石材、陶瓷锦砖等。顶棚宜采用防潮、防水、防霉、易清洁的材料。有条件的可做防水型吊顶，以便遮挡上一层住户卫生间的设备(便器或地漏的存水弯头等)，常见的有 PVC 板、金属板等。

卫生间最好是能直接自然采光和通风的明卫生间，一般为北向侧窗采光。暗卫生间必须设置通风竖井，并安装排气扇排气；卫生间门下部设固定百叶或门距地面留缝隙(一般不小于 30mm)进风。

卫生间照明可采用整体照明和局部照明结合的方式，灯具应选用密封性能好，具有防潮、防锈功能的灯具，一般有吸顶灯、发光天棚、镜前灯、射灯等；当照明与采暖结合时，可选用组合式浴霸。

卫生间的色彩设计应综合考虑卫生间面积大小、室内采光条件、业主喜好等因素。一般来说,冷色调如蓝色、绿色等,表现出清爽、平静感,在视觉上易产生扩张感,对于面积较小的卫生间尤为适宜。暖色调如玫瑰红、橙色等,给人以活泼、明快、温馨之感,在视觉上会产生收缩感,一般适宜面积相对较大的卫生间。同时,以白色为主的浅色调的卫生间,使人感觉干净、明亮,使用较为普遍;以黑色为主的深色调则给人庄重、华贵之感,但采光条件不好的卫生间不宜使用。

9.4.4　储藏间设计要点

居家生活少不了有很多物品需要收藏,如四季衣物、床上用品、书籍、食品以及杂物等,在别墅和多室户等面积宽裕的住宅中,可以设专门的储藏室、衣帽间(图 9-29)。一般住宅中,不必设专门的储藏室,可充分利用房间的上部空间、边角区域做吊柜、壁柜等用于储藏,也可以利用家具设计做好储藏和收纳,如床的下部空间、沙发等(图 9-30)。

图 9-29　专用储藏间

(a)衣帽间;(b)储藏室

图 9-30　灵活运用小空间解决储藏问题

9.4.5　阳台设计要点

阳台是室内与室外之间的一个过渡空间，是居住在楼房的人们接触自然的一个平台，人们可以在阳台上凭栏远眺、沐浴阳光、晒晾衣物、养花种草等。在阳台设计时，要注意下列问题：

(1)重视安全性 。设计时要充分了解阳台的结构，不要在阳台上任意增加荷载，也不能产生较大震动，防止阳台(主要是凸阳台)倾覆。

(2)根据业主的居住条件和性格爱好，封闭式阳台通常会作为居室空间的延伸或设计成书房、餐厅、健身房、休闲区、储藏室等，要根据不同功能区的需要进行设计。如图 9-31 所示，封闭式阳台成为卧室空间的延伸，并构成一个相对独立的梳妆区。图 9-32 所示为封闭阳台设计成一个休闲区。

图 9-31　封闭阳台成为客厅的延伸

图 9-32　利用封闭阳台形成休闲区

学习情境 3　居住空间装饰设计技能训练

<table>
<tr><td>工作任务描述</td><td colspan="3">按本单元项目任务要求，进行小户型家装设计，完成设计方案图和装饰施工图</td></tr>
<tr><td rowspan="5">工作过程建议</td><td colspan="2">学生工作</td><td>老师工作</td></tr>
<tr><td colspan="2">步骤 1：分析项目任务，分析设计条件和业主要求，分析小户型家装优秀案例、相关设计规范等</td><td>指导</td></tr>
<tr><td colspan="2">步骤 2：初步构思，绘制一草方案；通过多方案比较和调整，确定二草方案，并进行方案深化</td><td>指导</td></tr>
<tr><td colspan="2">步骤 3：绘制方案图，方案讲评</td><td>指导、总结</td></tr>
<tr><td colspan="2">步骤 4：设计并绘制施工图，讲评</td><td>指导、总结</td></tr>
<tr><td colspan="2">工作环境</td><td colspan="2">学生知识与能力准备</td></tr>
<tr><td colspan="2">校外参观场所、教学做一体化教室(多媒体、网络、电脑)</td><td colspan="2">具备居住空间装饰设计的基本知识，具备装饰方案图(含效果图)设计与表达、装饰施工图设计与绘制及计算机辅助设计的基本能力</td></tr>
<tr><td>预期目标</td><td colspan="3">能够构思设计小户型居住空间装饰，能够灵活运用设计要素和各功能空间设计要点，方案构思新颖，设计合理，方案图表达准确美观，施工图设计深入规范，材料构造运用合理，计算机辅助设计能力进一步提高</td></tr>
</table>

知识要点

9.5 小户型居住空间装饰设计要点

小户型住宅并没有明确的规定，一般认为是指建筑面积在 $90m^2$ 以下的住宅建筑。小户型家居面积虽小，但并不意味着可以降低对生活舒适度的要求，设计仍然要求“麻雀虽小，五脏俱全”。因此，必须采取恰当的设计技巧和措施，以创造精致舒适的小空间家居生活。

9.5.1 设计要素的运用

1. 空间组织

小户型的空间区域划分原则上仍然遵循动静分离、内外（公私）分离，但性质相同的功能区要“合”起来，如会客区和用餐区可以合为一个动的区域，学习和休息区域可以合为一个静的区域，餐桌可以兼作学习工作的地方。

空间分隔要尽量采用通透或半通透的象征性分隔方法划分空间，获得隔而不断的空间效果，如小巧的家具围合、悬垂的珠帘、空透的格架等，而不应采用明显的实体划分。

加强空间利用，尤其是向上向下拓展有限空间、死角活用、弹性运用空间。如在局部空间的上方做吊柜；桌子、床底、沙发或地台下方空间可以放置收纳盒；墙面搁板也具有很好的装饰和收纳功效。一些不规则的边角地带也是拓展空间不容忽视的地方，可以采用合适的格架，也可以在墙上钉上挂钩吊挂东西。

2. 界面设计

小户型界面设计以造型简洁为宜。最好不做吊顶，必需时可小面积做局部吊顶，但要造型简单，地面不宜有过多的材质变化或高差变化。电视背景墙造型不宜过大或太突出，以体量小巧为宜，也可以不设背景墙，或结合家具布置。整个空间要保证视觉的流畅性和延伸性（图 9-33）。

图 9-33 小户型界面设计

界面材质不宜太多，以避免杂乱无章之感。材料规格不能盲目求大，应以空间尺度协调为宜。镜子有扩大空间、增加深度的视觉效果，但也要注意应用部位要恰当。

3. 色彩设计

小户型家居的色彩种类不宜太多，不能有太大的跳跃性。面积大的部分如地面、墙壁和家具的用色应协调统一，不宜选择太大或太突出的图案。通常采用明度高、纯度低的浅色调或冷色调为主色调，以获得宽敞明亮的效果。局部可以利用陈设、绿化等小面积的对比色点缀房间。

4. 光环境设计

良好的自然采光可扩大视野，大落地窗或凸窗是最佳选择。室内照明方面，除整体照明外，要做好局部照明设计，巧妙地利用光影变化来丰富空间层次，扩大空间感。灯具应以造型简洁小巧的吸顶灯为主，忌样式烦琐华丽的吊灯。

5. 家具与陈设

小户型居室的家具应选择尺度小巧、造型简单、色彩淡雅、质感轻盈的家具。尽量选择可以折叠、拆装、组合、能移动、收纳强的家具，如沙发床、折叠椅、旋转衣柜等，既可满足使用需要，又能高效利用空间（图 9-34）。墙面搁板、搁架也是不错的选择。家具的风格色彩应协调一致，高的家具应靠墙摆放，低的家具可使空间显得开阔，有层次；茶几、餐桌可选用透明的玻璃面，具有通透性，可以减少笨重感。

图 9-34　小户型用收纳家具

小户型家居饰品要遵循“少而精”的原则。陈设品应以实用性陈设为主，桌面或墙面上的陈设品不宜太多，不宜选用粗大笨重的陈设。小盆栽植物和柔软的织物能很好地调节室内氛围，但织物的色彩和花纹不应太复杂。墙面上大幅的大景深风景画能起到拓展空间的作用。

9.5.2　各功能空间设计要点

1. 起居室设计要点

起居室设计应以方便实用、舒适美观为原则。各功能区之间要加强相互联系和兼用性，空间分隔以象征性分隔为主。沙发应小巧简洁。

2. 卧室设计要点

卧室的核心是床及衣柜，其他家具根据需要因地制宜地选择，要保证足够的活动空间。床的下方可兼作储藏空间。做储物地台，上面直接放床垫也是不错的选择。

3. 厨房设计要点

小户型的厨房最好采用开敞式或壁龛式，既充分利用了空间，又与餐厅联系方便。充分利用垂直空间来增加存储空间，吊柜是最好的选择。吊柜与台面之间的墙面也要充分利用，将勺铲等小物件都悬挂起来，以获得整齐的效果和宽敞的操作台面。厨房色彩应以单色调、浅色系为主。

4. 卫生间设计要点

小户型的卫生间最好不要使用浴缸，要利用好墙角、马桶上方、洗面池下方的空间，设置架子或隔板搭毛巾、放置洗涤用品等。

5. 阳台设计要点

阳台可以和卧室打通，增加使用面积和空间感。还可以在阳台上做壁柜收纳杂物、放洗衣机等。

学习情境 4　居住空间装饰设计拓展训练

<table>
<tr><td>工作任务描述</td><td colspan="3">1. 设计条件
三室两厅家装设计，原始平面见图 9-35，净高 2.9m，结构形式为框架剪力墙结构，其他条件按业主实际要求（真实工程）或由教师拟定（模拟工程）
2. 设计要求
(1)紧扣业主生活需要而设计，合理地进行室内空间组织和平面布局，恰当运用室内设计要素，精心营造一个风格突出、富有人文气息的、高雅舒适的室内环境
(2)设计符合业主的特点，能体现出一定的文化品质和精神内涵
(3)设计要体现时代感，要注意节能和防止污染
3. 成果要求
装饰设计方案图、装饰工程施工图，符合设计深度要求和制图规范要求</td></tr>
<tr><td rowspan="5">工作过程建议</td><td colspan="2">学生工作</td><td>老师工作</td></tr>
<tr><td colspan="2">步骤 1：分析项目任务，分析设计条件和业主要求，分析小户型家装优秀案例、相关设计规范等</td><td>指导</td></tr>
<tr><td colspan="2">步骤 2：初步构思，绘制一草方案；讨论修改，绘制二草方案；进一步讨论修改</td><td>指导</td></tr>
<tr><td colspan="2">步骤 3：绘制方案图，方案讲评</td><td>指导、总结</td></tr>
<tr><td colspan="2">步骤 4：设计并绘制施工图，讲评</td><td>指导、总结</td></tr>
<tr><td colspan="2">工作环境</td><td colspan="2">学生知识与能力准备</td></tr>
<tr><td colspan="2">校外参观场所、教学做一体化教室（多媒体、网络、电脑）</td><td colspan="2">具备居住空间装饰设计的基本知识，具备装饰方案图（含效果图）设计与表达、装饰施工图设计与绘制及计算机辅助设计的基本能力</td></tr>
<tr><td>预期目标</td><td colspan="3">能够构思设计大户型居住空间装饰，能够灵活运用设计要素和各功能空间设计要点，方案构思新颖，设计合理，方案图表达准确美观，施工图设计深入规范，材料构造运用合理，计算机辅助设计能力进一步提高</td></tr>
</table>

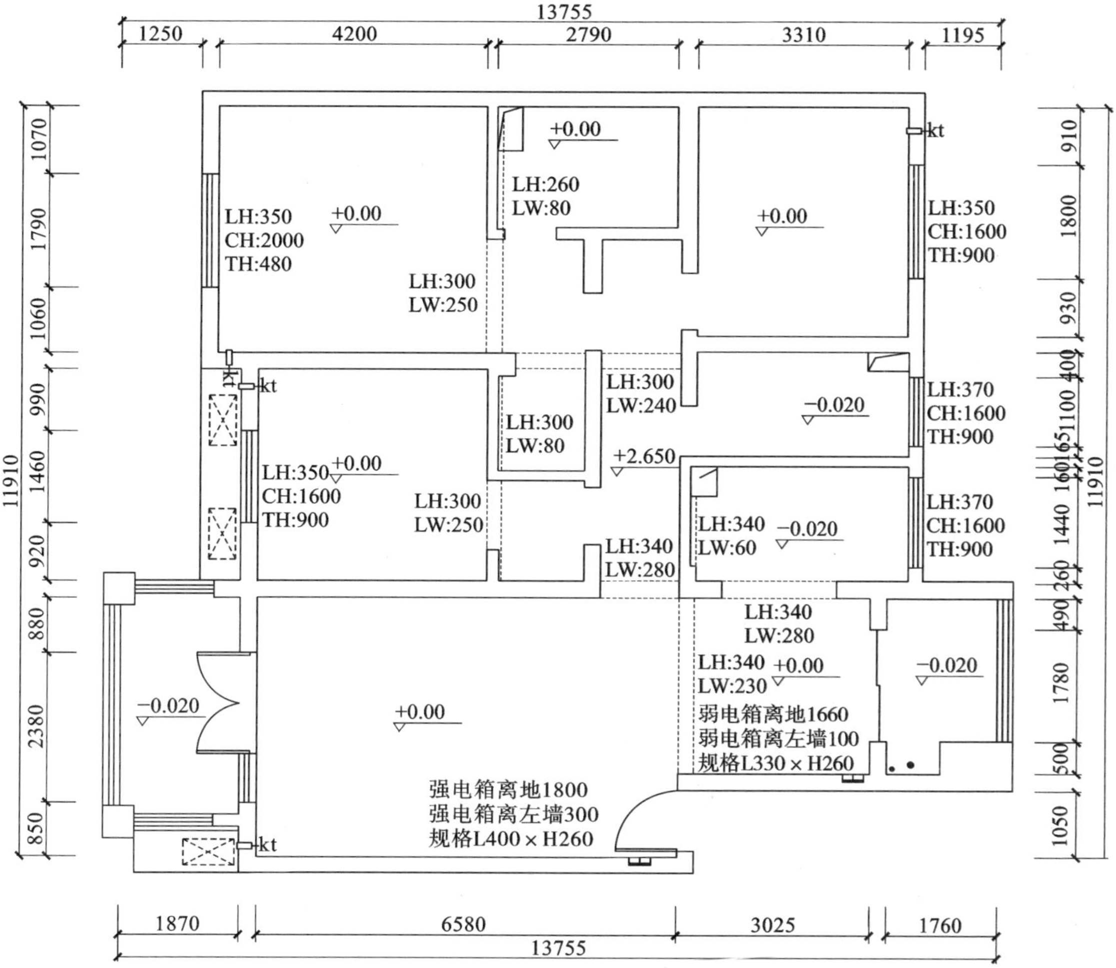

图 9-35　三室两厅原始平面图

知识要点

所谓大户型住宅是指建筑面积比较大的多居室的住宅，也包括小别墅等建筑面积大、容积率低的高档住宅。

大户型住宅的功能要求要充分尊重业主的需要。其室内空间宽敞，可保证各功能空间的独立性，可以综合运用结构梁柱、界面变化、隔墙隔断、盆栽植物等组织空间，要保证充足的活动空间以保证舒适性，而不是填满它。

在界面处理上，界面造型应与空间风格相协调。大空间可设计电视背景墙或主题墙，以形成视觉焦点；地面和顶棚应根据空间组织需要进行变化，玄关、起居室及餐厅可以利用地面拼花或装饰线条加强装饰和空间限定，主要空间可利用吊顶变化增加空间层次；可适当进行材料质感和纹理的表现，以充分展现材料的内在美和艺术品位。

色彩与照明方面，由于大户型一般都采光良好，所以色彩上可以选择中明度低纯度的主色调，形成柔和、稳重、高贵的空间感。应充分利用色彩的对比来丰富空间视觉效果，但也要注意构图的均衡，避免杂乱无章。一般不宜采用同类色色调，以避免单调、空洞之感。照明应重视局部照明及装饰照明，利用光影变化丰富充实空间。

软装饰设计是提高空间舒适度和艺术品位的关键。可尽量用适度得体的大结构家具，使空间显得饱满而开阔，避免琐碎、空旷；同时，一些装饰品如书画、雕塑、古瓷、盆景等的点缀，既弥补室内的单调又为空间增添了生气和文化内涵。反应业主兴趣爱好的收藏品、艺术品应作为首选。

大户型应有独立的玄关空间，增加空间秩序感和缓冲作用，玄关要有足够的存储空间。起居室多为开敞式的，可以与餐厅相连，增加通透宽敞之感。大落地窗或阳台可以将室外景观引入室内，餐厅宜采用独立式明餐厅设计，主卧房内应设计衣帽间及明卫生间，可利用南向花园露台或景观飘窗形成休憩空间。卫生间一般有主次两卫，都要做到干湿分离，除了完备先进的卫生器具、设备外，可以通过绿色植物和窗帘等织物营造温馨柔和的气氛。尽量设计独立储藏间，阳台可以设置室内绿化景观，形成休闲观景区。

项目小结

<table>
<tr><td rowspan="5">项目考核</td><td>考核内容</td><td>成果考核标准</td><td>比例</td></tr>
<tr><td>家居空间认知</td><td>居住空间的功能要求和各功能空间的相互关系分析全面，功能分析图表达准确</td><td>10%</td></tr>
<tr><td>家居空间设计案例分析</td><td>居住空间装饰设计的原则和依据分析到位，各功能空间设计案例要点选择恰当，分析全面，PPT 制作认真</td><td>10%</td></tr>
<tr><td>居住空间装饰设计技能训练</td><td>立意准确，构思新颖，平面功能布局合理，空间组织设计方法运用恰当、其他各设计要素运用合理，风格突出，总体协调；效果图表现准确；施工图绘制符合制图规范和施工图深度要求</td><td>40%</td></tr>
<tr><td>居住空间装饰设计拓展训练</td><td>立意准确，构思巧妙，各设计要素运用灵活恰当，方案图表达准确美观，施工图构造设计正确，构造节点表达准确，CAD 运用熟练，施工图绘制符合制图规范和施工图深度要求</td><td>40%</td></tr>
<tr><td>项目总结</td><td colspan="3">师生共同回顾本单元项目教学过程，对各个学习情境的表现与成果进行综合评估，找出各自的得失及提出改进措施</td></tr>
</table>

单元十 办公空间装饰设计

<table>
<tr><td>项目名称</td><td colspan="4">某装饰设计公司办公空间设计</td></tr>
<tr><td>项目任务</td><td colspan="4">1. 设计内容
接待处、会客室、主管办公室、财务室、主任设计师办公室、工作区、会议室、图书资料区、档案室、内部休息用餐室、卫生间、优秀成果展示区等
2. 设计条件
柱网结构，层高 3.9m，原始平面见图 10-1，柱截面 300mm×300mm，梁高 400mm
3. 设计要求
设计反映公司形象和企业文化，突出公司的经营理念。功能分区合理，流线清晰，在满足功能的基础上，设计方案有创意，符合相关的规范要求
4. 成果要求
设计方案图、装饰施工图，符合相关制图规范要求和设计深度要求</td></tr>
<tr><td>活动策划</td><td colspan="2">工作任务</td><td colspan="2">相关知识点</td></tr>
<tr><td>学习情境 1</td><td colspan="2">办公空间认知</td><td colspan="2">10.1 办公建筑概述</td></tr>
<tr><td>学习情境 2</td><td colspan="2">办公空间装饰设计案例分析</td><td colspan="2">10.2 办公空间装饰设计基本原理
10.3 主要功能空间装饰设计要点</td></tr>
<tr><td>学习情境 3</td><td colspan="2">办公空间装饰设计技能训练</td><td colspan="2"></td></tr>
<tr><td>教学目标</td><td colspan="4">了解办公建筑装饰设计的要求和布置类型；掌握办公空间的设计要素；掌握典型办公空间的建筑装饰设计方法；能够正确分析并合理组织办公空间功能布局；能够熟练运用手绘、计算机软件绘图等多种方式进行方案的设计表现和施工图的设计与绘制。培养创新意识和工匠精神</td></tr>
<tr><td>教学重点与难点</td><td colspan="4">重点：办公建筑装饰设计要点、典型空间的装饰设计
难点：设计构思能力的培养、施工图设计</td></tr>
<tr><td>教学资源</td><td colspan="4">教案、多媒体课件、网络资源（专业设计网站等）、专业图书资料、设计案例资料、精品课等</td></tr>
<tr><td>教学方法建议</td><td colspan="4">项目教学法、案例分析法、考察调研、讨论法、角色扮演法等</td></tr>
<tr><td rowspan="3">思政元素</td><td>思政契合点
（案例或知识点）</td><td colspan="2">教学活动（思政内涵）</td><td>思政落脚点</td></tr>
<tr><td rowspan="2">办公空间的发展趋势</td><td colspan="2">在“双碳”背景下，如何体现办公空间的绿色生态化</td><td>绿色空间
低碳环保</td></tr>
<tr><td colspan="2">进入智能化时代，办公空间的智能化表现在哪些方面</td><td>科技创新
民族复兴
工匠精神</td></tr>
</table>

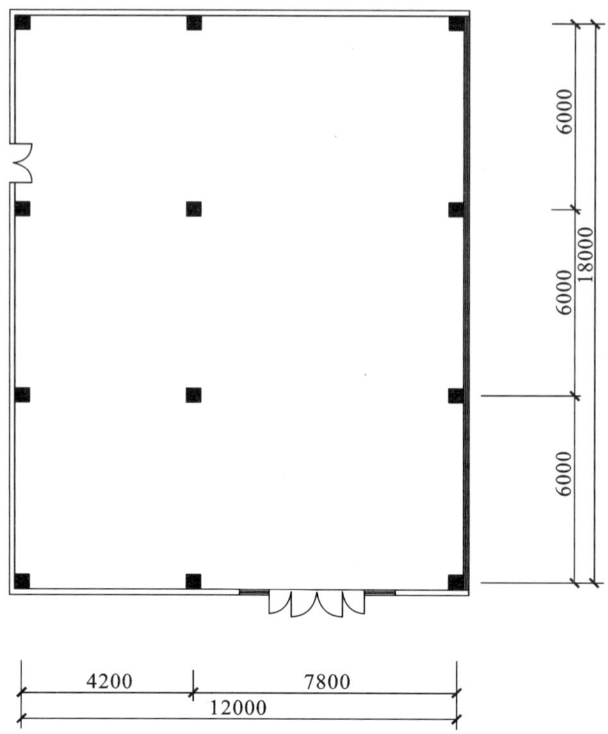

图 10-1 办公空间原始平面图

学习情境 1 办公空间认知

<table>
<tr><td>工作任务描述</td><td colspan="3">认识、感受不同类型的办公建筑及内部空间，讨论和分析办公空间的功能组成，办公空间的类型和办公空间的发展趋势，以展板形式总结</td></tr>
<tr><td rowspan="4">工作过程建议</td><td colspan="2">学生工作</td><td>老师工作</td></tr>
<tr><td colspan="2">步骤 1：参观或图片浏览等多种方式认识、感受不同类型的办公建筑及其内部空间，熟悉办公建筑设计规范</td><td>引导学生观察</td></tr>
<tr><td colspan="2">步骤 2：讨论和分析办公空间的功能组成、办公空间的类型和办公空间的发展趋势</td><td>指导</td></tr>
<tr><td colspan="2">步骤 3：整理资料制作展板，并讲评</td><td>指导、总结</td></tr>
<tr><td colspan="2">工作环境</td><td colspan="2">学生知识与能力准备</td></tr>
<tr><td colspan="2">校外参观场所、教学做一体化教室（多媒体、网络、电脑）</td><td colspan="2">资料搜集与分析能力，团队协作、表达能力</td></tr>
<tr><td>预期目标</td><td colspan="3">了解办公建筑的类型，能够正确分析和理解办公空间的功能组成、办公空间的类型和办公空间的发展趋势</td></tr>
</table>

知识要点

10.1　办公建筑概述

10.1.1　办公建筑的分类

随着城市经济的发展和科学技术的进步，办公建筑的数量迅速增长，因而人们对于办公环境的认识在观念上也在不断增添新的内容。不断推陈出新的科学技术改变着人们的办公方式，新的工作方式使传统的办公室形态发生翻天覆地的变化，办公建筑空间设计呈多元化发展，设计手法更加灵活，创意无限。

1. 根据使用性质分类

(1)行政办公建筑。各级机关、团体、事业单位、工矿企业的办公空间。

(2)专业办公建筑。为各专业单位所使用的办公空间，如设计机构、科研部门、商业、贸易、投资信托、保险等行业的办公楼，这类办公空间具有较强的专业性。

(3)综合办公建筑。含有公寓、商场、金融、餐饮娱乐设施等的办公空间。

2. 根据管理方式分类

(1)单位或机构专用办公空间。是供机关、企事业单位专用的办公空间，不同使用性质的企事业单位对办公空间的空间组织形式、室内布局划分及空间大小的要求也不尽相同。

(2)商业办公空间。商业办公空间以完善的设施、优质的服务吸引客户，商业办公楼可分层或分区出租给不同客户，设计时应尽可能为客户提供方便，为各自需要的自行分隔和装修创造条件。

10.1.2　办公建筑的功能组成与类型

1. 功能房间的组成

办公建筑各类房间按其功能性质，一般由以下四部分组成：

(1)办公用房。办公用房是办公建筑装饰设计的核心。办公建筑室内空间的类型可分为：单间办公室、大空间办公室、单元型办公室、公寓型办公室、景观办公室等，此外绘图室、主管室或经理室也可属于具有专业或专用性质的办公用房。

根据面积大小可将办公用房分为小型办公空间、中型办公空间和大型办公空间三种。小型办公空间私密性和独立性较好，一般面积在 $40m^2$ 以内，适应专业管理型的办公需求。中型办公空间内部联系紧密，一般面积在 $40\sim150m^2$，适应于组团型的办公方式。大型办公空间的内部空间既有一定的独立性又有较为密切的联系，各部分的分区较为灵活、自由，适应于各个组团共同作业的办公方式。

(2)公共用房。为办公空间提供人际交往或内部人员聚会、展示等用房，如：会客室、接待室、各类会议室、阅览室、展示厅以及多功能厅等。

(3)服务用房。为办公空间提供档案资料以及信息的收集、编制、交流、贮存等用房，如资料室、档案室、文印室、电脑室等。

(4)附属设施用房。为办公空间内工作人员提供生活及环境设施服务的用房，如开水间、卫生间、变配电间、空调机房以及员工餐厅等。

办公建筑用房组成见图 10-2、图 10-3，为办公空间中各不同使用功能用房在平面布局中的配置示例。

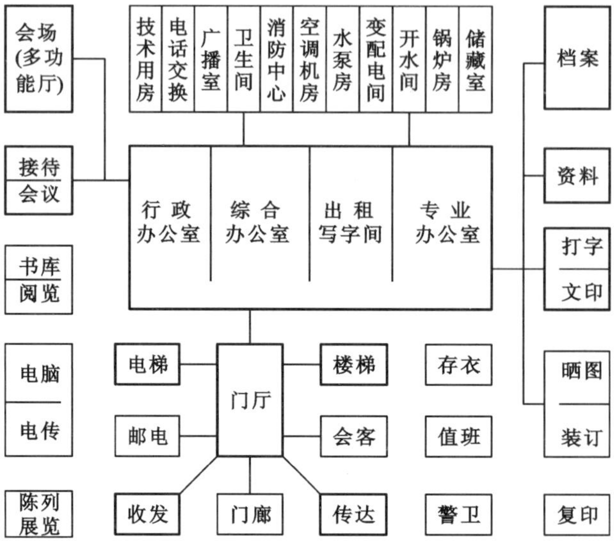

图 10-2　办公建筑可能的用房组成

图注：①办公楼房间的组成应根据任务、性质和规模大小来决定；②粗线内为基本组成

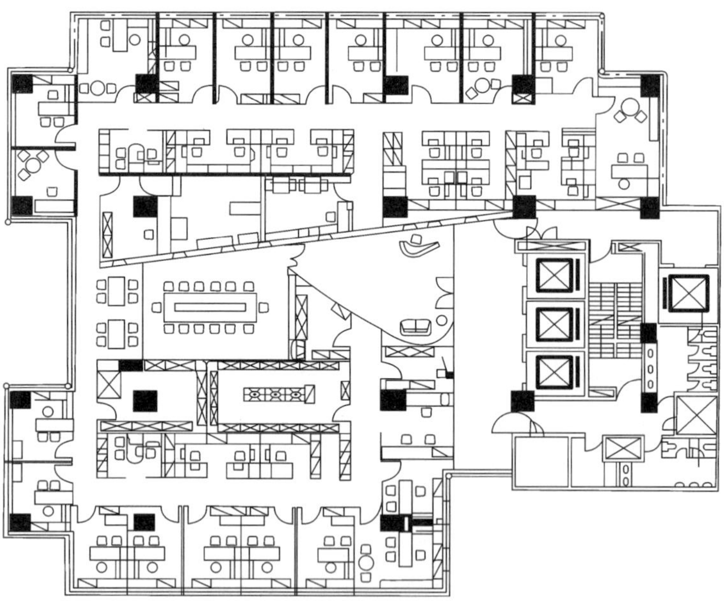

图 10-3　办公空间平面布局

2. 办公空间的类型

从办公体系和管理功能要求出发，结合办公建筑结构布置提供的条件，办公空间的类型可分为以下几种：

(1)单间办公室

单间办公室为完全分隔，一般面积不大，常用开间为 3.6m、4.2m、6.0m，进深为 4.8m、

5.4m、6.0m 等，空间较为封闭。室内环境宁静少干扰，同一室内办公人员易于建立较为密切的人际关系，但空间不够开阔，同相关部门之间联系不够方便，配置的办公设施也比较简单。单间办公室适用于需要小间办公的机构或规模不大的单位或企业的办公用房(图 10-4)。

图 10-4　单间办公室

(2)大空间办公室

大空间办公室也称为开敞式办公室，适用于私密性要求不高且联系密切的工作。源于 19 世纪末工业革命后生产集中，企业规模增大，由于经营管理的需要，要求办公人员、办公部门之间联系紧密，而传统式的单间办公室较难适应上述要求，因此，除少量的高层办公主管人员仍使用单间办公室外，将大量的一般工作人员安排在大空间内办公，以便加强联系，提高工作效率。每个工作空间通过矮隔板分隔，形成自己相对独立的区域，便于相互联系。传统意义的大办公桌被单元办公家具所取代。赖特 1939 年设计的约翰逊制蜡公司即属早期的大空间办公室，在 39m×63m、高 6.5m 的大空间的中间部分布置了他本人设计的 100 套办公桌椅，供职员使用，高级管理人员位于周边以隔断分隔。

大空间办公室有利于办公人员、办公组团之间的联系，提高办公设施的利用率。由于减少了交通和结构面积，从而提高了功能空间的面积使用率。但大空间办公室室内干扰较大，近年来随着办公家具、隔断等设施设备的优化，室内环境质量有了很大提高(图 10-5、图 10-6)。

(3)单元型办公室

单元型办公室在办公空间中除文印、资料展示等辅助用房为公共使用之外，具有比较独立的办公功能，内部空间分隔为接待会客、办公等空间，根据功能需要和建筑设施的可能性，还可设置会议、盥洗、厕所等用房。由于单元型办公楼能够充分运用大楼的各项公共服务设施，又具有相对的独立性，因此，单元型办公室常用于企业、单位出租办公用房(图 10-7)。

(4)公寓型办公室

以公寓型办公室为主体的办公楼也称为商住楼，此种办公用房具有类似住宅就寝、用餐等使用功能。室内空间除划分为接待会客、办公、浴厕等外，还具有卧室、厨房、盥洗等居住必要的使用空间。

公寓型办公室白天能够办公就餐，晚上能够住宿就寝，因此，给需要为办公人员提供居住功能的单位或企业带来方便。办公公寓楼常为需求者提供出租服务，或分套、分层予以出售(图 10-8)。

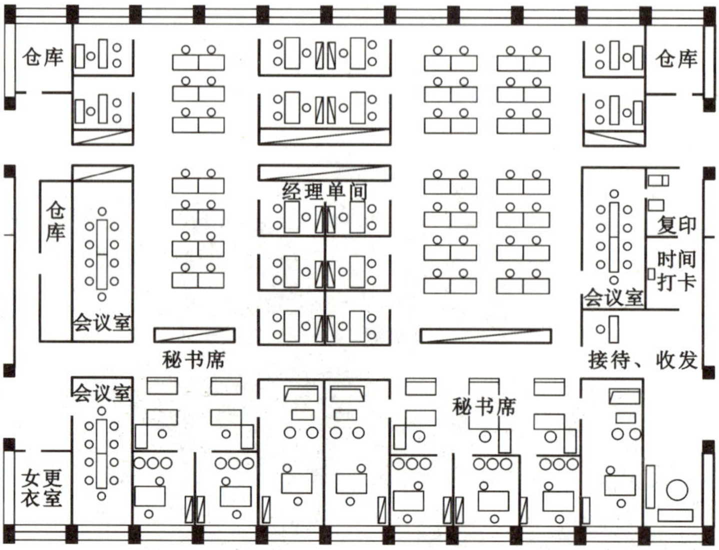

图 10-5　大空间办公室平面布局

图 10-6　大空间办公室

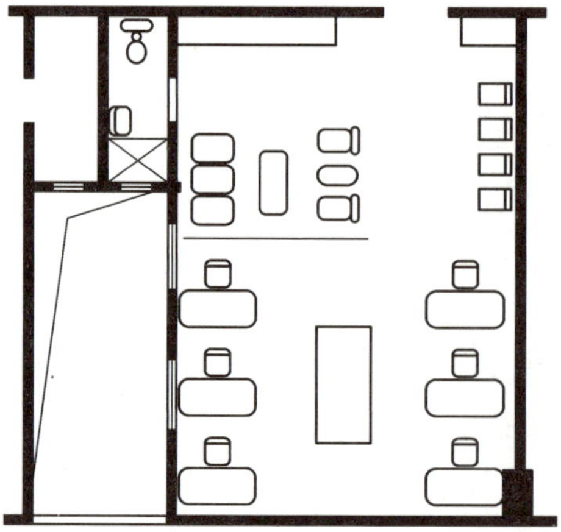

图 10-7　单元型办公室

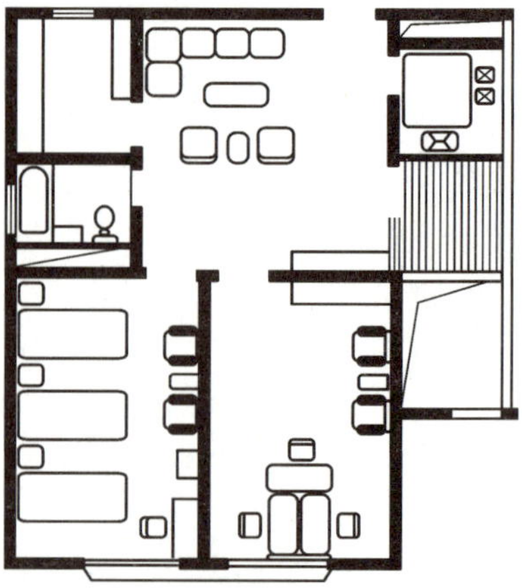

图 10-8　公寓型办公室

(5)景观办公室

景观办公建筑兴起于20世纪50年代末欧洲的德国，它的出现是对早期现代办公建筑忽视人与人交际交往的倾向，具有单纯唯理观念的反思。景观办公室室内家具与办公设施的布置，以办公组团联系方便、工作有效为前提，布置灵活，并设置柔化室内氛围、改善室内环境质量的绿化与小景造型，形成具有自然特色的宜人的工作环境。景观办公室采用开敞式布置的形式，但有别于早期大空间办公室的拘谨划一，创造较为宽松的、着眼于在新的条件下发挥办公人员的主动性，以提高工作效率的布局(图10-9)。

图10-9　现代景观办公环境设计

景观办公室组团成员具有较强的参与意识，景观办公家具之间屏风、隔断、挡板的高度需考虑交流与分隔的因素，办公人员取坐姿面向办公桌时感受不到外部的视线，避免干扰，当坐着面向前方时可与同事进行交流，站立时肘部的高度与挡板的高度相当，使办公人员之间可由肘部支撑挡板与相邻工作人员交流(图10-10)。

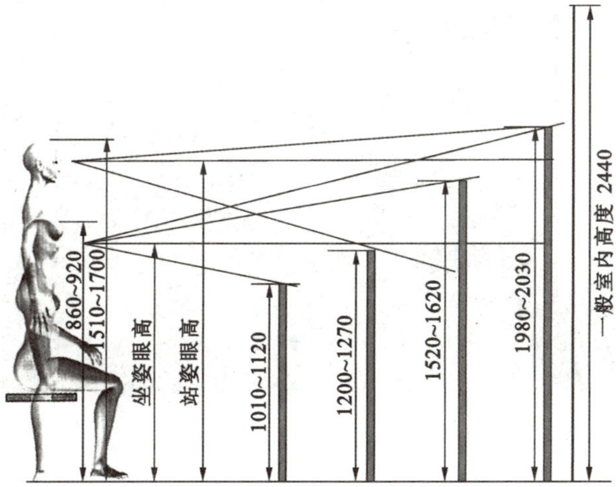

图10-10　不同高度的隔断(男性)

3. 现代办公空间新形态

办公空间设计呈多元化发展，促进了新型办公形态的出现。最常见的有小型或家居办公空间、仓库或阁楼式办公空间和联合办公空间等新型的办公形态。

(1)小型或家居办公空间

小型办公空间或家庭办公空间，亦称“SOHO”办公空间，表达“小型办公、在家办公”的理念，传递了一种自由、开放、弹性的工作方式，从而使办公空间的设计也更加灵活多变。它融合了学习、工作、娱乐、休闲等多种功能，使人们以更加自由和轻松的状态更好地投入工作(图 10-11)。

图 10-11 小型或家居办公空间设计

(2)仓库或阁楼式办公空间

仓库或阁楼式办公空间，一般是由旧厂房或仓库等改造而成的，亦称 LOFT 办公空间，现在多指高大而开敞的空间，具有流动性、开放性、透明性和艺术性等特征。环境随意舒适、可以任意变化。此类办公空间可以任意规划不同层次的办公场所，现代化的工业设施和功能配置也给员工创造出了一个优越而友好的工作环境(图 10-12)。

图 10-12 仓库或阁楼式办公空间

(3)联合办公空间

共享经济在改变人们生活的同时，联合办公空间也正在颠覆“工作”的定义。废弃的老办公空间、旧厂房、餐厅和闲置的酒店成为联合办公的首选。内部空间也通常以长桌排布，或者干脆把咖啡厅和办公区合在一起，相对模糊的区域分隔将办公、沟通、休闲的功能糅杂在一起，让人在特别设计和安排的办公空间中共享办公环境，彼此独立完成各自的项目。办公者可与其他团队分享信息、知识、技能、想法和拓宽社交圈子(图 10-13)。

图 10-13　联合办公空间

10.1.3　办公空间发展趋势

办公空间装饰设计需要考虑多方面的问题,涉及科学、技术、人文、艺术等诸多因素。人性化、绿色化、智能化是当代办公空间装饰设计发展的趋势。

1. 舒适、方便、卫生、安全、高效的人性化工作环境是办公空间设计的重要目标

重视人际间和谐氛围的塑造和家庭般的舒适、温馨,倡导领域、自尊、亲切的场所内涵和重视自然材质与生态绿化的配置,强调灵活可变的空间划分和活泼色彩的应用,以及使用安全可靠的智能化科技手段,是人性化设计的几个方面。

2. 绿色化办公空间涉及对自然的尊重和对人体健康的关注

尊重自然环境、减少对自然环境的破坏,通过一定的技术手段减少办公空间能源的消耗、选用绿色材料,是绿色化的具体体现。办公空间的绿色化也表现为尽量在内部空间引入自然元素。环境心理学研究表明:室内自然景观可以满足人类向往自然的天性,具有缓解工作压力和获得理想视觉景观的作用。

3. 智能化办公环境是现代社会、现代企事业单位共同追求的目标,也是办公空间发展的方向

现代智能型办公环境应具有下述基本条件和特征:

(1)具有 BA(建筑自动化)系统,即采用计算机软件对建筑空间环境的水、电、热力、空调及通气等系统进行检测、控制和管理,以达到舒适、安全、高效和节能的目的。

(2)具有 CA(通信自动化)系统,即利用电信网络、电视网络、计算机网络提供建筑内外的一切语言和数据通信,并使各用户之间根据各自需要相互传递信息。

(3)具有 OA(办公自动化)系统,即利用计算机实现办公自动化,按照业务需要加上相应软件、应用软件等,来完成文字处理、文档管理、电子票据、电子邮件、电子数据交换(ED1)等基本功能。此外,还应有电子黑板、会议电视等功能。

(4)具有 SA(安全保卫自动化)系统,即利用机电一体化的设备(诸如电子门锁、电视监控、门窗安全防盗系统等),通过各种摄像头或光感探测器将所需信号进行采集,经过图像处理器和显示系统处理后,通过中央控制系统进行识别,最后实施相应的操作。

学习情境 2　办公空间装饰设计案例分析

<table>
<tr><td>工作任务描述</td><td colspan="3">搜集办公空间装饰设计优秀案例并加以分析，探讨办公空间装饰设计的基本原理和各功能空间设计要点，以 PPT 形式总结汇报</td></tr>
<tr><td rowspan="5">工作过程建议</td><td colspan="2">学生工作</td><td>老师工作</td></tr>
<tr><td colspan="2">步骤 1：搜集、分析多个办公空间装饰设计优秀案例及相关设计规范，分享 2 个案例分析</td><td>指导资料收集，示范案例分析</td></tr>
<tr><td colspan="2">步骤 2：深入分析办公空间设计案例，讨论、归纳办公空间装饰设计的基本原理</td><td>提出问题，指导</td></tr>
<tr><td colspan="2">步骤 3：深入分析办公空间中各功能空间设计案例，讨论、归纳各功能空间设计要点</td><td>指导</td></tr>
<tr><td colspan="2">步骤 4：制作 PPT，并进行讲评</td><td>总结</td></tr>
<tr><td colspan="2">工作环境</td><td colspan="2">学生知识与能力准备</td></tr>
<tr><td colspan="2">教学做一体化教室（多媒体、网络、电脑）、图书资料室（设计规范、设计案例）</td><td colspan="2">资料搜集与分析能力、熟悉办公空间的功能组成与类型、办公软件应用能力</td></tr>
<tr><td>预期目标</td><td colspan="3">熟悉相关设计规范，能够分析、掌握办公空间装饰设计的基本原理，能够熟练掌握各功能空间设计要点</td></tr>
</table>

知识要点

10.2　办公建筑装饰设计基本原理

10.2.1　办公建筑装饰设计的基本要求

（1）办公楼内各种房间的具体设置，应根据使用要求和具体条件确定。应将与对外联系较密切的部分，布置在近出入口或主通道处，如将收发、传达设置于出入口处；接待会客以及一些具有对外性质的会议室和多功能厅设置于近出入口的主通道处；人数多的厅室还应注意安全疏散通道的设置。

（2）综合型办公室不同功能的联系与分隔应在平面布局和分层设置时予以考虑，当办公与商场、餐饮、娱乐等组合在一起时，应把不同功能的出入口尽可能单独布置，以免干扰。

（3）从安全疏散和有利于通行考虑，袋形走道远端房间门至楼梯口的距离不应大于 22m，且走道过长时应设采光口，单侧房间的走道净宽为 1.3～2.2m，双侧房间走道净宽为 1.6～2.2m，走道净高不低于 2.1m。

（4）办公室净高根据使用性质和面积大小决定，一般净高不低于 2.6m，设空调的办公室可不低于 2.4m，智能型办公室室内净高，甲、乙、丙级分别不应低于 2.7m、2.6m、2.5m。

（5）根据办公楼标准的高低，办公人员常用的面积定额标准为 3.5～6.5m^2/人，根据定额标准可以确定办公室内工作位置的数量（不包括过道的面积）。表 10-1 为办公空间常用面积定位标准表。

表 10-1　办公空间常用面积定位标准表

室　　别	面积定额(m^2/人)	附　　注
一般办公室	3.5 或以上	不包括过道
高级办公室	6.5 或以上	不包括过道
会议室	0.8	无会议桌
	1.8	有会议桌
设计绘图室	5.0	
研究工作室	4.0	
打字室	6.5	按每个打字机计算(包括校对)
文印室	7.5	包括装订贮存
档案室		按性质确定
收发传达室		一般 15～20m^2
会客室		一般 20～40m^2
计算机房		根据机型及工艺要求确定
电传室		一般 10m^2
厕所	男:每 40 人设大便器一个,每 30 人设小便器一个 女:每 20 人设大便器一个,每 40 人设小便器一个	

(6)从节能和有利于心理感受考虑,办公室应具有天然采光,采光系数的窗地面积比应不小于 1∶6(见表 10-2);办公室的照度标准为 100～200lx,工作面可另加局部照明,智能型办公室甲、乙、丙级室内水平照度标准分别不小于 750lx、750lx、500lx。

表 10-2　办公空间常用窗地比

窗地比	房　间　名　称
≥1∶4	办公室、研究工作室、打字室、复印室、陈列室
≥1∶5	设计绘图室、阅览室等
≥1∶8	会议室

(7)办公室平面布置应考虑家具、设备尺寸以及使用家具设备时必要的活动空间尺寸。图 10-14 至图 10-20 为办公空间的人体活动尺度。

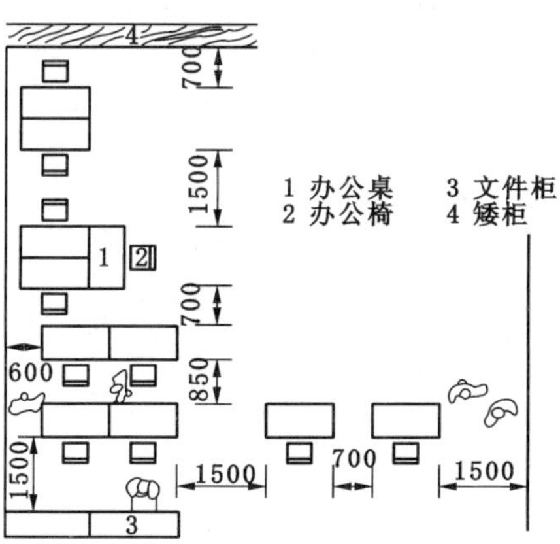

(a)

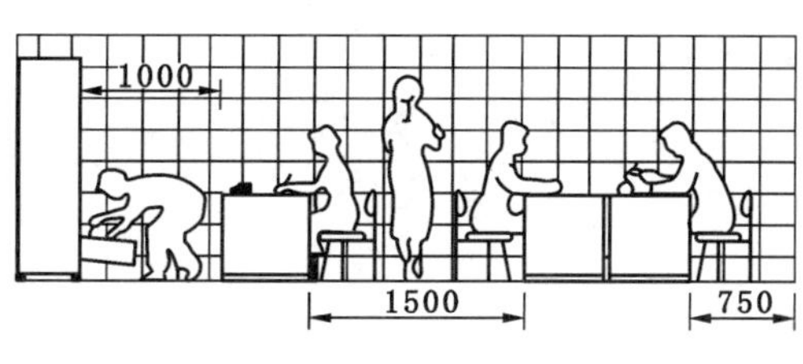

(b)

图 10-14　家具布置间距及交通过道

(a)平面图;(b)立面图

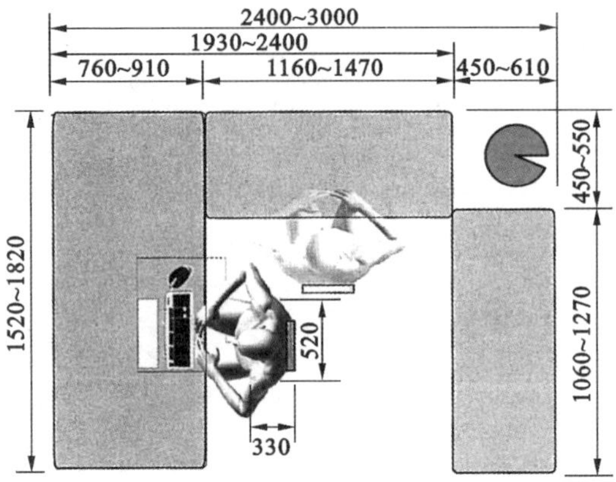

图 10-15　基本的 U 形单元布置

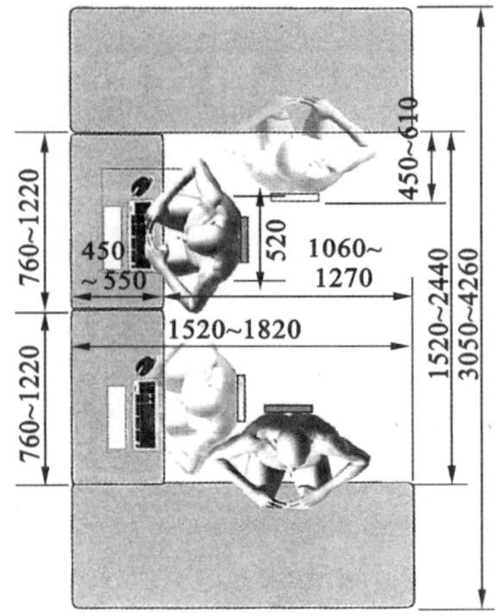

图 10-16　相邻工作单元 U 形布置

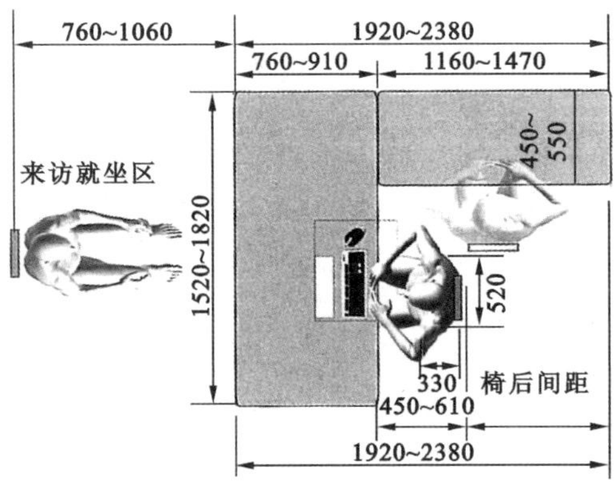

图 10-17　基本工作单元布置

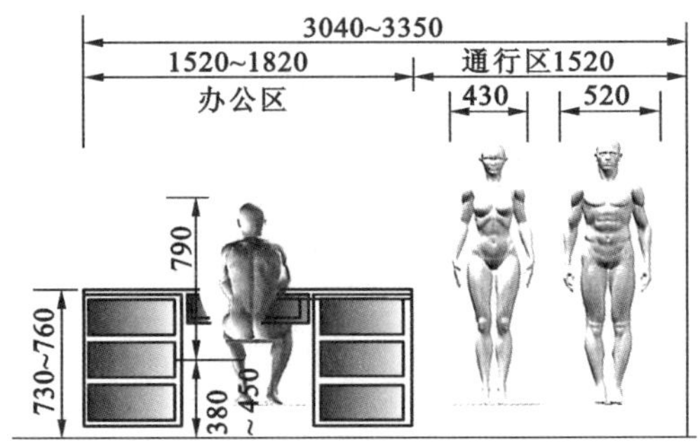

图 10-18　办公桌旁允许通行尺寸

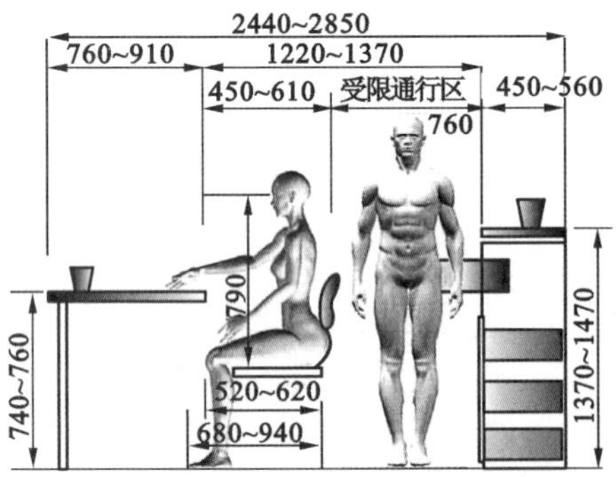

图 10-19　办公桌与文件柜间距

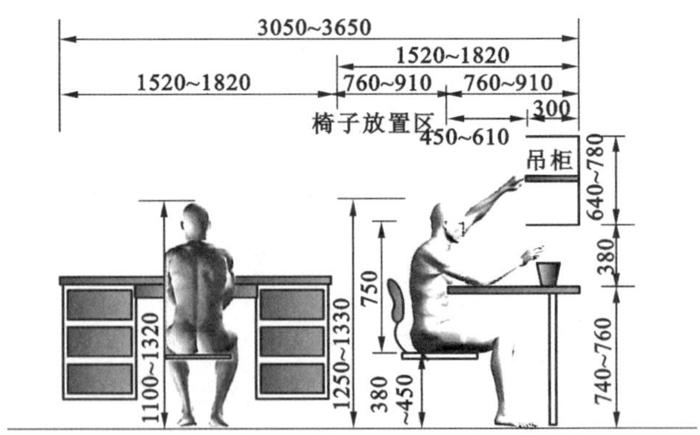

图 10-20　吊柜的工作单元

10.2.2　办公空间装饰设计

1．功能分区与空间的组织

在对办公空间进行室内布局时应分析各种功能需求，合理地利用空间条件使办公系统便捷、高效地运行，并按工作流程和职位进行安排，讲究合理有序、错落有致、功能清楚、互不干扰。

首先，要做好功能分区。根据人均使用面积、总面积和人员总数，决定和划分普通工作人员、各级管理人员和各公用空间的平面使用面积。在功能分区时，要从工作和使用方便的角度出发。一般办公空间的工作流程是：门厅—接洽—办公—业务领导—部门领导—总经理。一个标准的办公空间，接待处应设在大门附近，会客室或会客区单独设置在接待处旁边或大门旁边，办公室中央区域为业务处理区。办公区域采用直线式条块组合，便于控制和监督。高管应有专门的办公室，以便集中精力处理重要事务。秘书的位置则在高管办公室门外一侧，以便服务。当然，这种顺序并不是绝对的，有时需要穿插很多职能部门。在合适地方还应配有一定的餐饮和卫生区域。

其次，要考虑平面的布局形式。办公空间的平面形式是多样化的，具体应根据空间的平面形状，本着功能首位的原则，灵活划分。常见的办公空间大都是路直室方的，这样做既是为了节省空间，也便于使用。

空间组织就是处理空间的围透关系，对空间进行分隔与联系的处理时既要考虑到办公的特点和功能使用要求，又要考虑到人对办公空间的心理需求以及艺术特点。办公空间可以分为开敞空间、封闭空间、流动空间等类型。开敞办公空间具有一定的流动性和趣味性；一般门厅、接待空间、休息空间和大工作区等都可以设计成开敞式空间（图 10-21、图 10-22）。封闭办公空间有很强的隔离性，具有很强的区域感、安全感和私密性。但随着围护实体限定性的降低，封闭性也会相应降低。一般会议室、高级办公室可以设计成封闭式的办公空间（图 10-23）。

图 10-21　开敞式办公空间

2. 色环境设计

办公空间色彩可归纳为三个方面：作为背景的界面色彩、作为主景的家具与隔断色彩和作为点缀的陈设与装饰品色彩。界面色彩作为背景色彩起陪衬作用，总的环境色调宜淡雅、稳重、平和，多采用白色或浅灰色调，如淡米色、淡蓝色、淡灰绿等色调。为使室内色彩不显得过于单调，色彩明度与彩度要适当注意变化。如以偏暖的中性色作主调，再配以鲜艳的植物作装饰，这种配色丰富而不艳丽，较适合食品和化妆品企业；以黑白灰为主再配一两个鲜艳色彩，这种配色既协调又醒目，鲜艳的色彩应考虑企业形象设计的标准色，因为它往往具有鲜明的行业特点；再有以装饰材料或家具的自然色为主，然后根据深浅配以黑白灰三色的装饰带；还有大胆的色彩配置，采用刺激性的对比色彩，如金银色和金属色，或是采用大面积的跨越界面的图案式色彩搭配，这种配色能取得先声夺人的效果，只用于特殊行业办公空间（图 10-24）。

图 10-22　开敞式办公空间

图 10-23　封闭办公空间

图 10-24　办公环境色彩设计

3. 家具配置

办公家具的选择着重多功能、灵活性、自动化、智能型，已形成了新的概念。办公家具的选择应根据人体工程学，满足生理、尺度、视觉的要求，符合现代组合家具的原则，可灵活拆装以适应各种工作的需要。人在办公过程中要接触到不同类型的单件家具，工作者与桌椅之间的关系是最关键的问题，所以，考虑的重点是座椅、办公桌、橱柜及隔断(图 10-25)。

(1)办公座椅

办公座椅分大班椅、秘书椅、工作人员椅、打字员椅及会议室座椅、接待用椅等。结构上各种构件按人体尺寸决定，保证使用者具有正确姿势，椅背的高低、倾斜度可以随意调节，坐面高度可根据每个人高矮的需要进行调整，下部装有转轴结构，以提高座椅的舒适程度，减少因长期坐用而产生的肌肉疲劳。办公座椅造型以简洁为主，以表面不宜污染、易清洗为宜。

(2)办公桌

办公桌用于办公及其用品存放，在功能上应适应高效率工作状态。以不易产生疲劳的高度和容纳下肢活动的桌下空间为宜，还要考虑办公自动化设施的存放和安装。办公桌面的确定主要按人在工作时伸手可及的范围之内而定，最小的办公桌深度不应小于600mm，宽度不小于950mm。但在办公过程中尚需有放置文具及工具的地方，桌面的大小可视办公的需要决定。从人体在桌面上的活动范围来看，深度较大的桌面两处边角是不易接触使用的部位，如果将桌面设计成弧形就比较合理，但这种桌面占地面积大，不适合靠墙或排列布置，一般应用在高级办公室中。为了适应办公要求，办公桌可设计成能调整高度、长度、桌面斜度的。按要求可升高降低幅度为170 mm，长度变化为800～1600mm(图10-26)。

图10-25　办公家具设计

图10-26　现代办公桌设计

(3)文件柜

文件柜是贮藏文件及有关物品的家具，按其形式分为移动型的柜子、固定式的壁柜和沿轨道移动的档案柜。在设计上是按照使用功能区分，外形尺寸以模数尺寸为依据，根据需要组合，可分为标准文件柜、电脑资料柜、多功能文件柜、移动式档案柜等。

(4)隔断

隔断是分隔办公空间的构件。隔断高度基于环境心理学研究，以330mm为标准尺寸，即隔断高出桌面330mm，同时办公人员距离隔断常规尺寸是990mm，为330mm的3倍。这一关系较为稳定，在心理上不产生压迫感。这是因为高为1080mm(即桌高750mm加330mm，合计为1080mm)的隔断具有下述三种功能：一是人坐着时在视觉上没有挡着前方，可与周围的人进行信息交流；二是可遮挡外部来的对桌面的视线，增强了个人办公秘密；三是人站起来时，正好达到肘部高度，易于隔着办公桌侧面隔断同对面的人进行交谈。隔断的构件应能适应组团组合办公的需要，管线应暗藏于隔断框架内，办公桌或隔断上装设电器用具，不需额外接驳电源。隔板上可悬吊文件、书架等，充分利用空间，亦方便拿取文件，提高工作效率。

4. 陈设配置

利用陈设点缀，能起到渲染环境气氛、丰富视觉效果的作用，还能增进办公环境的精神面貌和性格品质。陈设品既是观赏玩抚、陶冶性情的对象，也是表达精神思想的媒介，可以增强办公环境的审美内涵，提高文化修养，完善精神气质。

在高管办公室及会议室内大多配置收藏名作，如水彩画、油画、现代画等；而装饰艺术品，如雕塑、金属工艺品及其他类型的工艺美术品，则陈设于公司的明显部位，其中有的特大型的工艺美术精品往往陈设于入口处和重要的位置。观赏鱼也是一种陈设方式，有的公司在接待处两侧墙上设置鱼缸，并与植物、绘画、工艺美术品形成统一和谐的办公环境。

5. 绿化配设

在办公环境中，可适当配置绿色植物和进行绿化，有利于柔化室内环境，调整工作情绪，缓解视觉疲劳，调动工作积极性，从而提高工作效率。利用绿色植物限定和调整办公空间，还可以丰富空间层次，增添空间趣味性，并使空间富有生机和魅力（图 10-27）。

图 10-27　开敞式办公家具与绿化结合

6. 界面处理

办公空间界面首先要满足办公空间的功能要求，如隔声、吸声、防静电、防火、耐磨、易清洁等。界面作为空间背景，造型以简洁为宜，LOGO 墙应作重点设计，以突出企业形象，强化识别性。

7. 光环境设计

办公空间的光源有天然采光与人工照明两种。一般以自然采光为主，辅以人工照明。

写字楼通常追求明亮、宽敞的效果，会将窗口开得较大，使人在工作时不易感到身心疲惫。但窗口开得过大，光线太强，也会使人心绪不宁、产生烦躁情绪。合适的窗口面积应根据采光系数来进行计算。办公室的采光系数应不低于 1∶6，绘图室、阅览室则不应低于 1∶5。

人工照明应根据各个室内空间的不同特点来设计布光，以满足照度要求（见表 10-3）、装饰空间、美化环境、增加气氛的目的，并尽可能节约用电。如门厅和接待室，多用吊灯，防止强光、眩光出现，并在天花板内配有暗藏光作为装饰。据调查显示，75%的工作人员喜欢在间接照明的工作间里工作，这样不仅可以减少眩光，而且能够具有高质量的视觉环境。

表 10-3　办公室照明的推荐照度值

场　所	照度(lx)
一般办公室	500～750
纵深平面	750～1000
个人专用办公室	500～750
会议室	300～500
绘图室（一般）	500～750
绘图板	750～1000

办公空间灯具应选择造型简单大方、功能较强的灯具，如格栅灯、发光顶或发光灯带等，不宜采用烦琐花哨的灯具，以免分散使用者的注意力，破坏办公室整体的工作环境。

10.3 主要功能空间装饰设计要求

10.3.1 门厅设计

门厅是建筑给人的第一印象，强调内外空间的延伸与过渡，以造成时空的连续，加强动态导向，在运动的过渡空间中对前进方向做提示或限定，强调标志性。

门厅是交通枢纽，交通线路应简捷明了，避免流线交叉，合理节约交通面积，增加使用面积。地面以方便清洁、防水性强、不易滑跌的材料较理想，如天然花岗岩、地砖等。墙壁的选材应注意材质和色泽与通道、楼梯等有关联的壁面用材相协调。多用门厅要有足够的活动空间，留出不受交通干扰和穿越的安静地带。要有良好的采光和合理的照度，可通过地面或顶棚的变化，作为相对的界定。门厅与接待空间是展示产品和企业形象的场所，设计时要突出表现出企业的个性特性，以创造或豪华富丽或亲切和谐的空间环境。

10.3.2 接待空间设计

接待空间是办公环境中较重要的功能空间，它一般设置在临近出入口的位置，是进入办公场所的第一视觉中心，因此，接待空间的设计直接影响到人们对办公空间的第一印象。接待空间多由设计精致的接待台、美观时尚的沙发和茶几、简约大气并有企业LOGO的背景墙三个部分组成。接待空间的设计要求风格时尚现代、色彩明快、光线充足，并尽可能运用企业的标志、标准色、标准字来展现企业文化。背景通常衬以简朴大方而有庄重感的材料，如石材、金属板、陶板等。另外，这一部分应配以常青的植物和应时的鲜花，给人以生机感(图10-28、图10-29)。

图10-28 接待台及墙面的曲线使空间环境充满动感和生机

图10-29 运用石材和金属板材的接待台设计，简洁现代

10.3.3 办公室设计

办公室分为普通办公室和高档办公室两种类型。

1. 普通办公室设计

普通办公室是供一般职员使用的办公空间，如会计、分析员、工程师、文字处理操作员等人员使用的办公室，通常布置在多人使用的房间内，或在开敞的空间内。开敞式办公室在布置时首先根据工作流程安排每个人的位置及办公设备，应避免相互干扰。办公家具多采用统一、实用的组合办公桌椅，三面围合的办公区及高度适当的挡板既满足了员工私密性和心理领域的要求，也满足了人际间合理的交流距离。通道的组织是办公室处理的重点，应通透、合理，办公单元应按各功能关系进行分组联系。各工作位置之间、组团内部及组团之间既要联系方便，又要尽可能避免过多的穿插，减少人员走动时对工作的干扰。开放型办公室的墙面、天花板均应以简洁明快为主，避免过多的装饰分散工作人员的注意力；地面以耐磨、易于清洁而且不易产生噪声的材料为佳。还要充分考虑到光、热、声音、空气等物理因素，重视各项设施、设备的合理选用和布置，创造舒适的物理环境（图 10-30）。

图 10-30　开敞式办公室

2. 高档办公室设计

高档办公室是供高管人员使用的办公空间，如总裁办公室、董事长办公室、经理办公室及助理办公室等，其中总裁办公室及董事长办公室一般都带有套间。高档办公室一般有大、中、小型之分，大型办公室往往设有套间、私人会议室及办公室，有些高档办公室须通过接待人员或秘书使用的外间方能进入办公室；中型办公室往往将接待座位与会议桌相结合，或在办公桌前设置接待座椅，另设置会议桌供小型会议或少数人商谈使用；小型办公室一般不设置会议桌，仅在办公桌前或一侧设置接待座椅。在设计高档办公室时，其位置应设置在核心之处，办公设备也应与之匹配。

图 10-31 为一经理室设计，因其具有个人办公、接待等功能，其平面位置应设在办公楼内少受干扰的尽端为宜，面积宽敞，家具型号较大，办公椅后面可设装饰柜或书柜，增加文化气氛和豪华感，多陈设高水平的绘画等艺术品作装饰，以彰显一定的氛围和品位。办公桌前通常设有接待洽谈椅，有时需配置秘书间，室内通常设接待用椅或放置沙发、茶几等（图 10-32、图 10-33）。

图 10-31　经理办公室室内的陈设反映出文化修养和品位

经理室室内设计的风格、选用的色调和材料、施工工艺都影响室内风格品位，也能从侧面较为集中地反映机构或企业形象。经理室界面装饰材料的选用，通常地面可为实铺或架空木

图 10-32　经理办公室

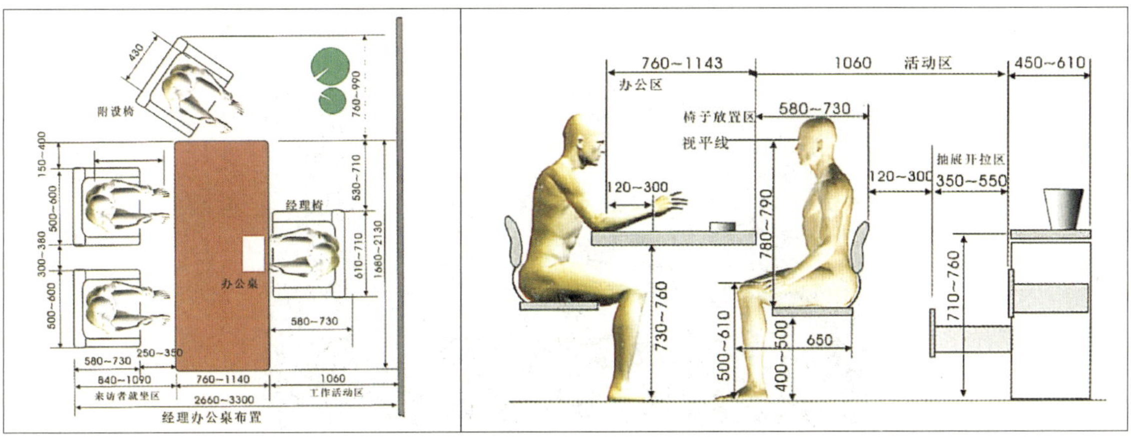

图 10-33　高档办公室的设计尺度

地板，或在水泥粉光地面上铺以优质塑胶类地毡；墙面可以夹板面层铺以实木压线条，或以软包做墙面面层装饰（需经阻燃处理），以改善室内音响效果。

经理室的照明，较一般办公室要求达到一定的艺术效果或气氛，所以，并不要求整个空间有均匀的照度，一般照明适当布置在办公桌及其周围区域，其余区域则使用辅助照明。由于经理室往往有较大面积的开窗，白天靠窗的人们会出现逆光，脸部表情难以看清，因此，要增加垂直照度。办公桌应有局部照明，照度值达到 500lx 以上。

10.3.4　会议室设计

会议室的平面布局主要根据已有房间的大小、要求会议入席的人数和会议举行的方式等因素来确定。

1. 会议室平面布局类型

会议室按平面布置形式可分为周边式、中心式和主席台式三种：

(1)周边式：以沙发等家具沿周边布置，不设置会议桌，具有贵宾接待性质，适合活泼、气氛轻松的场所（图 10-34）。

(2)中心式：又叫岛式，平面布局时以会议桌为中心，会议桌的造型根据房间的形状而定，可设计成圆形、方形、椭圆形等多种形状，一般供 20～40 人之间使用（图 10-35）。

图 10-34　周边式会议室

图 10-35　中心式会议室

(3)主席台式:主席台式供一些大型会议使用,列席会议的人数较多,一般在 100～200 人以上,设有规律的排椅或沙发软椅并设主席台。如果座椅是活动的,在不举行会议时可兼作宴会厅或舞厅使用(图 10-36)。

图 10-36　主席台式会议室

2. 会议室家具

会议室家具布置时,活动空间和交往通行的尺度应满足公共建筑安全疏散规范的要求。图 10-37至图 10-41 为会议室家具基本尺寸。

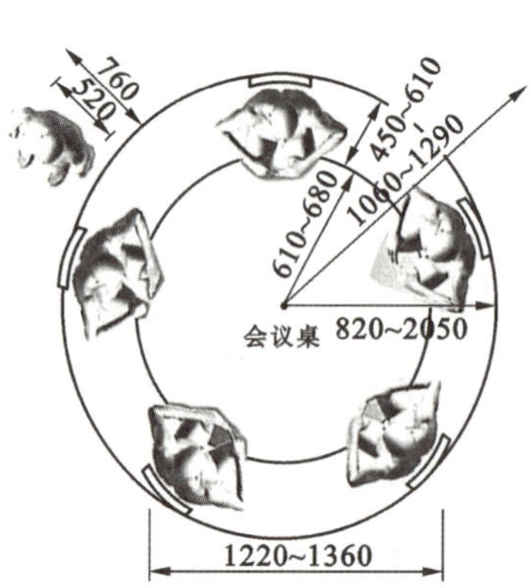

图 10-37　圆形会议桌的尺寸

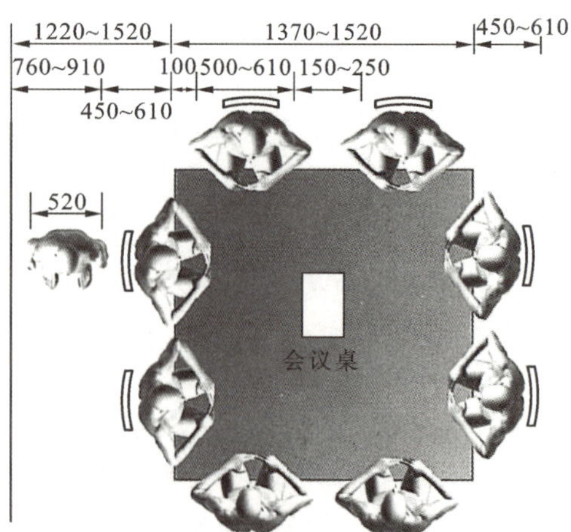

图 10-38　方形会议桌的尺寸

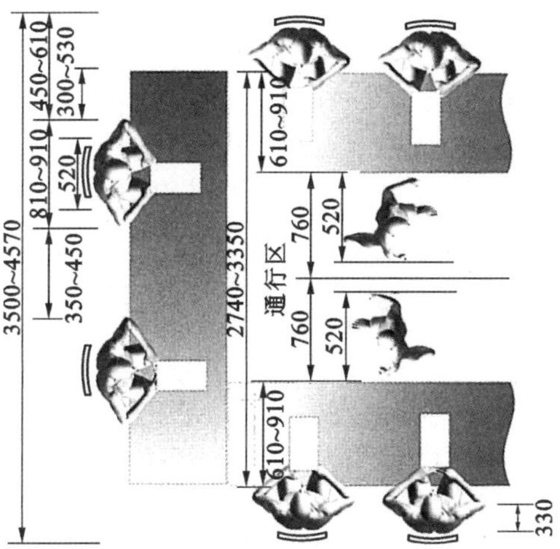

图 10-39　会议桌 U 形布置尺寸

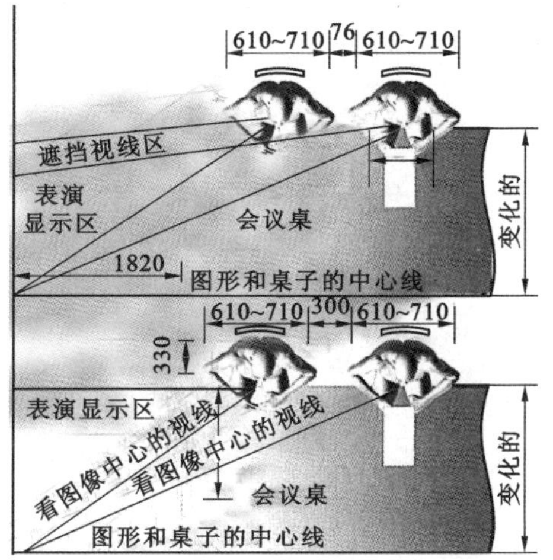

图 10-40　视听会议室布置与视线

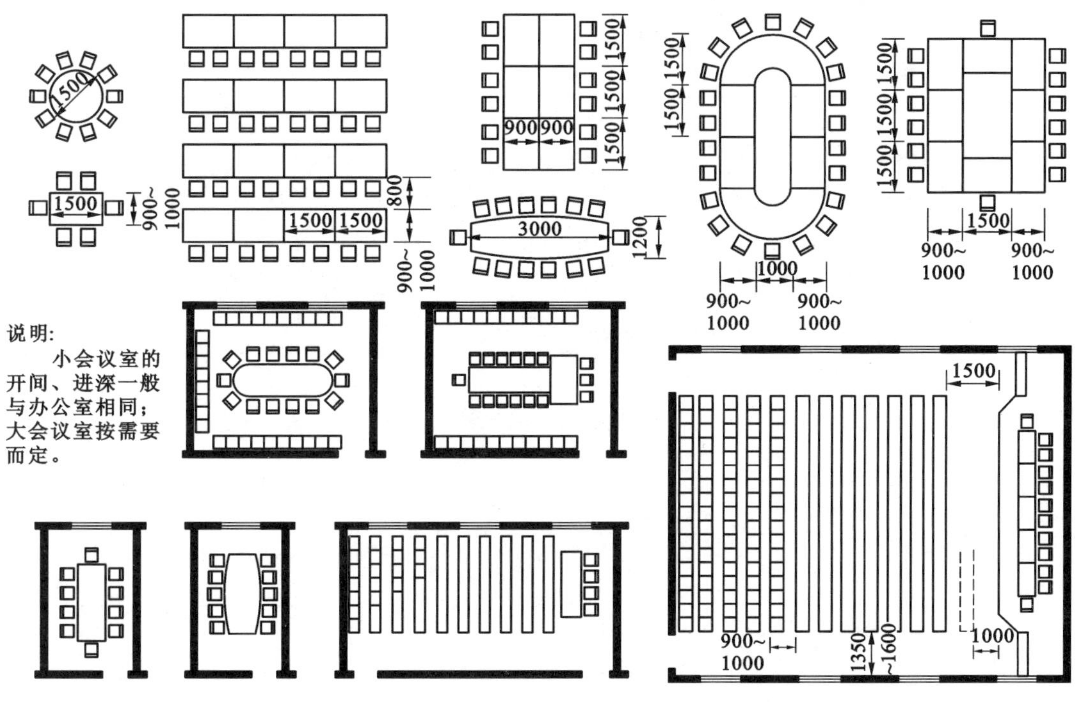

图 10-41　会议室基本布置方式及家具尺寸

3. 会议室界面

会议室地面选材及其做法可参照办公室做法。侧界面除采用乳胶漆、墙纸和木护壁等材料做法外,为加强会议室的吸声效果,壁面可设软包装饰,即以阻燃处理的纺织面料包以矿棉类松软材料,使室内的吸声效果改善;顶界面仍可参照办公室的选材,以矿棉石膏或穿孔金属板(板的上部可放置矿棉类吸声材料)作为吊顶用材。为增加会议室照度与烘托氛围,可设置与会议桌椅相呼应的槽灯。

4. 会议室照明

会议室的照明中心是会议桌,因此必须重视会议桌的照明,在会议桌区域照度值要达到

500lx，并设法使桌子表面的镜面反射减到最少。不能将反射灯具直接装在与会人员的头上，以避免下射光的照射引起不舒适的感觉。另外，要注意会议室各种设备的应用问题，如黑板的照明，使用投影仪、录像机、电影时室内照明设备的调光等。

学习情境 3　办公空间装饰设计技能训练

工作任务描述	按本单元项目任务要求，进行装饰设计公司办公空间装饰设计构思，完成设计方案图和装饰施工图	
工作过程建议	学生工作	老师工作
	步骤 1：分析项目任务，分析设计条件和业主要求，分析设计公司办公空间装饰设计优秀案例，熟悉相关设计规范等	指导
	步骤 2：初步构思，绘制一草方案；讨论修改，绘制二草方案；进一步讨论修改	指导
	步骤 3：绘制方案图，方案讲评	指导、总结
	步骤 4：设计并绘制施工图，讲评	指导、总结
工作环境		学生知识与能力准备
校外参观场所、教学做一体化教室（多媒体、网络、电脑、工作台）、专业图书资料室		具备办公空间装饰设计的基本知识，具备装饰方案图（含效果图）设计与表达、装饰施工图设计与绘制及计算机辅助设计的基本能力
预期目标	能够进行中小型办公空间装饰构思设计，能够灵活运用设计要素和各功能空间设计要点，方案构思新颖，设计合理，方案图表达准确美观，施工图设计深入规范，材料构造运用合理，计算机辅助设计能力进一步提高	

项 目 小 结

	考核内容	成果考核标准	比例
项目考核	办公空间认知	办公空间的功能要求和各功能空间的相互关系分析全面，功能分析图表达准确	10%
	办公空间设计案例分析	办公空间装饰设计的基本原理分析到位，各功能空间设计要点案例选择恰当，分析全面，PPT 制作认真	30%
	办公空间装饰设计技能训练	立意准确，构思新颖，企业特点表现突出，平面功能布局合理，各设计要素运用灵活恰当，总体格调协调；方案图表达准确美观；施工图绘制符合制图规范和施工图深度要求。计算机辅助设计运用熟练	60%
项目评价	教师评价		50%
	项目组互评		30%
	内部评价		20%
项目总结	师生共同回顾本单元项目教学过程，对各个学习情境的表现与成果进行综合评估，找出各自的得失及提出改进措施		

单元十一　商业空间装饰设计

<table>
<tr><td>项目名称</td><td colspan="4">某专卖店建筑装饰设计</td></tr>
<tr><td>项目任务</td><td colspan="4">1. 设计条件
见图 11-1(各校根据教学具体情况可由任课教师另行拟定,最好为实际工程)
2. 设计要求
(1)拟定实际工程项目为设计对象,设计时要在满足专卖店功能的基础上,恰当运用室内设计要素,为顾客营造一个舒适、愉悦的购物环境
(2)设计要体现企业文化,突出商品,达到激发购物欲望的目的
(3)针对商业建筑空间使用功能,合理地进行室内空间组织和平面布局,组织合理的交通流线,并根据空间功能进行空间界面、光环境、色环境及家具与陈设的设计和配置
(4)符合相关设计规范要求;施工图绘制符合相关制图规范要求,并应达到施工图设计深度要求
3. 成果要求
方案构思设计并绘制方案图,经评议修改后,完成施工图设计与绘制</td></tr>
<tr><td>活动策划</td><td colspan="2">工作任务</td><td colspan="2">相关知识点</td></tr>
<tr><td>学习情境 1</td><td colspan="2">商业空间认知</td><td colspan="2">11.1 商业建筑概述</td></tr>
<tr><td>学习情境 2</td><td colspan="2">商业空间设计案例分析</td><td colspan="2">11.2 商业空间装饰设计的原则
11.3 营业空间装饰设计
11.4 入口与橱窗设计</td></tr>
<tr><td>学习情境 3</td><td colspan="2">商业空间装饰设计技能训练</td><td colspan="2"></td></tr>
<tr><td>教学目标</td><td colspan="4">分析商业建筑空间的个性特征、装饰设计依据,根据空间功能合理组织空间,正确把握各功能空间的设计要点并灵活运用设计要素,能够进行一般商业建筑的室内装饰设计,并完成方案图、施工图的设计与绘制。培养职业精神和创新精神</td></tr>
<tr><td>教学重点与难点</td><td colspan="4">重点:营业空间的设计
难点:设计构思、创新能力的培养</td></tr>
<tr><td>教学资源</td><td colspan="4">教案、多媒体课件、网络资源(专业设计网站等)、专业图书资料、设计案例资料、精品课等</td></tr>
<tr><td>教学方法建议</td><td colspan="4">项目教学法、案例分析法、考察调研、讨论法、角色扮演法等</td></tr>
<tr><td rowspan="2">思政元素</td><td>思政契合点
(案例或知识点)</td><td colspan="2">教学活动(思政内涵)</td><td>思政落脚点</td></tr>
<tr><td>商业建筑的分类</td><td colspan="2">讨论商业空间的发展演变与随着人们物质文化生活水平提高、消费升级的关系</td><td>繁荣富强
和谐社会
责任担当</td></tr>
</table>

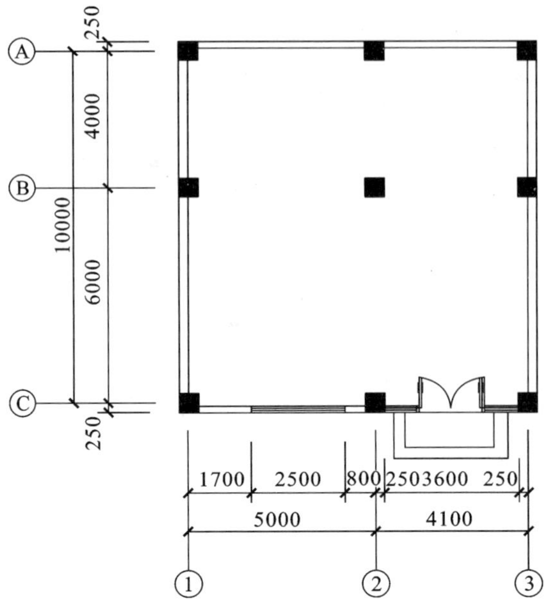

图 11-1　某专卖店平面图

学习情境 1　商业空间认知

工作任务描述	认识、感受不同类型的商业建筑及其内部空间，讨论、分析商业空间的功能要求和各功能空间的相互关系，画出功能分析图	
工作过程建议	学生工作	老师工作
	步骤 1:通过实地考察、查阅文献、网络调研等多种方式认识、感受不同类型的商业建筑及其内部空间	引导学生观察
	步骤 2:讨论、分析商业空间的功能要求和各功能空间的相互关系	启发、引导
	步骤 3:画出常见商业建筑类型的功能分析图，汇报	指导、总结
工作环境		学生知识与能力准备
校外实体店考察、图书资料室、手机（电脑）网络、教学做一体化教室（多媒体、网络、电脑）		资料搜集与分析能力、团队协作、表达能力
预期目标	能够正确理解商业建筑的类型，能够正确分析商业空间的功能要求和各功能空间的相互关系，确切表达常见商业建筑类型的功能分析图	

知识要点

11.1　商业建筑概述

11.1.1　商业建筑的分类

随着商品经济迅速发展，商店的形式演变成各种不同的样式，其中常见的有：

1. 百货商店

百货商店是一种以大规模经营日用品为主的综合性零售商业企业，百货商店的经营范围广泛，商品种类多样，花色品种齐全，能够满足消费者多方面的购物要求，兼备专业商店和综合商店的优势，实际上是许多专业商店的综合体。从1862年"好市场"在法国巴黎创办以来，百货公司一直仍是零售商业的主要形式之一。随着社会经济的不断发展，百货商店的经营方向和经营内容也在不断地发生变化，呈现出两个新的发展趋势：一是经营内容多样化，除销售商品外，还附设咖啡厅、餐饮部、娱乐厅、展览厅、停车场等多种服务设施；二是经营方式灵活化，除零售外，还兼营批发，并设立各种廉价柜、折扣柜，以满足顾客的多层次需求，提高商店的竞争能力(图11-2)。

图11-2　上海新世界百货

2. 连锁店

连锁店诞生于20世纪20年代的美国，指某品牌商业店铺通过设立分店，形成经营同类商品的商业机构，在总部的组织下，统一企业形象，通过集中配货和分散销售的方式，在各地设立分店，推广业务。连锁店以相同的商品、相对统一的设计风格和服务标准，使顾客对连锁店获得一致的印象，让同一商店的服务空间范围得以延伸。连锁店的经营方式如今已影响到餐馆、酒店、美容院、照相馆等的经营。

3. 超级市场

超级市场起源于美国20世纪20年代末的经济大恐慌时期。超级市场通过由顾客自取货物而降低经营成本。最初的超市以销售食品为主，多设置在郊区。如今，超市已由郊区进入城市，货物也由食品扩展到日用品、家用电器等，逐渐成为综合性商场。

4. 购物中心

20世纪60年代是欧美等国经济腾飞的时期，购物中心正是顺应了这一时代的需求而出现的产物。它集百货、超市、餐厅和娱乐于一体，并在规划中设置了步行、休息区等公共设施，方便购物。

5. 商业街

商业街指在一个区域内(平面或立体)集合不同类别的商店所构成的综合性的商业空间。

6. 量贩店

量贩店亦称仓储式超市，采用顾客自助式选购的连锁店方式经营。量贩店利用连锁经营的优势，大批采购商品，自行开发自己的品牌，以货物种类多、批量批发销售、低价为特点。

7. 便利店

便利店是一种地域分布较为分散的小型自选式购物零售店，具有深入居民区和经营时间长(有些便利店 24 小时营业)的特点，可满足消费者的应急性所需或少量商品采购，还能为夜间工作者提供服务，方便了社区生活和即时需求(如加油站的便利店)。便利店通常面积较小、商品种类较少，经营商品以食品、饮料、日用百货为主。随着网络购物的发展，有些便利店也提供收发快递等服务。

8. 专卖店

专卖店是近几十年来出现的、只销售某品牌商品或某一类商品的专业性零售店，以其对某类商品完善的服务和销售，针对特定的顾客群体而获得相对稳定的顾客。大多数企业的商品专卖店还具备企业形象和产品品牌形象的传达功能。

11.1.2　商业空间的特点

随着人们物质文化生活水平的不断提高，商业建筑的类型也日益增多，其功能正向多元化、多层次方向发展。一方面表现在购物的形态更加多样，如商业街、购物广场、超级市场等；另一方面表现为购物内涵更加丰富，不仅仅局限于单一的服务与展示，而是表现出展示性、服务性、休闲性及文化性的综合体。具体表现为：

(1)展示性：指商品的分类展示、有序的陈列和展示促销等商业活动。

(2)服务性：指销售、洽谈、维修、示范等行为。

(3)休闲性：指提供的餐饮、娱乐、健身、酒吧等服务。

(4)文化性：指大众传播信息的媒介、文化场所展现等(图 11-3)。

图 11-3　北京"源昇号"二锅头酒博物馆

11.1.3　消费者的购物心理与过程

顾客消费行为的心理活动过程，是设计者必须了解的基本内容。人们的消费心理活动，可分为三个过程：

1. 认知过程

在这一过程中消费者通过对商品的包装、陈列以及商业空间的氛围等信息进行感受、搜集和记忆。

在这个过程中，商品本身所传递的信息和空间环境起诱导作用，对消费者的购买有很大的影响。如精美的包装、美观的空间装饰、生动的橱窗展示、商品的陈列、品牌以及广告宣传效应等，都将影响消费者最终的消费欲望。

2. 情绪过程

是消费者在认知的基础上经过一系列的比较、分析直到做出判断的心理过程。在这一过程中销售人员的表现、个人情绪、喜好及周围环境都会影响到消费者的判断。

3. 意志过程

是通过认知和情绪心理过程，使消费者有明确的购买目的，最终实现购买的心理决定过程。

根据上述的消费者购物行为心理活动过程，设计者可从整体环境到细节进行应对处理，从而达到激发消费者消费欲望的目的。

11.1.4　商业空间的功能组成和组织关系

1. 功能组成

商业建筑的室内空间，按传统的功能组成划分方式，一般可分为以下三个部分：

(1)营业空间(营业厅)

营业空间是商业建筑空间中的核心部分，是商业建筑的主体。营业空间是用于商品的销售和展示的主要场所。营业厅的设计合理与否很大程度上直接决定了整个商业经营的成败。

(2)仓储空间

仓储空间也是商业建筑中重要的组成部分，用于库存商品，包括商品的进货、验收、保存、分类、整理、加工、处理、备货、提货、发货的所有环节。仓储空间应根据商品的种类、销售性质、销量等进行分类储存，同时应做好商品的防潮、防晒、防霉、防盗等工作。

(3)辅助空间

辅助空间包括行政管理用房、卫生间、休息空间、设备用房、车库等。一些商业建筑还设置了针对残疾人的无障碍通道，针对儿童的休息空间及娱乐设施。

2. 室内各空间的组织关系

商业建筑室内空间的组织从大的构架上可分为：对顾客引导分流部分、商品展示和选购的营业部分及为销售提供服务的辅助部分(图 11-4)。

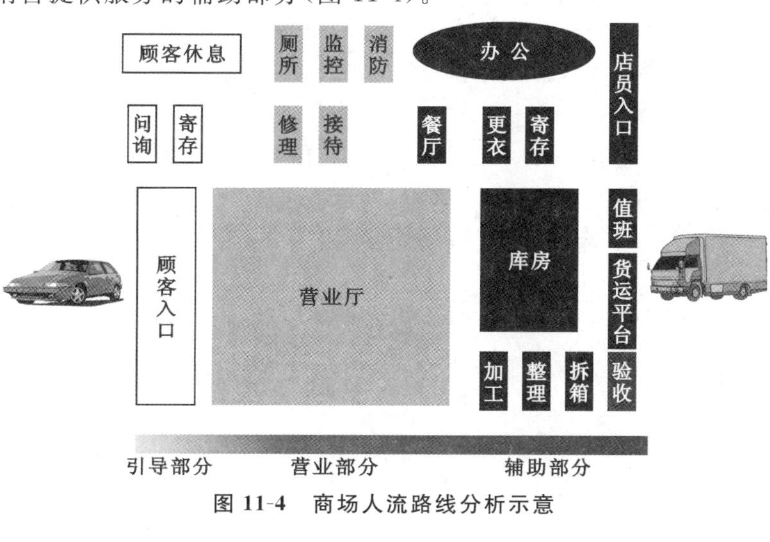

图 11-4　商场人流路线分析示意

学习情境 2　商业空间设计案例分析

<table>
<tr><td>工作任务描述</td><td colspan="3">以商业空间装饰设计优秀案例进行剖析，探讨商业空间装饰设计的原则和依据，着重研究各功能空间设计要点，以 PPT 形式总结汇报</td></tr>
<tr><td rowspan="5">工作过程建议</td><td colspan="2">学生工作</td><td>老师工作</td></tr>
<tr><td colspan="2">步骤 1：搜集、分析个性商业空间装饰设计优秀案例</td><td>典型案例分析</td></tr>
<tr><td colspan="2">步骤 2：分析、讨论商业空间装饰设计的原则和依据</td><td>提出问题，总结</td></tr>
<tr><td colspan="2">步骤 3：分析各功能空间设计案例，讨论、归纳各功能空间设计要点</td><td>提出问题，指导</td></tr>
<tr><td colspan="2">步骤 4：制作 PPT，并进行讲评</td><td>总结</td></tr>
<tr><td colspan="2">工作环境</td><td colspan="2">学生知识与能力准备</td></tr>
<tr><td colspan="2">教学做一体化教室（多媒体、网络、电脑）、图书资料室（设计规范、设计案例）</td><td colspan="2">资料搜集与分析能力、熟悉商业空间功能要求及相互关系</td></tr>
<tr><td>预期目标</td><td colspan="3">熟悉相关设计规范，能够分析商业空间装饰设计的原则和依据，熟练掌握各功能空间设计要点</td></tr>
</table>

知识要点

11.2　商业空间装饰设计的原则

1. 功能性原则

商场营业厅的设计要满足商品展示、陈列的需要，应根据商品种类分布的合理性、规律性、方便性、营销策略进行总体布局设计，以利于商品促销；同时，营业厅的相关设施设备要完善，如：配置公共广播与背景音乐系统、为残疾人设置无障碍设施和环境、设置足够的卫生间和母婴室、摆放必要的休息座椅等，以创造温馨、舒适、愉悦的购物环境。

2. 适应性原则

营业厅的空间风格与环境氛围应根据商场（或商店）的经营性质、经营特色、商品的属性、档次和地域特征、顾客群的特点等因素来确定，以营造轻松、自由的购物空间气氛，使购物者能充分自由挑选商品，并与企业品牌文化或经营理念相适应。

3. 个性化原则

营业厅设计创意要新颖独特，应具有醒目的入口、诱人的橱窗和招牌，并运用个性鲜明的材质、色彩及照明等形式，准确诠释商业品牌内涵和商品特色，营造良好的商场环境氛围，激发顾客的购物欲望。

4. 安全性原则

商业空间作为人员密集、人员流动较大且货物集中的场所，一旦发生危险容易造成较大的人员伤亡和财产损失，因此，在商业空间设计中必须紧扣安全意识，合理设置防火等安全设施（图11-5）。商业空间需采用的安全措施主要有：

（1）合理设置消防设施。需根据商业空间的现场情况，配置消防卷帘、挡烟垂壁、烟感报警器、消防喷淋、消防栓等设施，在疏散楼梯口需设置防火门，在较大的商业空间还要设置微型消防站。

（2）合理设置应急照明与疏散指引标识。

（3）设置各类减少公共空间人员伤害的必要设施，如：门口设防滑垫、楼梯设防滑条、橱窗采用钢化玻璃等安全玻璃、在自动扶梯旁装安全网等。

（4）安装安全监控、报警系统与防盗门窗。

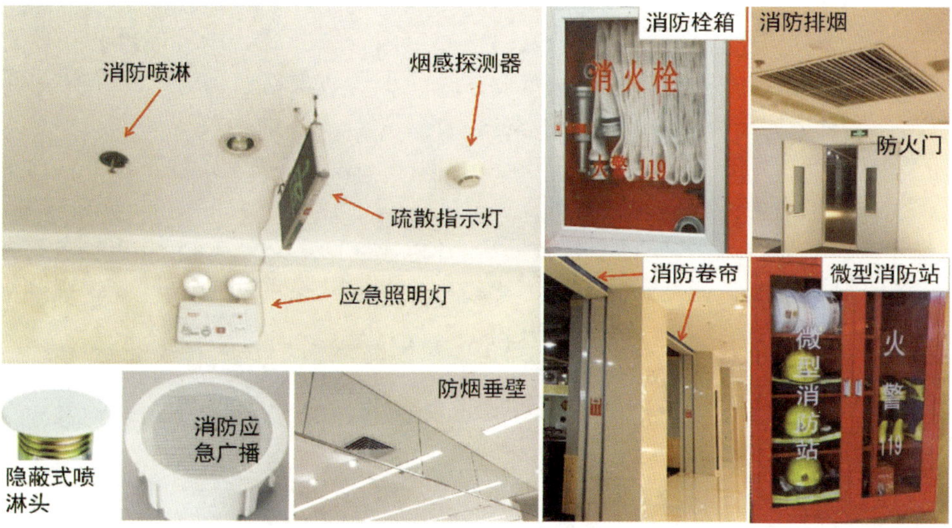

图11-5 商业空间防火和应急疏散设施

5. 动态原则

商业空间为了吸引顾客，激发顾客的消费欲望，常常需要不定期改变空间布局、陈列方式或装饰效果，以带给顾客新鲜感。因此，营业厅设计要考虑后期再装饰的需要。

11.3 营业空间装饰设计

营业厅是商业建筑中最重要的空间，是顾客对商品进行直观认识、选择和购买活动的场所，根据商场的营销方式、商品种类、市场定位的不同以及商场的规模，营业厅有各自的分类、风格及特点。

11.3.1 营业厅的功能分区与空间组织

1. 营业厅的功能组成

营业厅一般由交通路线、商品展示区、体验区、洽谈区、休息区等功能空间组成。

2. 空间组织方法

营业厅内的空间组织应充分运用空间的分隔与联系手法。为保证整个营业厅空间的完整性，通常采用象征性分隔手法。如利用货架、隔断以及陈设绿化分隔空间，利用顶棚和地面的变化来分隔空间，其特点是空间隔而不断，空间分隔既灵活自由，又保持明显的空间连续感和层次感，所构筑出来的虚拟空间对重点商品的陈列和表现尤为重要。

3. 营业厅布置形式

(1)大厅式：大厅式营业厅的开间与进深均较大，柱网布置较为灵活，空间分隔自由，有利于商品的展示与陈列。但如果流线组织不当，容易造成人流交叉和顾客购物过程中的商品浏览的遗漏现象。

(2)长条式：长条式营业厅常用于沿街铺面以及开间小、进深深的中小型商业建筑，这种空间模式的流线明晰，不易产生死角和人流交叉，出入口常设置在两端。但空间的灵活性较差，货架布置受到一定制约。

(3)中庭式：中庭式相比于大厅式，其室内核心空间得以强化。顾客能够将中庭四周一览无余，便于确定购物方向。中庭的出现使营业空间的水平动线较大厅式更为清晰，能有效避免死角和遗漏。而且中庭的设置不仅丰富了室内空间环境，还有助于商业气氛的创造。中庭式尽管牺牲了少量建筑面积，但却改善了购物环境，吸引了大量客流，从而提高了营业面积利用率，因此成为大中型商场最常见的空间布置形式。

(4)单元式：单元式在经营管理上非常灵活，各单元空间可对外出租，并根据各自的商品特点单独布置不同的主题，彼此之间的相互干扰较小。单元式营业空间常与大厅式或中庭式结合使用，也是目前最常见的商场空间布置形式。

(5)错层式：错层式的室内空间更加丰富，不同楼层之间相差 1/2 层或 1/3 层。楼层之间以楼梯、坡道以及自动扶梯相联系，虽然拉长了购物动线，却减轻了顾客在购物过程中的疲劳程度。由于错层式的结构与形式相对较为复杂，所占用的空间也相对较大，因此，多为大中型商业建筑所采用。

11.3.2　人流组织与视觉引导

顾客到达商店营业厅后，一般会完成下列活动：

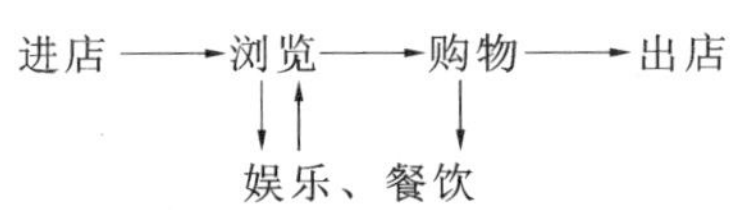

为了避免堵塞、拥挤，提高营业厅对商品的展示效率，保证顾客的视觉感受，在进行营业厅的设计时，必须从营业厅的人流组织与视觉引导上精心布局。人流动线组织得当与否决定了商场经营环境的好坏。优秀的人流组织设计可以使商场营业空间能充分发挥其最大功效，创造出好的购物环境。

1. 人流组织

(1)营业厅的人流组织要求

①商店出入口的位置、数量和宽度以及通道和楼梯的数量和宽度，首先应满足安全疏散的要求，出入口与垂直交通的相互位置和联系流线，对客流的动线组织起决定作用。

②通道的设计应避免人流与货流的交叉干扰，使人流、货流各行其道，交通流畅。

③设计人流线路时尽可能避免产生单向折返路线与浏览的死角。这既不利于商品的销售，又不利于顾客安全地进出和疏散。

④顾客动线通道与人流交汇停留处，作为展示的重点，应加强商品展示和形象设计。

(2)常见的人流组织方式

①营业厅的水平流线设计

商业空间中的水平人流可以分为主要水平流线和次要水平流线。主要水平流线常与出入口、楼梯、电梯或扶梯等垂直交通工具相联系，次要水平流线则用来联系主要流线与各售货单元。主要水平流线相对较宽，大型百货商场中的主要水平流线宽度可达六股人流以上。

②营业厅的垂直流线设计

垂直流线(图 11-6)的设计原则是能够快速、安全地将顾客输送到各个楼层。因此，垂直交通工具应分布均匀，便于寻找，并与各层水平交通动线紧密相连。垂直交通设施前应有足够的缓冲空间。常见的垂直交通设施有：

图 11-6　商场垂直人流动线

A. 自动扶梯：自动扶梯常见的布置方式有以下几种：

a. 连续直线型：沿单一方向使用，一上一下，每列扶梯均沿单一方向运行。

b. 往返折线型：每层仅设一部扶梯，一般仅供上行人流使用，常为中小型商场所采用。

c. 单向叠加型：类似于单跑直楼梯，每到一层须向相反方向行走至下一扶梯起步处。

d. 交叉式：类似于剪刀楼梯，在大型商场常见到这种布置方式。

自动扶梯一般可设在以下部位：

a. 商场出入口处：这种布置方式的优点在于能够快速将进入商场的人流疏导到不同的目的地，减少出入口处的交通堵塞。

b. 商场中庭周边：随着扶梯的上下运行，增加了室内空间的动感。

c. 设置在商场一侧：中小型商场的营业空间相对较小，如扶梯设在中央部位会给柜台和货架的摆放带来困难，将扶梯设在营业空间的一侧，可避免挤占有限的营业空间。

d. 营业厅外设专用空间：在营业厅外利用沿街的玻璃幕墙等将自动扶梯限定在一个专用的空间内，使自动扶梯成为一个景观要素。

B. 厢式电梯：厢式电梯的种类较多，根据使用性质一般可分为客梯、货梯；根据速度可分为高速电梯和普通电梯。当电梯位于中庭或紧贴建筑外墙时，可设置观景电梯，具有垂直运输与观光的双重功能。

C. 楼梯：楼梯分为普通楼梯和疏散楼梯两种类型。普通楼梯设计较为灵活，可设计为弧形楼梯、旋转楼梯等。疏散楼梯在平时作为普通楼梯使用，在火灾发生时必须能迅速将商场内的人流疏散到室外安全的地方。因此，疏散楼梯必须满足《建设设计防火规范》(GB 50016)的规定，均匀布置在营业空间的四周。楼梯出口处要有醒目的标志，以引导人流疏散。

D. 无障碍设计：无障碍设计是现代商业空间设计中的一个重要内容，主要采用坡道。坡道的优点在于行走舒适方便，能够满足无障碍设计的要求，适合于老年人和残疾人的使用要求，方便货物的运输和购物车的使用。随着仓储式购物的兴起，坡道在室内的应用也越来越多。除坡道设计外,营业厅内还应尽量避免高差。

2. 视觉引导

从顾客进入营业厅开始,设计者需要根据顾客流线精心布置视觉引导设施,设置商场分区指示牌、商品展示台、展示柜以及商品信息标牌等。商店营业厅内视觉引导的常用方法有:

(1) 通过柜架、展示设施等空间划分,引导顾客流线方向并使顾客视线最终落在商品的重点展示处。

(2) 通过营业厅地面、顶棚、墙面等界面材质、线型、色彩、图案的配置,引导顾客的视线。

(3) 采用系列照明灯具、灯箱、展架、条幅等设施手段,对顾客进行视觉引导。

(4) 在商场内利用电视、音响、电脑自助查询、导购机器人等多媒体手段,达到促销的目的。

11.3.3 经营方式与商品陈列

营业厅的商品陈列和布置是由商店的销售商品特点和经营方式所确定的。

1. 营业厅常见的经营方式

(1)闭架

适宜销售高档贵重商品或不宜由顾客直接选取的商品,如珠宝首饰、药品、电子产品等。

(2)开架

适宜销售挑选性强,除视觉审视外,对质地有手感要求的商品,如书籍、服装、鞋帽等。这种经营方式因有利于促销而被普遍采用。

(3)半开架

商品开架展示,但展示区是封闭的,通过特定通道出入。

(4)洽谈

某些商品由于自身的特点或氛围的需要,顾客在购物时与营业员要进行较详细的商谈、咨询,可采用就座洽谈的经营方式。如销售电脑、汽车等。

2. 商品陈列

售货柜台和陈列货架是销售现场的主要设施(图 11-7)。柜台供陈列、展示、计量、包装商品及开票等活动使用,同时也可供顾客看样品、审视挑选商品时使用。货架则供陈列和少量储藏商品使用。另外还有收款台,商品展示台,问询、导购等服务性柜台等。

柜架的基本布置方式有:沿墙布置、岛式布置、斜向布置及综合布置等。

柜架布置应使顾客流线畅通,便于浏览、选购商品,柜台和货架的位置及规格应符合人体工程学的要求,使营业员服务时方便省力,并能充分发挥柜架等设施的利用率。常将不同类别的商品分成若干柜组,如百货商场中常按化妆品、文体用品、家用电器、IT 产品、服装、鞋帽、食品等对所售商品分类。展台、货架与柜台的布置位置应综合考虑商品的经营特色、商品的挑选性、商品的体积与重量等多种因素。百货商场常把珠宝、化妆品专柜布置于近入口处,以取得良好的铺面视觉效果;把顾客经常浏览、易于激发购买欲的日用品置于底层;而把有目的购置的商品柜组,如男女装、儿童用品、运动休闲等置于楼层;而重量较重和体积较大的商品,如家具等,常置于商场地下楼层。

在商品的陈列中应注意商品陈列低、中、高的搭配,如展台、柜台与垂直立面的产品陈列的组合运用,尽可能丰富地将商品展示出来。

图 11-7　展柜和展台

11.3.4　照明与标志

商店营业厅的照明、标志等各类必备设施的合理布局与配置，是商店营业厅设计中的重要内容之一，也是营造良好购物环境的必要手段。

1. 营业厅照明

营业厅除规模较小的商店白天营业有可能采用自然采光外，大部分商店的营业厅都需要进行人工照明。

商店营业厅内照明的种类有：

(1)一般照明

也称基本照明，指不考虑局部的特殊需要，为照亮整个室内而采用的照明方式。一般照明由对称排列在顶棚上的若干照明灯具组成，使室内获得较好的亮度分布和照明均匀度，用以满足通行、购物、销售等活动的基本需要。

(2)重点照明

重点照明是在环境照明的基础上，对特定部分专门设置的照明。通过光的诱导作用，营造更具有视觉吸引力的光环境。运用重点照明既能凸显出商品表面的光泽度及优良的质地，刺激购物者的购买欲望，也可以突出某些营业厅的重点部位，如：门头、橱窗、形象墙等。同时，通过在营业厅深处设置重点照明还可以起到吸引顾客的作用。重点照明区域的照度与其周围背景照度的照度比不宜小于 3∶1。重点照明常采用有轨射灯、格栅射灯等投射光源与一般照明相结合，最终营造出理想的照明效果(图 11-8)。

(3)装饰照明

装饰照明是通过多种光源的色泽、灯具的造型来营造富有魅力的购物环境,同时也烘托出商场或商品的特征。室内装饰照明可采用灯箱、霓虹灯、发光壁面等(图 11-9)。营业厅中装饰照明的设置,在照度、光色等方面应注意不影响到顾客对商品色彩、光泽的挑选,注意与营业厅整体风格与氛围相协调。

图 11-8　商业空间重点照明

图 11-9　商业空间装饰照明

(4)应急照明

为避免因停电、火灾等情况发生引发的人员伤害,营业厅应设置应急照明,其照度不低于一般照明照度的 10%;在安全出口位置还应设置指示安全出口的疏散应急照明。应急照明不能用常规电网电源,应使用独立的充电蓄电设施。

2. 不同商业空间的照度要求

商业空间不同场所的照度要求是不同的,我们在设计时可以依据表 11-1 的参数进行照度的控制(参数节选自《建筑照明设计标准》GB50034)。

表 11-1　不同商业空间照度要求

房间或场所	参考平面及其高度	照度标准值(lx)
一般商店营业厅	0.75m 水平面	300
一般室内商业街	地面	200
高档商店营业厅	0.75m 水平面	500
高档室内商业街	地面	300
一般超市营业厅	0.75m 水平面	300
高档超市营业厅	0.75m 水平面	500
仓储式超市	0.75m 水平面	300
专卖店营业厅	0.75m 水平面	300
农贸市场	0.75m 水平面	200
收款台	台面	500*

注:* 指混合照明照度。

3. 商场标志

商场标志起到展示企业形象、传播企业文化、指示营业厅经营商品种类的层次分布、标明柜组经营商品门类等作用。因此,商店标志在现代商业环境中起到极为重要的作用。

商店的标志应根据建筑和室内设计的整体构思统一设计，要从大小、造型、用材、用色、字体以及标志设置位置、照明等方面考虑，进行设计。既要醒目、易于辨认，从而起到很好的指示效果，又必须与周围室内商业环境相协调。

11.3.5　家具与陈设

1. 家具

营业厅内的家具主要为商品陈列所需的柜台、货架、展台，服务台或收银台，休息区沙发、茶几，洽谈区桌椅以及体验区家具等。

营业厅内的柜台、货架、展台是商品展示必需的家具，也被称为展示道具。柜台、货架、展台的尺寸应按照商店经营的商品尺寸来确定，常用的柜台、货架尺寸如图 11-10 所示。特别需要指出的是在商业空间中，道具是商品的背景，主要起展示、陈列、衬托商品的作用，因此，家具的形式、材质、色彩及风格应根据商店经营的商品特点及空间风格和氛围来确定。

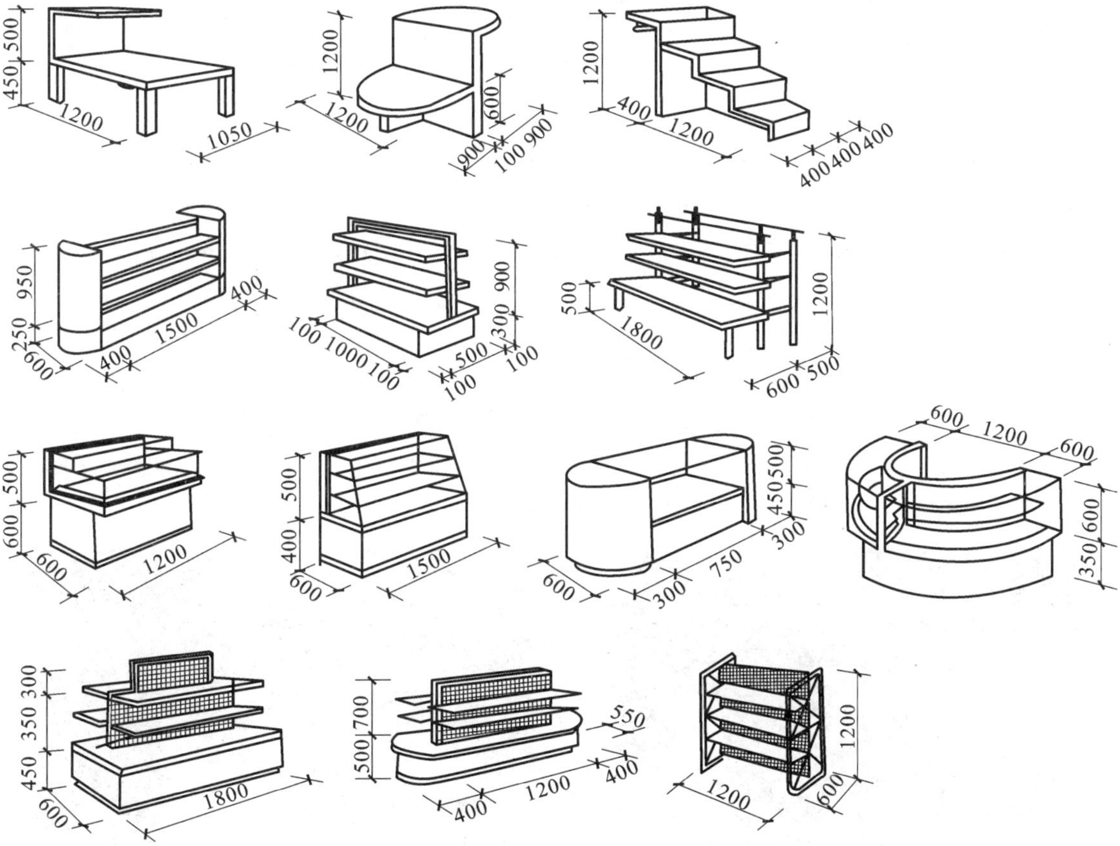

图 11-10　常见货架尺寸

2. 陈设配置

商业空间中最主要的陈设品就是商品本身，因此商业空间的陈设配置主要就是突出商品。在此基础上，首先考虑实用性陈设的选配，如人形模特、多媒体设备、镜子、与商品相关的配饰、店内广告等。然后，可以根据商店经营内容与特色确定空间氛围与格调，选配有利于衬托商品特点、表达品牌特色、烘托商业氛围的装饰性陈设，如灯饰、鲜花、香水、织物、彩带、吊旗、雕塑及景观小品等。另外，还应根据节假日主题需要或季节变化，选择相应的陈设品以烘托节日气氛，如春节时商场布置的红灯笼、中国结等(图 11-11)。

图 11-11　某商场春节期间的陈设

3. 绿化配置

绿化在商业空间中能起到很好的点缀作用，营造出温馨、愉悦的氛围，是商业建筑中不可缺少的重要组成部分(图 11-12)。

绿化植物的选择应考虑下列因素：

(1)要考虑商场内光照、通风不好的特点，应选择对光照、通风要求不高的植物。

(2)由于环境混杂，商场的绿化装饰以点缀为主，不必选择价值高的植物。

(3)优先选择常青绿色植物，并根据季节特点搭配开花植物。

(4)对于植物生长条件不好的环境，可以根据需求配置干枝、干花和质量较好的仿真植物。

商业空间中绿化通常设置于商场入口及中庭作为景观小品使用；或置于角落，填充空间；或设置于柱子、走廊边，以植物来组成或强化室内序列，起到引导人流路线的作用；或在楼梯、栏板、檐口等部位通过植物的悬吊形式进行陈设，来丰富室内空间。

图 11-12　商业空间绿化的设计

11.3.6　空间界面与色彩

商业空间界面作为体现装饰效果，烘托空间氛围的重要载体，需进行精心设计，以突出商品，营造良好的购物环境。

顶棚界面作为顾客进入商业空间后直观印象的重要组成部分，要进行整体布局，尤其是商场入口处和中庭的顶棚要起到先声夺人的效果(图 11-13)，入口处顶棚可采用主题吊顶、灯饰等吸引顾客，商场中庭可采用采光天棚或造型优美的吊灯及灯饰渲染空间氛围。因商场通常跨度较大，且有防火要求，需采用质量轻、不易变形、不易燃的顶棚材料，如：轻钢龙骨、石膏板和铝方通等。因商业空间往往较为开阔，照明灯具、线路、消防喷淋、烟感、广播、送风换气等设备都会设置于顶棚，同时，通过天棚的材质与色彩变化也是进行空间分区的重要方法。因此，要精心设计顶棚的造型和设备位置。顶棚的材质和色彩还应与空间大小、商业空间的经营主体与整体档次有关。

图 11-13　上海环贸广场 iapm 的顶棚造型

在设计商场立面时，因墙面大部分会被货架遮挡，墙面只需做一般处理。应将重点放在形象墙、广告墙和造型隔断的设计上。还可以在墙面上设置隔板和壁龛用作商品的展示。

商店营业厅的地面应考虑防滑、耐磨、易清洁等要求。地面面积较大时，可作单独划分、局部饰以纹样或分格分色处理。地面材质与色彩设置，可考虑空间组织的需要，发挥其引导人流路线、限定空间等作用。

商业空间色彩设计要遵循背景色、主体色、点缀色搭配的原则，最终目的是突出商品，并调整空间效果，烘托商业氛围。

11.4　入口与橱窗设计

商店入口与橱窗设计是商业空间设计的重要内容之一。(详见单元八)

入口是吸引顾客进入商业空间重要途径，因此，其设计必须独特、醒目。常用的处理方法有通过入口空间的凸凹变化突出入口(图 11-14)；或通过新颖别致的构图与造型突出入口(图 11-15)；或通过精心配置的色彩与材质效果突出入口；也可以将入口与附属小品相结合，引起视觉关注。

橱窗是展示商品、突出经营特色、传达商业信息、强化商业氛围最有效的方式(图 11-16)。橱窗有开敞式、封闭式、半开敞等多种形式。橱窗的布置内容、形式与照明设计是橱窗设计的主要内容。

图 11-14 入口后退处理

图 11-15 独特的入口造型

图 11-16 橱窗设计

学习情境 3 商业空间装饰设计技能训练

<table>
<tr><td>工作任务描述</td><td colspan="3">按专卖店项目任务书的设置要求，通过调研、典型案例分析并结合商业空间设计原理归纳总结出专卖店空间组织及各设计要素的运用；在此基础上通过多方案比较、确定方案、深化设计等完成设计任务</td></tr>
<tr><td rowspan="5">工作过程建议</td><td colspan="2">学生工作</td><td>老师工作</td></tr>
<tr><td colspan="2">步骤 1：分析项目任务，分析设计条件和业主要求，分析专卖店各功能空间或营业厅设计优秀案例（结合相关设计规范）等</td><td>提出问题、分析引导</td></tr>
<tr><td colspan="2">步骤 2：初步构思，绘制一草方案；讨论修改，绘制二草方案；进一步讨论修改</td><td>指导、分析、引导并总结</td></tr>
<tr><td colspan="2">步骤 3：绘制方案图，方案讲评</td><td>指导、总结</td></tr>
<tr><td colspan="2">步骤 4：设计并绘制施工图，讲评</td><td>指导、总结</td></tr>
<tr><td colspan="2">工作环境</td><td colspan="2">学生知识与能力准备</td></tr>
<tr><td colspan="2">商业空间实地考察、教学做一体化教室（多媒体、网络、电脑、工作台）、专业图书资料室</td><td colspan="2">具备运用专卖店装饰设计的各要素进行设计的技能，具备装饰方案图（含效果图）设计与表达、装饰施工图设计与绘制及计算机辅助设计的基本能力</td></tr>
<tr><td>预期目标</td><td colspan="3">能够根据专卖店的个性空间展现其空间性格，运用空间设计要素进行功能空间组织、展现空间氛围、创造并深化空间；方案图表达准确美观；施工图设计深入规范，材料构造运用合理，计算机辅助设计能力进一步提高</td></tr>
</table>

项目小结

<table>
<tr><td rowspan="4">项目考核</td><td>考核内容</td><td>成果考核标准</td><td>比例</td></tr>
<tr><td>商业空间认知</td><td>商业空间的功能要求和各功能空间的相互关系分析全面，功能分析图表达准确</td><td>20%</td></tr>
<tr><td>商业空间设计案例分析</td><td>根据商业空间装饰设计的原则和依据分析各功能空间设计要点，案例选择恰当，分析全面，PPT制作认真</td><td>20%</td></tr>
<tr><td>商业空间装饰设计技能训练</td><td>立意准确，构思新颖，平面功能布局合理，空间组织设计方法运用恰当，其他各设计要素运用合理，风格突出，总体协调；效果图表现准确；施工图绘制符合制图规范和施工图深度要求</td><td>60%</td></tr>
<tr><td rowspan="3">项目评价</td><td>教师评价</td><td></td><td>50%</td></tr>
<tr><td>项目组互评</td><td></td><td>30%</td></tr>
<tr><td>内部评价</td><td></td><td>20%</td></tr>
<tr><td>项目总结</td><td colspan="3">师生共同回顾本单元项目教学过程，对各个学习情境的表现与成果进行综合评估，找出各自的得失及提出改进措施</td></tr>
</table>

单元十二　餐饮空间装饰设计

<table>
<tr><td>项目名称</td><td colspan="3">小型中餐厅室内设计任务书</td></tr>
<tr><td>项目任务</td><td colspan="3">1. 设计条件
建筑原始平面见图 12-1，结构形式为框架结构，层高 4.6m；设计内容包括门厅(接待、等候)、就餐区(设雅座或包间)、后厨(操作间、库房)、卫生间等
2. 设计要求
(1)根据餐厅的经营内容与特点，充分考虑各功能分区，合理组织交通流线。在此基础上，力求设计方案新颖独特、风格突出，具有一定的地域特色
(2)合理把握对室内空间组织、界面装饰、色环境、光环境、家具、陈设、绿化以及室内景观的塑造，创造舒适、愉悦的餐饮环境
(3)设计要以人体工程学为依据，满足顾客的行为、心理需求及服务员的服务尺度
(4)设计符合相关设计规范要求
3. 成果要求
设计方案图和装饰施工图，图纸绘制符合相关制图规范要求，并达到设计深度要求</td></tr>
<tr><td>活动策划</td><td>工作任务</td><td colspan="2">相关知识点</td></tr>
<tr><td>教学情境 1</td><td>餐饮空间认知</td><td colspan="2">12.1 餐饮建筑概述
12.2 餐饮空间的功能组成与组织关系</td></tr>
<tr><td>教学情境 2</td><td>餐饮空间装饰设计案例分析</td><td colspan="2">12.3 餐饮空间装饰设计</td></tr>
<tr><td>教学情境 3</td><td>中餐厅装饰设计技能训练</td><td colspan="2">12.4 中餐厅装饰设计
12.5 其他餐饮空间装饰设计</td></tr>
<tr><td>教学目标</td><td colspan="3">了解餐饮文化和餐饮建筑装饰发展趋势，理解餐饮建筑的分类与分级，掌握餐饮建筑装饰设计要点。掌握中餐厅装饰设计要点，理解西餐厅、快餐厅、咖啡馆、酒吧、茶馆等装饰设计要点；能够正确分析并合理组织餐饮空间功能布局，能够根据经营内容、特色等进行设计立意，确定设计主题与风格，灵活运用设计要素，独立完成各类常见中小型餐厅的装饰设计，并绘制效果图、施工图。树立民族自豪感，厚植家国情怀，传承中华优秀传统文化，提高创新能力</td></tr>
<tr><td>教学重点与难点</td><td colspan="3">重点：餐饮空间的设计
难点：创新思维与设计能力的培养</td></tr>
<tr><td>教学资源</td><td colspan="3">教案、多媒体课件、网络资源(专业设计网站等)、专业图书资料、设计规范、设计案例资料、精品课等</td></tr>
<tr><td>教学方法建议</td><td colspan="3">项目教学法、案例分析法、参观考察、讨论、模拟演练法等</td></tr>
<tr><td rowspan="3">思政元素</td><td>思政契合点
(案例或知识点)</td><td>教学活动(思政内涵)</td><td>思政落脚点</td></tr>
<tr><td>餐饮文化与建筑装饰</td><td>讲述你了解的中国餐饮文化及地方特色</td><td>民族自豪感
家国情怀
创新精神</td></tr>
<tr><td>餐饮空间装饰设计理念</td><td>结合优秀中国传统文化及地域特色，构想主题餐厅的设计主题</td><td>文化自信
文化传承
创新意识</td></tr>
</table>

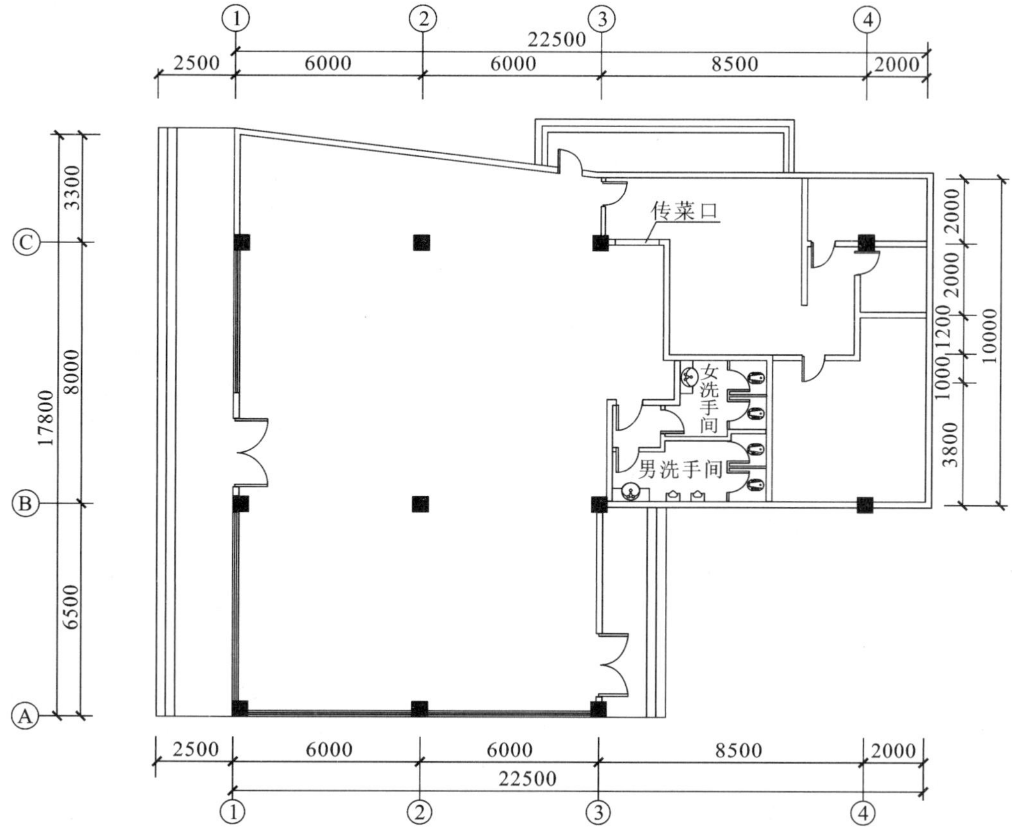

图 12-1　中餐厅原始平面图

学习情境 1　餐饮空间认知

<table>
<tr><td>工作任务描述</td><td colspan="2">认识、感受不同类型的餐饮建筑及内部空间，了解餐饮文化，熟悉餐饮建筑的分类与分级，讨论、分析餐饮空间的功能要求和各功能空间的相互关系，画出功能分析图</td></tr>
<tr><td rowspan="4">工作过程建议</td><td>学生工作</td><td>老师工作</td></tr>
<tr><td>步骤 1：参观或图片浏览等多种方式认识、感受不同类型的餐饮建筑及其内部空间，熟悉餐饮建筑设计规范</td><td>引导学生观察</td></tr>
<tr><td>步骤 2：了解餐饮文化，讨论、分析餐饮空间的功能要求和各功能空间的相互关系</td><td>指导</td></tr>
<tr><td>步骤 3：画出餐饮空间的功能分析图，讲评</td><td>指导、总结</td></tr>
<tr><td colspan="2">工作环境</td><td>学生知识与能力准备</td></tr>
<tr><td colspan="2">校外参观场所、教学做一体化教室（多媒体、网络、电脑）</td><td>资料搜集与分析能力、团队协作与表达能力</td></tr>
<tr><td>预期目标</td><td colspan="2">能够正确分析餐饮空间的功能要求和各功能空间的相互关系，餐饮空间的功能分析图表达准确</td></tr>
</table>

知识要点

12.1　餐饮建筑概述

12.1.1　餐饮文化与建筑装饰

“民以食为天”，中国人从古至今都非常重视饮食问题，形成了历史悠久的饮食文化。中国餐饮的独特魅力在于对饮食之美的追求。中国人注重在饮食生活中获得心理的愉悦和美的享受，不但讲究食物的色香味形之美，而且要求器具美、环境美，甚至菜肴命名都高雅含蓄，富有文化意蕴，让人产生美的联想。中国烹饪艺术的精要之处在于调和，烹饪全凭感觉和经验，火候、调味全在厨师的掌控，精妙而细微。加之各地在食物原料、气候、风俗习惯等方面的差异，形成了丰富多彩、风味各异、具有鲜明地域特色的诸多菜系。中国餐饮形式注重共餐，注重情感交流，强调一种团结、礼貌、共享的气氛。

而西方的餐饮文化与我国存在很大不同，主要是受传统文化、地域特征、环境气候、风俗习惯等因素的影响，在食物原料、口味、烹饪方法、饮食习惯上形成不同程度的差异。如西方的餐饮观念比较讲究营养学，注重食物的热量、蛋白质、维生素、纤维素的搭配；餐饮形式主要是分餐，强调个人之间的交流。

随着我国生活水平提高和消费升级提质、消费结构优化，大众化的私人餐饮消费已经成为中国餐饮市场的主流，年轻人成为主流消费群体。新生代主流消费群体更加注重生活品质和精神上的满足，更加关心营养健康，讲求便利性和效率，社交、休闲、综合体验消费需求增加，对就餐环境的要求远远高于对价格的敏感程度，餐饮消费逐渐转为享受型、体验型和精准服务型。同时受互联网的影响，网上订餐成为重要消费途径。

因此，餐饮建筑装饰设计应根据餐饮店的经营内容与特色、顾客群的需求等，努力创造体现不同餐饮文化特色、具有文化意蕴、高雅愉悦的餐饮环境氛围。

12.1.2　餐饮建筑的分类

1. 根据经营内容及服务特点分类

按经营方式、饮食制作方式及服务特点划分，饮食建筑可分为餐馆、快餐店、饮品店、食堂等四类。

餐馆是指接待消费者就餐或宴请宾客，为消费者提供各式餐点和酒水、饮料的营业性场所。

快餐店是指能在短时间内为消费者提供方便快捷的餐点、饮料等的营业性场所。

饮品店是指为消费者提供舒适、放松的休闲环境，并供应咖啡、酒水等冷热饮料及果蔬、甜品和简餐为主的营业性场所，如酒吧、咖啡厅、茶馆等。

食堂是指设于机关、学校和企事业单位内部，供应员工、学生就餐的场所。

2. 根据规模大小分类

按规模大小可分为特大型、大型、中型和小型。餐馆、快餐店、饮品店的建筑规模按照建筑面积划分，具体见表 12-1；食堂的建筑规模按照服务人数划分，具体见表 12-2。

表 12-1　餐馆、快餐店、饮品店的建筑规模

建筑规模	建筑面积(m^2)或用餐区域座位数(座)
特大型	面积>3000 或座位数>1000
大型	500<面积≤3000 或 250<座位数≤1000
中型	150<面积≤500 或 75<座位数≤250
小型	面积≤150 或座位数≤75

注:表中建筑面积包括用餐区域、厨房区域和辅助区域。

表 12-2　食堂的建筑规模

建筑规模	小型	中型	大型	特大型
食堂服务的人数(人)	人数≤100	100<人数≤1000	1000<人数≤5000	人数>5000

3. 根据餐饮空间的布置类型分类

①独立式的单层空间。一般小型餐馆、茶室等常采用这种类型。

②独立式的多层空间。一般中型餐馆如大型的食府或美食城等多采用这种类型。

③附建于多层或高层建筑。大多数的办公餐厅或食堂多属于这种类型。

④附属于高层建筑的裙房部分。宾馆、综合楼的餐饮部或餐厅、宴会厅等大中型餐饮空间属于此类。

12.2　餐饮空间的功能组成与组织关系

餐饮建筑的功能空间主要由用餐区域、厨房区域、公共区域和辅助区域等四部分组成。各功能区又由若干功能区组成,如表 12-3 所示。它们既相互独立,又存在着密切的联系,如备餐间既要与加工区紧密相连,又要与餐厅联系方便。通过以下两个功能分析图(图 12-2、图 12-3),可以清晰地分析出餐馆、饮食店的各个功能区之间的相互关系。

表 12-3　餐饮建筑的功能组成

<table>
<tr><th colspan="2">区域分类</th><th>各类用房举例</th></tr>
<tr><td colspan="2">用餐区域</td><td>宴会厅、各类餐厅、包间等</td></tr>
<tr><td rowspan="2">厨房区域</td><td>餐馆、食堂、快餐店</td><td>主食加工区(间)[包括主食制作、主食热加工区(间)等]、副食加工区(间)[包括副食粗加工、副食细加工、副食热加工区(间)等]、厨房专间(包括冷荤间、生食海鲜间、裱花间等)、备餐区(间)、餐用具洗消间、餐用具存放区(间)、清扫工具存放区(间)等</td></tr>
<tr><td>饮品店</td><td>加工区(间)[包括原料调配、热加工、冷食制作、其他制作及冷藏区(间)等]、冷(热)饮料加工区(间)[包括原料研磨配制、饮料煮制、冷却和存放区(间)等]、点心和简餐制作区(间)、食品存放区(间)、裱花间、餐用具洗消间、餐用具存放区(间)、清扫工具存放区(间)等</td></tr>
<tr><td colspan="2">公共区域</td><td>门厅、过厅、等候区、大堂、休息厅(室)、公共卫生间、点菜区、歌舞台、收款处(前台)、饭票(卡)出售(充值)处及外卖窗口等</td></tr>
<tr><td colspan="2">辅助区域</td><td>食品库房(包括主食库、蔬菜库、干货库、冷藏库、调料库、饮料库)、非食品库房、办公用房及工作人员更衣间、淋浴间、卫生间、清洁间、垃圾间等</td></tr>
</table>

注:1. 厨房专间、冷食制作间、餐用具洗消间应单独设置。

2. 各类用房可根据需要增添、删减或合并在同一空间。

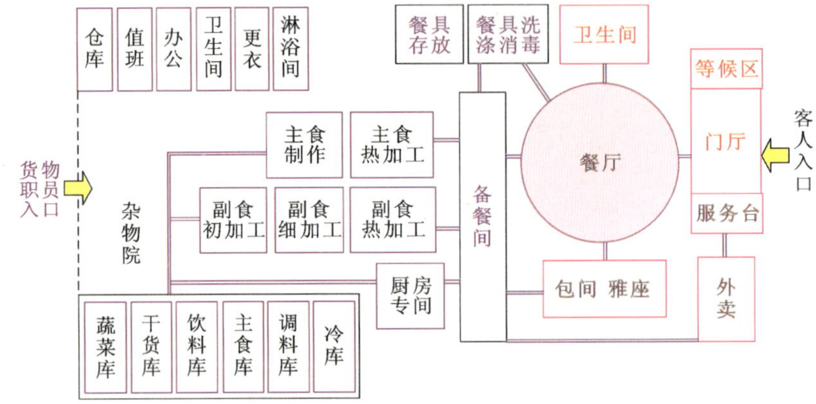

图 12-2　餐馆功能分析图

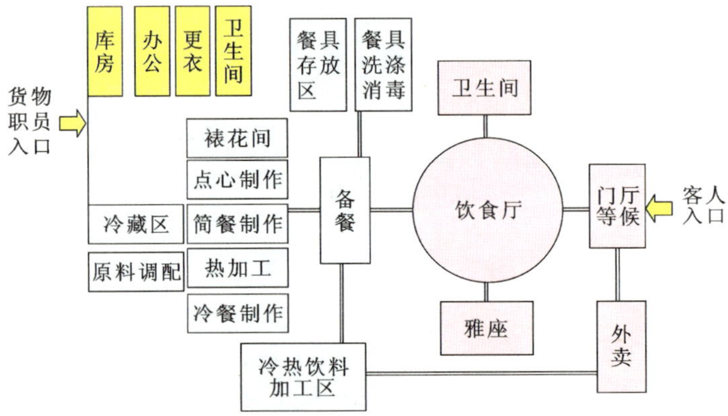

图 12-3　饮食店功能分析图

学习情景 2　餐饮空间装饰设计案例分析

<table>
<tr><td>工作任务描述</td><td colspan="3">搜集餐饮空间装饰设计优秀案例并加以分析，探讨餐饮空间装饰设计的原则，着重研究各功能空间设计要点，以 PPT 形式总结汇报</td></tr>
<tr><td rowspan="5">工作过程建议</td><td colspan="2">学生工作</td><td>老师工作</td></tr>
<tr><td colspan="2">步骤 1：搜集、分析多个餐饮空间装饰设计优秀案例，每组分享 2 个案例分析</td><td>示范案例分析</td></tr>
<tr><td colspan="2">步骤 2：深入分析餐饮空间装饰设计优秀案例，讨论餐饮空间装饰设计的基本原理</td><td>提出问题，总结</td></tr>
<tr><td colspan="2">步骤 3：深入分析餐饮空间中各功能空间设计案例，讨论、归纳各功能空间设计要点</td><td>提出问题，指导</td></tr>
<tr><td colspan="2">步骤 4：制作 PPT，并进行讲评</td><td>总结</td></tr>
<tr><td colspan="2">工作环境</td><td colspan="2">学生知识与能力准备</td></tr>
<tr><td colspan="2">教学做一体化教室（多媒体、网络、电脑）、图书资料室（设计规范、设计案例）</td><td colspan="2">资料搜集与分析能力、熟悉餐饮空间功能要求及相互关系</td></tr>
<tr><td>预期目标</td><td colspan="3">熟悉相关设计规范，能够分析理解餐饮空间装饰设计的原则，能够熟练掌握各功能空间设计要点</td></tr>
</table>

知识要点

12.3　餐饮空间装饰设计

12.3.1　餐饮空间装饰设计理念

1. 餐饮空间多功能化

年轻消费群体对餐饮空间的休闲、社交要求越来越强，餐饮空间从单一的销售食品饮料的饮食空间逐渐发展为集餐食、社交、休闲、娱乐等多功能于一体的复合空间，在餐饮空间设计时应注重人与人的交流，满足人们的多样化需求。

2. 设计创意个性化，形式多样化

在市场竞争的作用下，随着人们饮食要求的提高和需求的多样化，餐饮店的经营特色越来越鲜明，且呈现出多元化发展趋势，如教室餐厅、留言咖啡馆、70后饭吧、武侠主题餐厅等。因而，餐饮空间装饰设计必须紧扣经营特色，形成匠心独具的个性化创意餐饮空间，进而呈现出百花齐放的多样化设计形态。

3. 重视文化内涵建设

餐饮空间设计应在创新性、经济性原则下，重视文化内涵的设计表现，如文化传统、民族特色、地方特色、历史典故等，力求使饮食空间真正成为一种文化的承载体，成为推广饮食文化、体现文化传承的“文化”空间，让消费者感受到浓厚的文化氛围，并获得高品位的视觉和心理享受。

4. 餐饮空间智能化

随着智能科技发展，餐饮空间智能化趋势明显。智能化点单使消费者自助完成预订、点餐、结账、评价等流程，操作便捷，提高了餐饮运转效率；智能烹饪和送餐也逐渐增多，必将影响餐饮空间的布局。智能科技也应用在空间环境和场景体验上，室内温湿度、空调通风、灯光照明以及窗帘等可以智能调节，各类沉浸式场景或互动小游戏让顾客在用餐过程中获得新奇的体验。

12.3.2　各功能空间的设计要点

餐饮建筑装饰设计应根据餐饮店的经营理念、经营内容、经营特色、服务对象、规模、等级、周边环境等，从空间装饰风格、环境氛围、主题餐厅、融合娱乐等方面着手立意与构思，同时综合运用空间、界面、光与色、家具与陈设等要素进行各功能空间的设计。

1. 门厅与休息厅设计要点

门厅是顾客从室外进入餐厅的过渡空间，是独立式餐厅的交通枢纽，也是给顾客第一印象的空间。

门厅一般可设置迎宾台、等候区、存衣存包处、餐厅特色简介、小卖柜台以及楼梯或电梯等，具体可根据餐厅经营内容和规模大小确定。在空间处理上，要注意发挥其作为交通枢纽在引导、分散、组织人流方面的作用，可采用循序渐进、欲扬先抑等手法发挥其作为过渡空间在缓冲、过渡、衔接、酝酿情绪方面的作用。在视觉效果上，应作为视觉重点予以重点装饰，以引起关注，引导顾客进入店内，并给客人留下深刻的印象。一般可利用灯光、绿化、小品、店名店标突出个性，营造气氛(图 12-4)。

图 12-4　某餐馆门厅设计

休息厅一般是附属式餐厅的前室，休息厅面向走廊、楼梯或电梯间，是从公共交通部分通向餐厅的过渡空间。休息厅常设迎宾台和休息等候区；休息厅与餐厅可以用门、玻璃隔断、绿化或屏风等来加以分隔和限定。

2. 餐厅设计要点

(1)餐厅的面积可根据餐厅的规模来综合确定。餐厅面积指标的确定要合理，用餐区域每座最小使用面积宜符合表 12-4 的规定。面积过小，会造成拥挤；指标过大，会造成面积浪费、利用率不高，并增大工作人员的劳动强度等。

表 12-4　用餐区域每座最小使用面积(m^2/座)

分类	餐馆	快餐店	饮品店	食堂
指标	1.3	1.0	1.5	1.0

注：快餐店每座最小使用面积可以根据实际需要适当减少。

(2)餐厅空间布局应根据餐厅功能组成及相互关系，依据人的饮食行为特点和人的行为心理需求，合理地进行功能分区和人流路线组织，如可运用边界效应心理(图 12-5)。边界效应是心理学家德克·德·琼治提出的，他对餐厅座位选择的研究发现，有靠背或靠墙以及能纵观全局的座位较受欢迎，靠窗的座位尤其受欢迎，而普遍不喜欢中间的桌子。因此，在餐厅空间划分时应尽可能以垂直的实体围合出有边界的空间，使每个餐桌至少有一个侧面能依托于某个实体(墙、隔断、靠背、栏杆等)，尽量减少四面临空的餐桌(图 12-6)。

餐厅的位置应紧邻厨房，但备餐间出入口应尽量隐蔽，同时，要避免厨房气味和油烟进入餐厅。大餐厅可运用多种手法划分出若干形态各异的小用餐空间，通过巧妙组合使其既相对独立又渗透融合，形成变化丰富的视觉效果。空间的分隔与限定可以利用地面、顶棚的变化，隔断、家具、陈设与绿化的围合来实现；同时，注意空间围合限定的程度，应通过构架、漏窗、博古架等产生空间渗透，使其隔而不断、连通交融(图 12-7)。

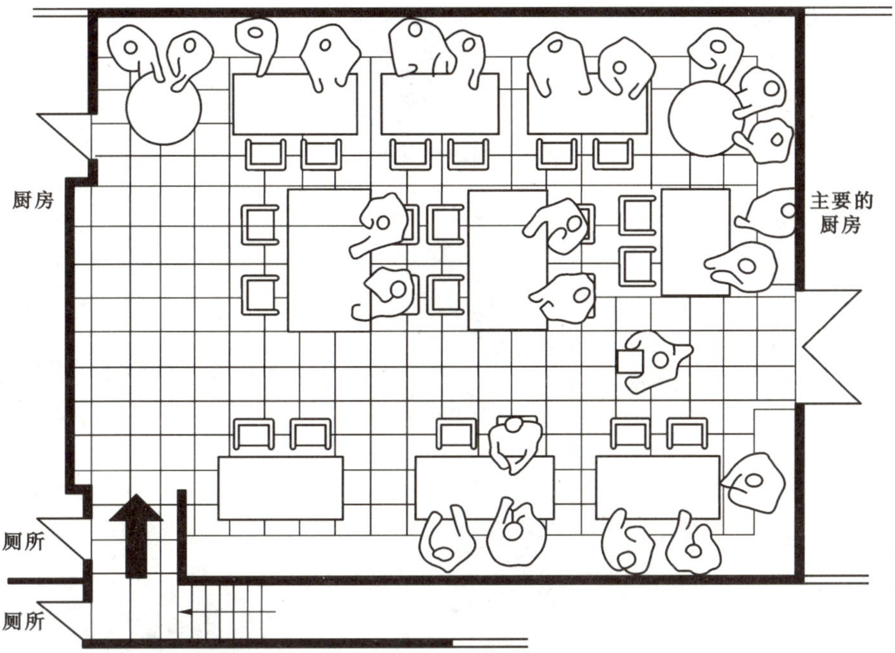

图 12-5　空间布局的边界效应

图 12-6　依据边界效应进行空间分隔的餐厅

主要人流路线要尽量避免交叉，顾客就餐活动路线与送餐服务路线应尽量避免或减少重叠。送餐服务路线不宜过长，并尽量避免穿越其他用餐空间；在大型多功能厅或宴会厅应以配餐廊代替备餐间，以避免送餐路线过长。

(3)顶棚、地面、墙面及柱等界面是构筑和限定空间的重要手段。各界面的造型设计、材料的质感、色彩、图案处理等，应注重发挥各界面组织分隔空间、加强空间风格特色、烘托特定的环境氛围等作用，并与相关设备协调(图 12-8、图 12-9、图 12-10)。地面还应选择耐污、耐磨、易清洁的材料。

(4)各种餐厅应有与之相适应的餐桌椅及其他家具。家具的类型、尺寸、式样、风格和布置方式应与餐厅的经营内容和特色相适应，与餐饮空间总体装饰风格协调统一。图 12-11 所示

图 12-7 餐饮空间分隔方法示例

图 12-8 某特色餐厅界面处理

为某咖啡厅以舒适的沙发和小圆桌围合形成的休闲空间。

除选择餐具、酒具等实用性陈设外，可根据餐厅风格和特色，恰当选择各类艺术品、工艺品、生活用品、生产器具等来突出设计主题，强化空间风格，烘托环境气氛。图 12-12 所示为用船桨、麻绳、斗笠、油灯，创造出码头船坞的渔村生活场景。图 12-13 所示为茶馆内的原木吊架上陈列各种茶具，表现了茶馆的主题，丰富了茶馆的文化内涵。

图 12-9　某西餐厅界面处理

图 12-10　某清真餐厅界面处理

图 12-11　某咖啡厅室内家具

图 12-12　某中餐厅室内陈设

图 12-13　茶馆室内陈设

另外，绿化及山水小品无论是色彩还是形态，都大大丰富了餐饮空间的视觉效果，还能净化空气，改善环境。应根据建筑空间的装饰设计风格、空间的使用功能、气氛和意境的创造进行合理的配置(图 12-14、图 12-15)。

图 12-14　利用绿化分隔空间、烘托清新自然的室内氛围

图 12-15　红叶、翠竹、枝繁叶茂的大树烘托出幽雅清静、生机勃勃的餐饮空间

(5)餐厅内应有良好的通风和采光效果。首先应充分利用自然采光,并考虑自然光下的光环境效果;人工照明应在满足照度的基础上,注意发挥其表现空间、限定空间、突出重点、增加空间层次、烘托环境气氛等作用,并充分考虑灯具的装饰作用。

(6)餐厅室内色彩应与空间总体风格协调统一,同时,考虑色彩对人的食欲的影响,如以橙色为主的暖色具有增进食欲的作用。一般应以界面及家具色彩形成主色调,以陈设、绿化等形成色彩对比。

(7)餐厅内应设一定数量的包间或雅座,以提供更加私密的就餐、团聚、会谈空间。包间除满足就餐需要外,还应考虑团聚、会谈、娱乐的功能需要,可利用家具、界面变化等适当划分成用餐、会谈及娱乐、备餐等功能区。就餐区一般选择 8 人以上,甚至可以多达 20 余人的餐桌及餐椅;会谈娱乐区一般由沙发、茶几及电视柜等组成;另外,要设置餐具柜、衣架等,高档的应设置专用备餐间。包间的设计应更加注重舒适性和艺术性,可以根据总体设计风格设置主题墙面,配置适宜的陈设品,并利用灯光、材质、色彩等烘托适宜的环境氛围(图 12-16)。

图 12-16　中式风格的包间设计

3. 后厨设计要点

(1)厨房面积应根据餐厅的规模来综合确定，具体参见表 12-5。经营多种菜系时所需厨房面积相对较大，经营内容单一时所需厨房面积则较小。使用半成品加工的饮食建筑以及单纯经营火锅、烧烤等的餐馆，其厨房区域和食品库房面积之和与用餐区域面积之比可根据实际需要确定。

表 12-5　厨房区域和食品库房面积之和与用餐区域面积之比

分类	建筑规模	厨房区域和食品库房面积之和与用餐区域面积之比
餐馆	小型	≥1∶2.0
	中型	≥1∶2.2
	大型	≥1∶2.5
	特大型	≥1∶3.0
快餐店、饮品店	小型	≥1∶2.5
	中型及中型以上	≥1∶3.0
食堂	小型	厨房区域和食品库房面积之和不小于 30m²
	中型	厨房区域和食品库房面积之和在 30m² 的基础上按照服务 100 人以上每增加 1 人增加 0.3m² 计算
	大型及特大型	厨房区域和食品库房面积之和在 300m² 的基础上按服务 1000 人以上每增加 1 人增加 0.2m² 计算

注：表中所说面积为使用面积。

(2)厨房应设单独的对外出入口。规模较大时，还需设货物和工作人员两个出入口。

(3)厨房应按原料处理、员工更衣、主食加工、副食加工、餐具洗涤、消毒存放的工艺流程合理布置。对原料与成品、生食与熟食应做到分隔加工与存放。

(4)厨房若分层设置，应尽量在两层解决。若餐厅超过两层，相应的位置只需设置备餐间。垂直运输生食与熟食的食梯应分别设置，不得合用。

(5)备餐间是厨房与餐厅的过渡空间。在中小型餐厅中以备餐间的形式出现，在大型餐厅或宴会厅中，为避免在餐厅内的送餐路线过长，一般在餐厅一侧设备餐廊。若是单一功能的酒吧或茶室，备餐间面积较小或与准备间、操作间合并。

(6)洗消间的功能是对用餐器具的洗涤与消毒，一般应单独设置。

(7)厨房的各加工间应有良好的通风与排气。若为单层，可采用气窗式自然排风；若厨房位于多层或高层建筑内部，应尽可能地采用机械排风。

(8)厨房各加工间的地面均应采用耐磨、耐腐蚀、防水、防滑、易清洁的材料，处理好地面排水，同时墙面、工作台、水池等设施的表面均应采用无毒、光滑和易清洁的材料。

4. 卫生间设计要点

(1)顾客卫生间和工作人员卫生间应分开设置。

(2)顾客卫生间的位置应隐蔽，公共卫生间宜设置前室，卫生间的门不宜直接开向用餐区域，但要设置明确的标识。顾客卫生间可根据空间整体设计风格用少量艺术品点缀，以提高其环境质量。

(3)未单独设置卫生间的用餐区应设置洗手设施，并宜设儿童用洗手设施。

(4)工作人员卫生间的前室不应朝向各加工间。

学习情景 3　中餐厅装饰设计技能训练

<table>
<tr><td>工作任务描述</td><td colspan="2">按本单元项目任务要求,进行中餐厅装饰设计构思,完成设计方案图和装饰施工图</td></tr>
<tr><td rowspan="5">工作过程建议</td><td>学生工作</td><td>老师工作</td></tr>
<tr><td>步骤 1:分析项目任务,分析设计条件和业主要求,分析中餐厅优秀案例,熟悉相关设计规范等</td><td>指导</td></tr>
<tr><td>步骤 2:初步构思,绘制一草方案;讨论修改,绘制二草方案;进一步讨论修改</td><td>指导</td></tr>
<tr><td>步骤 3:绘制方案图,方案讲评</td><td>指导、总结</td></tr>
<tr><td>步骤 4:设计并绘制施工图,讲评</td><td>指导、总结</td></tr>
<tr><td>工作环境</td><td colspan="2">学生知识与能力准备</td></tr>
<tr><td>校外参观场所、教学做一体化教室(多媒体、网络、电脑、工作台)、专业图书资料室</td><td colspan="2">具备餐饮空间装饰设计的基本知识,具备装饰方案图(含效果图)设计与表达、装饰施工图设计与绘制及计算机辅助设计的基本能力</td></tr>
<tr><td>预期目标</td><td colspan="2">能够构思设计中小型餐饮空间装饰,能够灵活运用设计要素和各功能空间设计要点,方案构思新颖,设计合理,方案图表达准确美观,施工图设计深入规范,材料构造运用合理,计算机辅助设计能力进一步提高</td></tr>
</table>

12.4　中餐厅装饰设计

中餐厅是经营高、中、低档中式菜肴或某一特色菜系或某种特色菜式的专业餐厅。由于中式菜肴内容丰富、菜式众多、菜系特色鲜明,中餐厅设计应体现经营内容和特色,表现地域特征或民俗特点,富有一定的文化内涵,形成各具特色的装饰风格,或富丽堂皇,或清新自然,或粗犷原始……

中餐厅的平面布局大致可以分为对称式布局和自由式布局两种类型。对称式布局一般是在较开敞的大空间内整齐有序地布置餐桌椅,形成较明确的中轴线,尽端常设礼仪台或主宾席位。这种布局空间开敞、场面宏大,易形成隆重热烈的气氛,多用于宾馆内餐厅或规模较大的餐馆接待团体宴席(图 12-17)。自由式布局则根据使用要求灵活划分出若干就餐区,以满足特定顾客群的不同需要,一般用于接待散客。这类布局方式常借鉴园林处理手法进行空间分隔和装饰。

我国不同的地区与民族对色彩运用的不同是显而易见的。北方地区色彩浓重,南方则清新淡雅。少数民族地区色彩特色更为鲜明。中餐厅应充分利用各地区用色差异,来突出表现地域特色和民族特色。

图 12-17 对称式布局

中餐厅的光环境设计应与其整体风格相一致。如场面宏大、热烈隆重的中餐厅应注重整体照明，创造灯火辉煌的效果，强化热烈的室内氛围。灯具也应以华丽的宫灯、水晶灯为主(图 12-18)。在自由布局的餐厅内，应注重局部照明，强化空间的领域感，灯具应根据总体风格灵活选择。

图 12-18 宴会厅内照明设计

中式餐厅的家具一般选取经简化的具有中国传统家具神韵的现代中式家具，传统明清式样的家具则多用于包间中。陈设品除必备的餐具、酒具外，带有中国特色的艺术品和工艺品不仅能丰富空间，而且更易于烘托环境气氛，如具有文化品位的书画作品，陶瓷、漆器、玉雕、木雕等，具有鲜明地域特色的民间工艺品如剪纸、泥猴、风筝、布老虎等，具有浓郁生活气息的生活用品、生产器具等。对于尺寸较小的古玩和工艺品通常采用壁龛的处理方法，配以顶灯或底灯，达到特殊的视觉效果。其他多悬挂于墙面或顶棚上，或在餐厅一隅、沿墙边角处做成小的景观。如图 12-19 所示，在餐厅一角利用雕塑、绿色植物、山石、水池、壁画等塑造出热带雨林的室内景观，使人有身临其境的感觉。

图 12-19　餐厅一隅的室内景观

12.5　其他餐饮空间装饰设计

12.5.1　西餐厅装饰设计

西餐泛指以西方国家饮食习惯烹制的菜肴。西餐又分为法式、俄式、美式、英式、意式等，不仅烹饪方式各有不同，服务方式也有区别。典型的是法式菜，选料广泛、做工精细、有酒讲究，而且追求高雅的服务形式，尤其注重客前规范、优雅的表演性服务。

西餐厅是以领略西方饮食文化、品尝西式菜肴为目的的餐饮空间。法式餐厅是最具代表性的欧式餐厅，装饰华丽，注重营造宁静、高贵、典雅、凝重的用餐环境，突出贵族情调，用餐速度缓慢。美式餐厅融合了各种西餐形式，服务快捷，装饰也十分随意，更具现代特色。

西餐最大的特点是分餐制，菜肴不是放在桌子中央，而是由服务生分到个人的餐盘中。用餐过程中，杯、盘、刀、叉种类繁多且有讲究。因此，西餐厅多选择2～6人的长方桌，如(2000～2200)mm×(850～900)mm的6人用长方桌；也有使用圆桌，如直径900～1100mm的四人用圆桌。桌面经常采用素色桌布覆盖，对其风格、样式没有多的要求，餐椅或沙发应选择具有欧式风格特色的家具(图12-20)。

西餐厅注重用餐的私密性，布局应注意餐桌间的距离，并可以使用多种空间分隔限定处理手法来加强用餐单元的私密感。如利用地面和顶棚的高差变化限定空间、利用沙发座的靠背等家具分隔空间、利用各种形式的半隔断及绿化等分隔空间、利用灯光的明暗变化营造私密感等。

西餐厅的墙面及顶面多采用欧式图案的壁纸或乳胶漆等，局部可采用墙面镶板的形式，细部造型可利用欧洲古典建筑的装饰元素进行装饰，如在顶棚、墙面、柱面及阴角处镶贴装饰线；运用古典柱式装饰柱子或作装饰柱、壁柱等；在墙面或门窗洞口处作拱券；结合灯光布置将顶棚做成拱顶或穹顶；使用山花、断山花、麻花柱等装饰；也可以将古典建筑装饰元素进行简化和提炼后用于餐厅装饰(图12-9)。

西餐厅的环境照明要求光线柔和，应避免过强的直射光。就餐单元的局部照明略强于环境照明。西式餐厅大量采用反光灯槽、发光带，甚至发光顶。灯具可选择古典造型的水晶灯、

图 12-20　西餐厅家具

铸铁灯、枝型吊灯、反射壁灯、庭院灯以及现代风格的金属磨砂灯具等。为了营造某种特殊的氛围，餐桌上点缀的烛光可以创造出强烈的向心感，从而产生私密性。

造型优美的钢琴是西餐厅中必不可少的元素。钢琴不仅可以丰富空间的视觉效果，而且优雅的琴声可以构成西餐厅的背景音乐。在规模较大的高档西餐厅中，甚至经常采用抬高地面或局部吊顶造型等方法使钢琴成为整个餐厅的视觉中心。另外，雕塑、西洋绘画、欧美传统工艺品如瓷器、银器、灯具、烛台、牛羊头骨等，反映西方人的生活与文化的生活器具如水车、啤酒桶、舵、绳索以及传统兵器（剑、斧、刀、枪等）在一定程度上反映了西方的历史文脉，成为个性空间中彰显个性特色的陈设品（图 12-21）。

图 12-21　某西餐厅墙面陈设

12.5.2　咖啡厅装饰设计

咖啡是一种具有兴奋作用的饮料，在西方已成为大众化的日常饮品。咖啡厅一般是以喝咖啡为主的、正餐之外的简单饮食场所，是朋友约会、休闲、谈话的好去处，一般会在咖啡厅逗留较长时间。因此，咖啡厅注重洁净的环境、轻松的氛围。

在空间布局上，通常采用灵活多样的轻隔断或家具的围合划分出若干小空间，以创造亲切宜人的空间效果(图 12-22)。家具一般应成组地灵活布置，多采用 2～4 人的座席，中心区可设一两处人数多的座席。餐椅设计要精巧舒适，因咖啡厅用餐不需太多餐具，其餐桌较小，如两人桌 600～700mm 见方既可，餐椅多采用舒适的沙发椅。室内装修简单洁净，可以采用玻璃立面，以获得开阔的视野。色彩要淡雅，灯光要柔和，结合独具特色的陈设、绿化、雕塑、小品等创造丰富的视觉效果和轻松的环境氛围，并形成自己的主题特色(图 12-23)。

图 12-22 某咖啡厅室内布局

图 12-23 某咖啡厅室内装饰

如今，更多与都市现代化生活及休闲需要相结合的新型咖啡厅出现，如网络咖啡厅、影视咖啡厅等。

12.5.3 茶室装饰设计

茶室作为现代休闲、娱乐、社交活动的重要场所，为紧张工作之余的人们提供一个静谧的怀旧空间，已经越来越为人们所青睐。

茶室的装饰风格主要有两种：一是传统地方风格，多位于风景旅游区或特色街区，为着力体现地方性，大量采用地方材质进行装饰，如木、竹、藤以及石材等，以体现地方特色和情趣；二是都市现代风格，其装饰材料和细部处理上注重时代感，如大量采用玻璃、金属材质、抛光石材和亚光合成板等现代装饰材料，而在空间特色上体现传统文化的精髓。

茶室的空间组合和分隔可借鉴中国园林的设计手法，多采用了漏窗、隔扇、罩、植物、水景、山石、小品等灵活地分隔空间，以丰富空间层次和视觉艺术效果（图 12-24）。

图 12-24　中国园林特色的茶馆

茶室应采用素雅的主色调，色彩搭配应尽量减少对比色等强色彩对比，避免使用高饱和度的色彩。通常多借鉴中国传统园林和民居色彩，以实木、藤竹、砖石等自然材料的色彩，搭配黑、白、灰等中性色，适度点缀陈设、绿植等，营造自然质朴、柔和安逸的室内环境（图 12-25）。

图 12-25　素雅的茶室

为了营造幽静的空间环境，茶室的整体照明一般不宜太强，以局部照明为主，并使用大量的装饰照明，使室内景观在光影作用下更具视觉魅力。

12.5.4　酒吧装饰设计

酒吧以酒水为主要经营内容。酒吧的类型有独立式酒吧和附设在宾馆、饭店中的酒吧。

一般酒吧的面积不太大，空间布局要求紧凑。一般以吧台为中心进行布局，吧台的形式有直线型、O型、U型、L型等。吧台又分前台和后台，前吧为高低式柜台，由顾客用餐饮台和调酒用操作台组成，高1000～1100mm。因此，吧台席的餐椅都是高脚凳，凳面高度比吧台面低250～350mm，并在柜台下方低于凳面450mm处设置脚踏杆。吧台席多为排列式，适合于单人或两人并肩坐。应有一定数量的吧台席，以烘托热烈的气氛。后吧由酒柜、装饰柜、冷藏柜等组成，后吧是酒吧空间的视觉中心，通常将上部作重点装饰，下部做储藏柜。前吧与后吧之间的距离不应小于950mm。除设吧台席外，还设置一些2～4人的散座，桌子较小，座椅造型可随意，常采用舒适的沙发座椅形式（图12-26）。

图12-26　酒吧的布置

酒吧是人们工作后饮酒消遣和会友的去处，主要在夜间经营，因此，要求轻松随意、个性突出和隐秘的环境氛围。一般色彩浓郁深沉，照明设计以局部照明为主，整体照度低，局部照度高，主要突出餐桌照明（图12-27）。吧台部分的照明不仅要满足照度要求，而且要利用灯光衬托调酒师的调酒表演以及各种酒类和酒具的展示。公共部分应有适宜的照度，满足人安全行走的需要。而且酒吧的格调要个性突出，独具特色，可通过各类陈设、灯具、绿化小品等来强化与烘托，以吸引顾客。近年来出现了与体育、娱乐设施、音乐、文学、展示等相结合的酒吧形式，如摇滚吧、迪吧等（图12-28）。

图12-27　酒吧灯光效果

图12-28　与娱乐相结合的酒吧

12.5.5　自助餐厅、快餐店装饰设计

1. 自助餐厅

自助餐厅的最大特点是自选、自取。按结账方法又可以分为两种形式，一是按选取的样数付账，另一种是先支付固定金额后任意选取。

自助餐厅在设计时必须注意以下问题：

(1)功能要合理。餐台是顾客集中光顾的区域，其位置要合理，一般置于餐厅中央区域，以满足顾客取餐的便捷性。餐台形式可以为岛式、一字形、L 形等，按用餐顺序依次陈列冷食餐台、热食餐台、主食餐台以及现场制作区等(图 12-29)。按所取样数结账的餐厅，应在顾客选取路线的终点处设置结算台，以便顾客付款后用餐；在出口处应设置餐具回收台，以便顾客用餐后将餐具送回回收台。

图 12-29　自助餐厅

(2)顾客流线设计要合理，避免顾客往返流线的交叉和相互干扰；通道宽度要充足，避免出现拥挤和碰撞。

(3)空间要宽敞，装修应简洁明快，避免给人拥挤的感觉。餐台上方的照明必须充足，同时需要注意灯光的光色，避免因菜肴颜色改变而影响顾客的食欲。

(4)厨房面积可比同等规模一般餐厅有所缩小。

2. 快餐厅

快餐厅一般设置在商业区、车站等流动性较强的区域，快餐厅一般以顾客自助服务为主。在餐厅空间中应划分出动区与静区，合理安排人流路线，尽可能避免交叉、碰撞。空间层次应简单明了，避免层次过多，可使用简洁的矮隔断划分空间(图 12-30)。空间色调应明快亮丽，以橙黄色为主，既能增进食欲，又能加快餐桌的翻台率。照明应以整体照明为主，简洁明亮。面积允许时，可设置儿童游戏区和玩具展示区，以更好地吸引和服务儿童消费者。图 12-31 所示为肯德基店内儿童游戏区。

图 12-30　简洁明快的快餐空间

图 12-31　快餐店一隅的儿童游戏区

项 目 小 结

<table>
<tr><td rowspan="4">项目考核</td><td>考核内容</td><td>成果考核标准</td><td>比例</td></tr>
<tr><td>餐饮空间认知</td><td>餐饮空间的功能要求和各功能空间的相互关系分析全面，功能分析图表达准确</td><td>10%</td></tr>
<tr><td>餐饮空间设计案例分析</td><td>餐饮空间装饰设计的原则和依据分析到位，各功能空间设计要点案例选择恰当，分析全面，PPT 制作认真</td><td>30%</td></tr>
<tr><td>餐饮空间装饰设计技能训练</td><td>立意准确，构思新颖，平面功能布局合理，各设计要素运用灵活恰当，风格突出，总体协调；方案图表达准确美观；施工图绘制符合制图规范和施工图深度要求；计算机辅助设计运用熟练</td><td>60%</td></tr>
<tr><td rowspan="3">项目评价</td><td>教师评价</td><td></td><td>50%</td></tr>
<tr><td>项目组互评</td><td></td><td>30%</td></tr>
<tr><td>内部评价</td><td></td><td>20%</td></tr>
<tr><td>项目总结</td><td colspan="3">师生共同回顾本单元项目教学过程，对各个学习情境的表现与成果进行综合评估，找出各自的得失及提出改进措施</td></tr>
</table>

单元十三　旅馆建筑装饰设计

<table>
<tr><td>项目名称</td><td colspan="3">旅馆空间装饰设计</td></tr>
<tr><td>项目任务</td><td colspan="3">1. 设计题目
旅馆大堂和客房装饰设计
2. 设计条件
建筑原始平面见图 13-1，工程情况由教师根据实际项目选取（注：也可以由任课教师根据甲方要求的情况和设计条件拟定，最好由校企合作企业提供真实设计任务）
3. 设计要求
(1)以旅馆建筑室内设计原理为基础，在满足功能的基础上构思新颖
(2)设计符合旅馆空间使用特点，能够体现当代文化品质和精神内涵
(3)充分考虑空间的功能分区，组织合理的交通流线
(4)设计应以人体工程学的要求为基础，满足人的行为和心理尺度；进行旅馆空间的风格定位，并注重材料、照明、色彩、陈设绿化等要素的综合设计
4. 成果要求
构思方案并绘制方案设计图，经评议后，完成装饰施工图设计与绘制</td></tr>
<tr><td>活动策划</td><td colspan="2">工作任务</td><td>相关知识点</td></tr>
<tr><td>学习情境 1</td><td colspan="2">旅馆空间认知</td><td>13.1 旅馆建筑概述</td></tr>
<tr><td>学习情境 2</td><td colspan="2">旅馆空间装饰设计案例分析</td><td>13.2 旅馆建筑装饰设计基本原理</td></tr>
<tr><td>学习情境 3</td><td colspan="2">旅馆建筑装饰设计技能训练</td><td>13.3 客房装饰设计
13.4 大堂装饰设计</td></tr>
<tr><td>教学目标</td><td colspan="3">分析旅馆建筑室内装饰设计的依据，能够正确分析并合理组织旅馆室内空间功能布局，能够正确把握各功能空间的设计要点并灵活运用设计要素，独立进行一般旅馆建筑的室内装饰设计构思，并完成方案图、施工图的设计与绘制。树立文化自信，提升创新能力，能够结合时代特征，传承和创新发展中国优秀传统文化</td></tr>
<tr><td>教学重点与难点</td><td colspan="3">重点：参照相关规范对各功能空间进行室内设计
难点：设计构思、创新能力的培养</td></tr>
<tr><td>教学资源</td><td colspan="3">教案、多媒体课件、网络资源（专业设计网站等）、专业图书资料、设计案例资料、精品课等</td></tr>
<tr><td>教学方法建议</td><td colspan="3">项目教学法、案例分析法、考察调研、讨论法、角色扮演法等</td></tr>
<tr><td rowspan="2">思政元素</td><td>思政契合点
（案例或知识点）</td><td>教学活动（思政内涵）</td><td>思政落脚点</td></tr>
<tr><td>旅馆空间装饰设计的基本要求</td><td>结合家乡的自然和文化特色，构想度假旅馆的设计主题，并列举几种表现方法</td><td>工匠精神
精益求精
创新发展</td></tr>
</table>

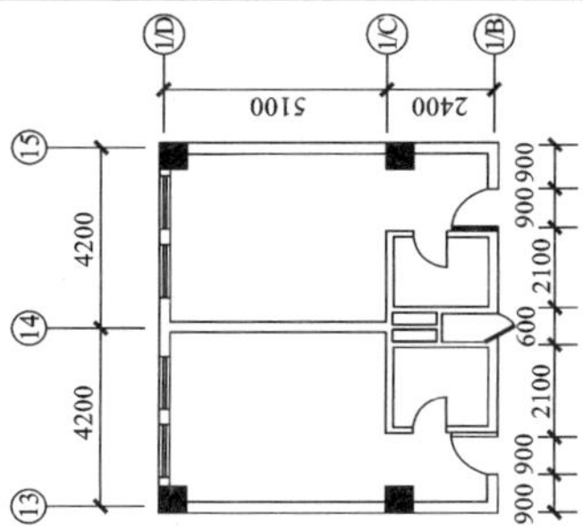

(b)

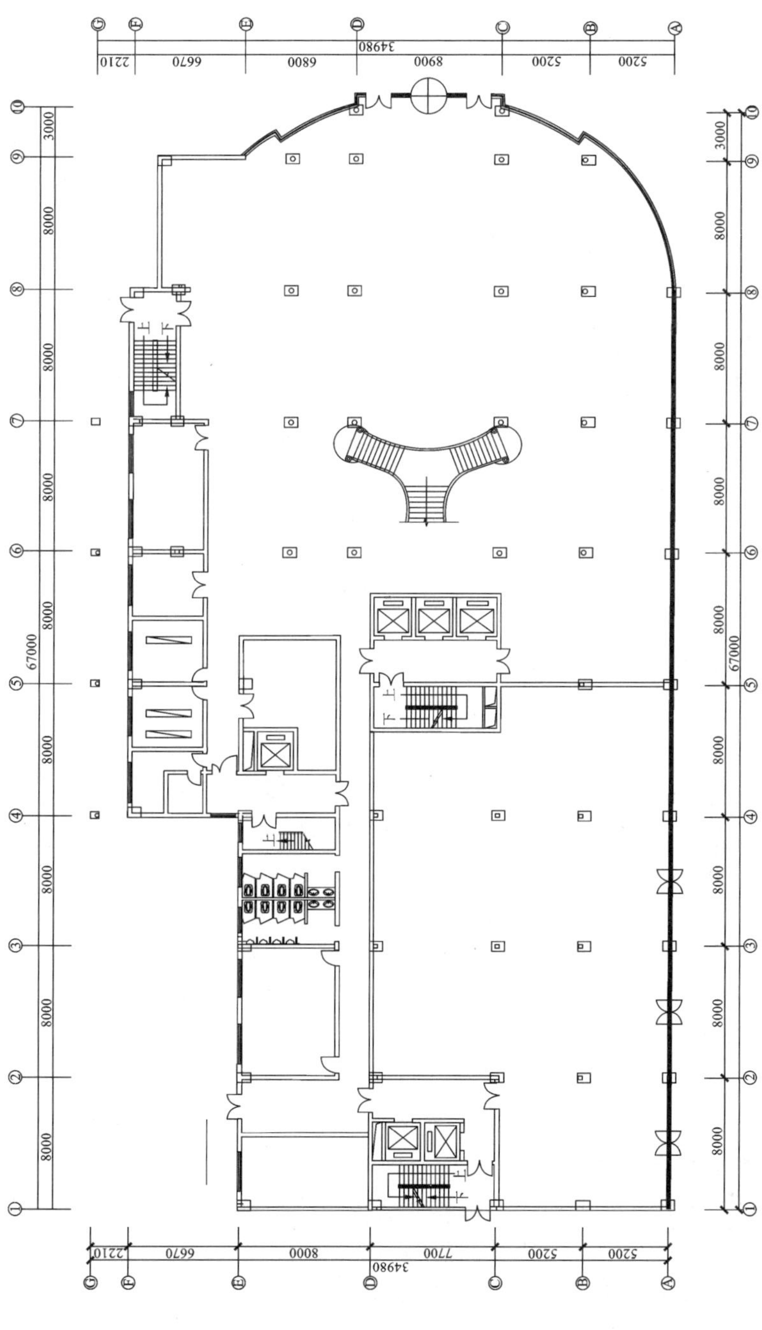

(a)

图 13-1　旅馆原始平面图

(a)旅馆首层平面图;(b)旅馆客房平面图

学习情境1　旅馆空间认知

<table>
<tr><td>工作任务描述</td><td colspan="3">认识、感受不同类型的旅馆建筑及其内部空间，讨论、分析旅馆室内空间的功能要求和各功能空间的相互关系，画出功能分析图</td></tr>
<tr><td rowspan="4">工作过程建议</td><td colspan="2">学生工作</td><td>教师工作</td></tr>
<tr><td colspan="2">步骤1：通过考察、典型案例分析等多种方式认识、感受旅馆建筑及其内部空间的各部分功能需求及装饰设计要素</td><td>引导学生观察</td></tr>
<tr><td colspan="2">步骤2：讨论、分析旅馆空间的功能要求和各功能空间的相互关系</td><td>启发、引导</td></tr>
<tr><td colspan="2">步骤3：画出常见旅馆类型的室内功能分析图，讲评</td><td>指导、总结</td></tr>
<tr><td colspan="2">工作环境</td><td colspan="2">学生知识与能力准备</td></tr>
<tr><td colspan="2">实际项目考察、教学做一体化教室（多媒体、网络、电脑）</td><td colspan="2">资料搜集与分析能力、团队协作与表达能力</td></tr>
<tr><td>预期目标</td><td colspan="3">正确理解旅馆的类型，分析旅馆空间的功能要求和各功能空间的相互关系，常见旅馆室内功能空间分析及各装饰设计要素表达</td></tr>
</table>

知识要点

13.1　旅馆建筑概述

旅馆是指为宾客提供住宿、餐饮以及会议、商务、娱乐、健身等全部或部分服务的公共建筑，也称为酒店、饭店、宾馆、度假村等。

随着我国经济和科学技术的快速发展，居民生活品质的提升，旅游消费升级带动旅馆需求的增加，竞争也不断加剧，旅馆建筑呈现出综合性、个性化、绿色化、智能化的发展趋势。

13.1.1　旅馆建筑的发展趋势

1.多功能复合型趋势

在大众需求的推动下，旅馆的功能越来越丰富，例如会议、洽谈、商业、娱乐、餐饮、购物、疗养等，如同一座小城市一样给顾客提供各种各样的服务，从而使旅馆建筑从原来的单一空间向多功能复合型的综合体发展。

2.多元化趋势

多元化趋势表现在多层次、多样化、个性化多个方面。多层次是指旅馆有经济型、中档、高档、精品酒店等不同档次；多样化是指旅馆类型多，如度假旅馆、会议旅馆、商务旅馆、公寓旅馆等多种多样，以满足不同人群的多样化旅行目的和消费需求；个性化是指装饰设计新颖、独特，适度张扬个性，能反映当地的自然和人文特色，有一定的文化内涵，能够提供特色生活方式体验，给人一种新奇的感受，以满足人们丰富的情感生活和高层次的精神享受。

3.绿色化趋势

保护生态环境、节能降碳、绿色发展是当今世界发展的要求，发展绿色建筑关系到我国"双碳"目标、保持可持续发展目标的实现。旅馆建筑绿色化，即通过科学的设计，采用自然通风采光、低能耗围护结构、绿色建材以及新能源利用等技术，最大限度地节约资源、保护环境、减少污染，为人们提供健康、适用、高效的使用空间，进而实现人与自然和谐共生。

4.智能化趋势

信息时代的到来，互联网、物联网、智能家居、人工智能等高新技术应用于酒店设备自动化、办公自动化及智能服务系统等，自助选房，刷脸入住，多场景模式，一键控制灯光、窗帘、电视、空调等设备的智控，语音智控等的智能应用不仅给顾客带来了更好的入住体验，而且有利于提升服务质量和效率。

13.1.2　旅馆建筑的类型与等级

1.旅馆建筑的类型

(1)旅馆建筑按经营特点可以分为商务旅馆、度假旅馆、会议旅馆、公寓式旅馆等。

商务旅馆主要为从事商务活动的客人提供住宿和相关服务，这类客人对旅馆的地理位置要求较高，一般旅馆靠近城区或商业中心区，设施设备齐全、服务功能较为完善。其客流量一般不会因季节影响而产生大的变化。

度假旅馆主要为度假游客提供住宿和相关服务，多兴建在自然环境优美的海滨、温泉、风景区附近，经营的季节性较强。度假型旅馆不仅要提供温馨舒适的客房，还要求有较完善的娱乐设备。

会议旅馆是以接待会议旅客为主的旅馆，旅馆的设施不仅要舒适、方便，除食宿娱乐外还为会议代表提供接送站、会议资料打印、录像摄像、旅游等服务。要有较为完善的会议服务设施(大小会议室、谈判间、演讲厅、展览厅、同声传译设备、投影仪等)和功能齐全的娱乐设施，同时在这些会议室、谈判间里都有良好的隔板装置和隔音设备。

公寓式旅馆是指客房内附设有厨房或操作间、卫生间、储藏空间，适合客人较长时间居住的旅馆建筑。此类旅馆客房多采取家庭式结构，以套房为主，房间大者可供一个家庭使用，小者仅供一人使用。它既提供一般旅馆的服务，又能享受居家的快乐。

(2)按酒店地理位置分为城市中心酒店、风景区酒店、汽车酒店、机场酒店、郊区酒店等。

(3)按酒店经营方式分为集团经营酒店、独立经营酒店、联合经营酒店等。

2.旅馆建筑的等级

按现行《旅馆建筑设计规范》(JGJ 62)的规定，旅馆的建筑等级按由低到高的顺序可划分为一级、二级、三级、四级和五级。建筑等级的划分涉及使用功能、建筑标准、设备设施等硬件要求。

按现行《旅游饭店星级的划分与评定》(GB/T 14308)的规定，旅游饭店星级分为五个级别，即一星级、二星级、三星级、四星级、五星级(含白金五星级)。最低为一星级，最高为五星级。星级越高，表示饭店的等级越高。等级的划分通常以酒店的建筑、装饰、设施设备及管理、服务水平为依据。现在某些超豪华酒店被称作六星级或七星级酒店，实际上就是酒店的建设标准超过了五星级的标准。

特别需要说明的是，旅馆的建筑等级虽与旅游饭店星级在硬件设施上有部分关联，但它们之间并没有直接对应关系，因为旅游饭店星级是通过旅馆的硬件设施和软件服务分项得分综合而评定的。

学习情境 2 旅馆空间装饰设计案例分析

<table>
<tr><td>工作任务描述</td><td colspan="3">搜集旅馆空间装饰设计典型案例并加以分析，探讨旅馆空间装饰设计的原则和依据，着重研究各功能空间设计要点，以 PPT 形式总结汇报</td></tr>
<tr><td rowspan="5">工作过程建议</td><td colspan="2">学生工作</td><td>老师工作</td></tr>
<tr><td colspan="2">步骤 1：搜集、分析旅馆空间装饰设计典型案例，剖析其空间的个性特征要素</td><td>示范案例分析</td></tr>
<tr><td colspan="2">步骤 2：分析、讨论旅馆空间装饰设计的原则和依据</td><td>提出问题，总结</td></tr>
<tr><td colspan="2">步骤 3：分析各功能空间设计案例，讨论、归纳各功能空间设计要点</td><td>提出问题，指导</td></tr>
<tr><td colspan="2">步骤 4：制作 PPT，并进行讲评</td><td>总结</td></tr>
<tr><td colspan="2">工作环境</td><td colspan="2">学生知识与能力准备</td></tr>
<tr><td colspan="2">教学做一体化教室（多媒体、网络、电脑）、图书资料室（设计规范、设计案例）</td><td colspan="2">资料搜集与分析能力、熟悉居住空间功能要求及相互关系</td></tr>
<tr><td>预期目标</td><td colspan="3">熟悉相关设计规范，能够分析理解旅馆空间装饰设计的原则和依据，能够熟练掌握各功能空间设计要点</td></tr>
</table>

知识要点

13.2 旅馆建筑装饰设计基本原理

13.2.1 旅馆建筑的功能组成与组合关系

旅馆建筑的功能主要包括住宿、接待、餐饮、会展、健身娱乐、管理服务等，见表 13-1。但因旅馆的类型、等级、规模及经营特色的不同，其功能配置存在较大差异，从而也使不同酒店各具特色。

表 13-1 旅馆建筑的功能

主要功能	主要设施	功能区
住宿	各类型客房、卫生间等	客房部分
接待	大厅、总服务台、休息区、行李房、公共卫生间、停车场等	公共部分
餐饮	中餐厅、西餐厅、咖啡厅、酒吧、茶室、自助餐厅、特色餐厅等	
会展	大小会议室、多功能厅、展览厅等	
健身娱乐	健身房、水疗馆、美容美发、游泳池、歌舞厅、卡拉 OK 厅等	
管理服务	厨房、洗衣房、设备用房、办公用房、值班室、更衣室、卫生间等	辅助部分

按照旅馆的功能，可以将旅馆建筑划分为客房部分、公共部分和辅助部分等。

客房部分是为客人提供住宿及配套服务的空间，如各类客房以及客房层工作间、客房层公共卫生间(有不带卫生间的客房的中低档旅馆)等；客房是旅馆的主体部分，其硬件设施、装修材料、家具陈设、装饰配饰、艺术效果直接影响着旅馆的规模和等级。

公共部分是为客人提供接待、餐饮、会议、健身、娱乐等服务的公共空间，如大堂、餐厅、宴会厅、会议室、商务中心、商店、健身房等。公共部分的内容因不同旅馆的规模、等级、类型等的不同而存在较大差异。

辅助部分是服务人员工作、休息、生活的非公共空间，如职工办公、休息室，洗衣房，设备用房等。

这些功能空间既各自独立又互相联系，见图 13-2。旅馆建筑应依据客人的需求和活动流线合理安排功能空间，遵循分区明确、联系紧密、面积适当的原则，合理布局。

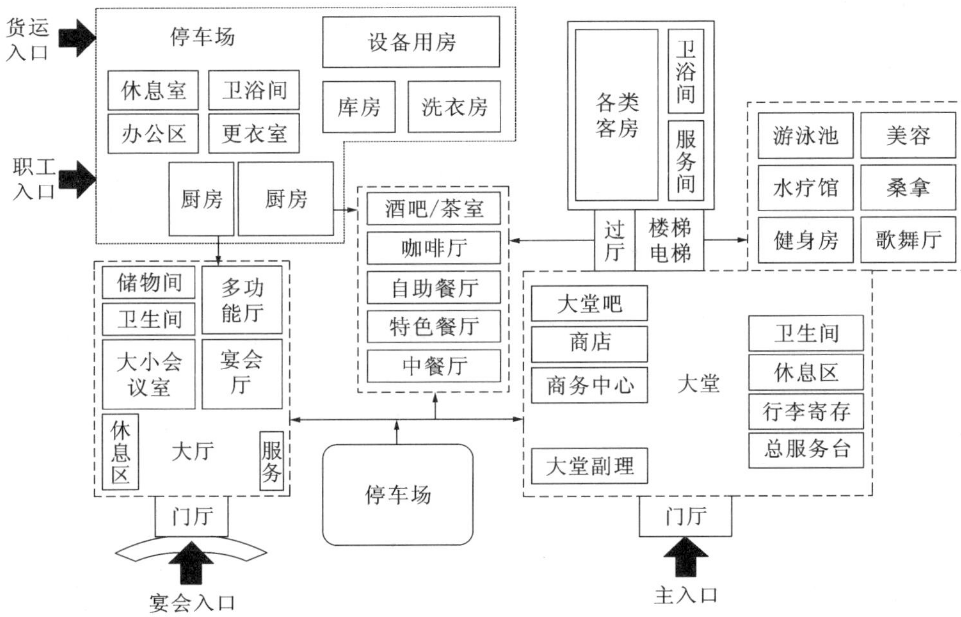

图 13-2　旅馆的功能组合关系

13.2.2　旅馆建筑的总体布局形式

由于旅馆的位置及周边环境、类型、规模、等级等因素差异较大，旅馆建筑的布局形式也多种多样，根据其客房、公共空间、辅助空间等的组合关系，大致可概括为如下几种形式：

1. 分散式布局

采用分散式布局的旅馆，一般基地面积广阔，其客房、公用、辅助等不同功能空间可根据功能及环境等要素分别建造，多数为低层建筑。

2. 集中式布局

(1)水平集中式

市郊或风景区旅馆总体布局常采用水平集中式。客房、公共、辅助等部分在水平方向连接，按功能关系、景观布置、出入口与交通组织、建筑体型等有机结合，庭院穿插其中，客房与公共部分有良好景观与自然采光通风条件。如北京建国饭店、香山饭店、曲阜宾里宾馆等均采用水平集中式布局。北京香山饭店总平面分为五个区，其中门厅、四季厅及公共部分聚集于中间三区，西北一区为餐饮、服务，西南二区及东侧四、五区皆为客房楼，各部分以廊相连，建筑平面不规则组合成内庭院，空间自然伸展，步移景异。

(2)竖向集中式

竖向集中式适用于城市中心、基地狭小的高层旅馆。其客房、公共空间、辅助空间等都在一幢建筑内竖向叠合，垂直运输靠电梯、自动扶梯解决，足够的电梯数量、合适的速度与停靠方式十分重要。

(3)水平与竖向结合的集中方式

高层客房楼附带裙房的方式是普遍采用的集中布局方式，既有交通路线短、紧凑、经济的特征，又不会使空间局促。因旅馆规模、等级、基地条件的差异，裙房公共部分的功能内容、空间构成有许多变化。

3. 分散与集中相结合的布局

市郊旅馆基地面积较大或对客房楼高度有某种限制时，常采用客房楼分散与集中相结合的总体布局方式。

13.2.3　旅馆的主要交通流线分析

旅馆的主要交通流线包括客人流线、工作人员流线、货运流线等，客人流线又分为住宿客人流线、宴会客人流线、外来消费散客流线等三种。根据客人的活动特点又可以细分为入住流线、餐饮流线、康乐流线、会议流线等。

住宿客人流线主要是主入口—大堂(总服务台、休息区)—客房电梯、楼梯—客房—餐饮或健身娱乐等，旅馆通常还会在主入口边设专供团体客车停靠的团体出入口，并设团体客人休息厅。大中型旅馆的宴会厅承担相当的社会活动功能，为避免宴会客人与住宿客人交叉，故需单独设宴会出入口和宴会门厅。

旅馆工作人员应从专用的出入口进出、打卡、更衣，由专用通道或服务电梯进入办公室、服务台、客房服务、宴会厅服务、厨房服务等岗位。员工流线要注重功能性、隐蔽性和便捷性，以提高工作效率，减少干扰。

大中型旅馆要有物品流线，其中布件进出量最大，食品也需每日补给，其流线应严格遵守卫生防疫部门的规定；大量垃圾的及时处理也是不可忽视的，从收集、分类、清洗或冷冻到处理的路线需避免对其他部门的干扰。

交通流线设计要优先考虑旅客活动流线，以大堂为交通枢纽，合理布置客人需要的各主要活动区域，并明确各区域的相互关系，使各流线顺畅便捷，有机结合，尽量减少客人流线与服务流线的交叉，同时体现主次关系和效率，确保安全疏散。

13.2.4　旅馆空间装饰设计的基本要求

1. 明确设计定位，注重人性化设计

旅馆的定位，如旅馆的类型、规模、等级、地理位置及周边环境、目标客户等，各不相同，其服务的群体就不同，旅馆的功能要求和装饰设计要求当然也就各不相同。旅馆装饰设计应明确设计定位，坚持以人为本，认真分析顾客的消费心理和消费需求，从整体格调到细节设计表现旅馆对客人的关怀，打造宾至如归的体验和情感共鸣，营造独具特色的文化艺术氛围，满足人们丰富的情感生活和高层次的精神享受。如有的旅馆不仅有大堂等公共区域，还有专门的无障碍客房，具备残疾人专用进出口、残疾人专用厕位等，以更好地服务残障宾客。

2. 合理组织室内空间

旅馆的室内空间布局应与其管理方式及服务特色相适应，按照各功能空间的特点及相互关系合理布局，并采用有效的空间分隔与联系方法，灵活分隔限定出不同的公共空间和私密空间，并以过渡空间联系构成各种需要的空间组合，做到功能分区明确、联系方便、分隔恰当，保证客房及公共部分具有良好的居住和活动环境。室内交通流线尽可能减少交叉或干扰；有足够人流集散、停留的空间，各种流线均需醒目、方便快捷。

入口、门厅以及景观廊等是旅馆空间序列中的序曲，主要用于连接室内外空间，首要功能是连接、引导和暗示。良好的入口空间处理可以使室内空间与周围环境相融合，位于自然风景优美地区的度假旅馆对此要求尤为突出。

大堂、中庭等公共空间是旅馆的公共活动中心，也是交通中心，多采用动态的、共享的开敞式空间，空间分隔尽量采用象征性分隔以及局部分隔等，通过虚拟空间的构建以保证整体空间的完整性，如图 13-3 所示。

图 13-3　酒店大堂空间

宴会厅、会议室、餐厅、酒吧、咖啡厅、水疗馆、歌舞厅等提供会议、餐饮、娱乐、休闲服务的公共空间(图 13-4)，一般要相对独立成区，既要与门厅、大堂、中庭等交通枢纽空间联系方便，又要与客房保持便捷的交通联系，以更好地服务住宿客人。宴会厅、会议室以及对外营业的餐饮空间尽量位于相对独立的区域，以减少对住宿客人的影响和流线交叉。

图 13-4　旅馆公共服务空间

(a)旅馆内餐厅；(b)旅馆内水疗室

客房部分的私密性要求较高，应采用封闭的静态空间形式，以保证安静的住宿环境。

在各功能空间的联系中，过厅、走道、电梯楼梯（厅）、庭院等过渡空间不可或缺，主要发挥空间联系、交通引导疏散等作用，如图 13-5 所示。

(a) (b)

图 13-5 旅馆内的过渡空间

(a)过厅；(b)入口处的过渡空间

3. 突出个性，提升内涵

在日益激烈的市场竞争下，旅馆的装饰特色往往成为旅馆的标志，可以强化旅馆的品牌效应。因此，旅馆装饰设计要结合酒店经营特色等形成个性突出、新颖独特的设计立意，还应充分反映当地的自然和人文特色，重视民族风格和乡土文化的表现，提升旅馆空间的文化内涵。如图 13-6 所示，潍坊铂尔曼酒店以风筝为设计主线，结合现代设计手法巧妙融入风筝的艺术形象，很好地表现了风筝之都——潍坊的地域文化特色，丰富了酒店的文化内涵。旅馆设计的个性化追求在一定程度上促使了主题酒店的兴起。

图 13-6 潍坊铂尔曼酒店

4. 坚持绿色环保的设计原则

顺应“双碳”时代下的绿色发展理念，在旅馆装饰设计中应从室内采光、照明设计、空调通风、装饰材料的选择等方面进行节能设计，尽可能选用环保材料，减少能源消耗，保护生态环境，尤其是位于风景区的旅馆，应尽量减少对当地环境的影响。

学习情境 3　旅馆建筑装饰设计技能训练

<table>
<tr><td>工作任务描述</td><td colspan="2">某旅馆大堂、客房设计，其他条件按实际项目或业主实际要求</td></tr>
<tr><td rowspan="5">工作过程建议</td><td>学生工作</td><td>教师工作</td></tr>
<tr><td>步骤 1：分析项目任务，分析设计条件和业主要求，分析旅馆大堂、客房装饰设计优秀案例、相关设计规范等</td><td>设计指导、过程控制</td></tr>
<tr><td>步骤 2：初步构思，绘制一草方案；讨论修改，绘制二草方案</td><td>设计指导、过程控制</td></tr>
<tr><td>步骤 3：绘制设计方案图，方案讲评</td><td>设计指导、过程评价</td></tr>
<tr><td>步骤 4：设计并绘制施工图，讲评</td><td>设计指导、成果评价</td></tr>
<tr><td>工作环境</td><td colspan="2">学生知识与能力准备</td></tr>
<tr><td>实际项目考察、教学做一体化教室（多媒体、网络、电脑、工作台）、专业图书资料室</td><td colspan="2">具备旅馆空间装饰设计的基本知识，具备装饰方案设计与图纸（含效果图）表达能力、装饰工程设计与图纸绘制（施工图）能力、计算机辅助设计的基本能力</td></tr>
<tr><td>预期目标</td><td colspan="2">能够构思设计旅馆大堂、客房空间，灵活运用设计要素和各功能空间设计要点，方案构思新颖，设计合理，方案图表达准确美观，施工图设计深入规范，材料及构造运用合理，计算机辅助设计相应能力进一步提高</td></tr>
</table>

知识要点

13.3　大堂装饰设计

大堂是指旅馆的大厅，不仅有接待功能，还具有社交、休闲和交通功能。主要功能区有门厅、总服务台、休息区、大堂副理、大堂吧以及商店（精品商店、特产商店、花店等）等，有条件的还可设前厅或分门厅，还要有足够的交通疏散空间及缓冲停留空间如图 13-7 所示。大堂是旅客对旅馆获得第一印象的主要场所，是旅馆空间装饰设计的核心之一。

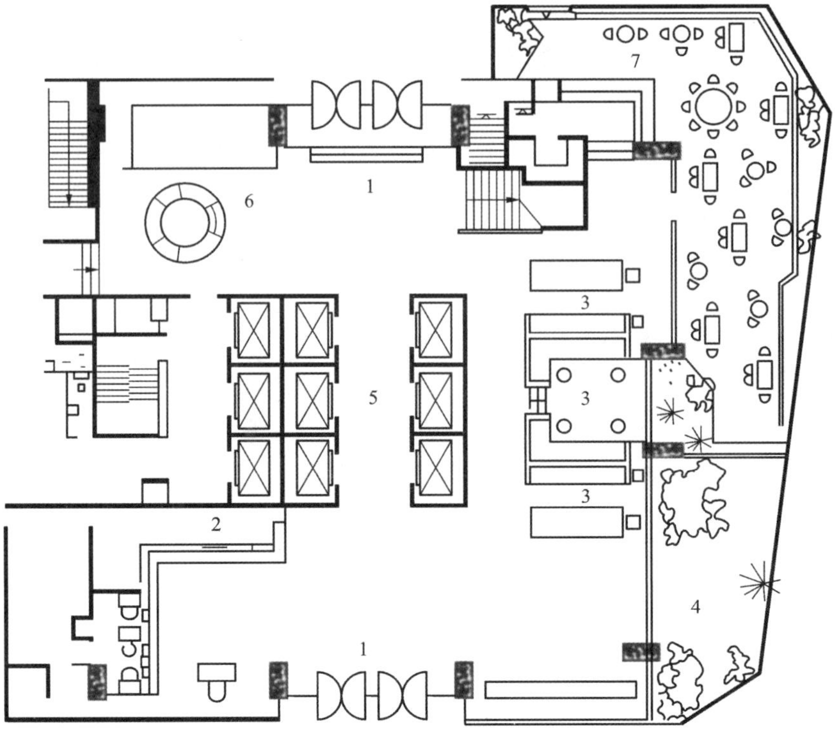

图 13-7　旅馆大堂实例(1)

1—入口;2—总服务台;3—休息区;4—内庭花园;5—电梯厅;6—商店;7—酒吧

13.3.1　大堂装饰设计要点

1. 大堂的面积

大堂的面积取决于旅馆的规模和级别,一般应与整个酒店的客房总数成比例。大型旅馆为满足社交需求,创造独特豪华的氛围,通常会扩大大堂的空间,增加休息区面积和大堂吧、精品店等内容。

在规划大堂面积时还要考虑后勤服务的辅助空间,如设备用房、消防安全用房、办公用房等,以上这些面积被称为“后线面积”,公共区域和“后线面积”的分配十分重要,主要取决于旅馆的整体规模和设备用房的规划。

2. 大堂空间组织与交通流线

大堂功能复杂,各功能区既要相对独立、减少干扰,又相互联系,成为一个整体(图13-8)。因此,大堂空间应开敞流动,人们的视线应不受阻隔,能对各个组成部分一目了然。各功能空间的分隔与限定既要分区明确,又要似隔非隔,隔而不断,多采用虚拟的母子空间形式。度假旅馆的大堂应尽量开敞,加强室内外景观的相互融合,以获得良好的观景视角。大堂作为通往旅馆公共空间和客房的交通集散中心,交通流线要清晰,导向明确,减少人流交叉。乘客电梯厅的位置应方便到达,不宜穿越客房区域。常见的大堂布局形式如图 13-9 所示。

3. 大堂空间环境设计

大堂空间体量较大,大堂的空间环境及风格应与酒店的定位及类型相吻合,能够体现旅馆的性质和特色,形成完整统一的空间效果。常用的设计方法有:

图 13-8　大堂空间

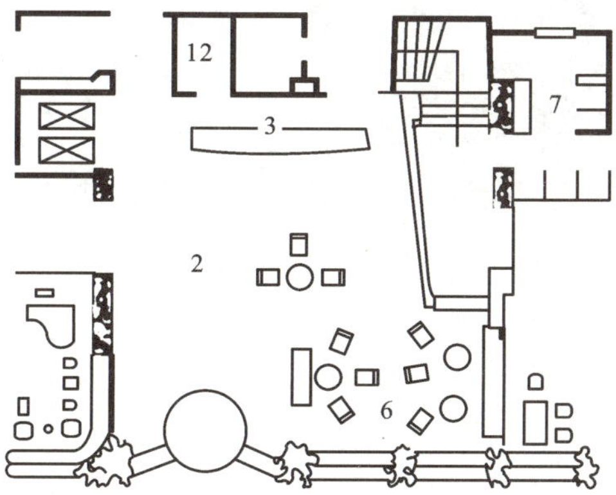

非对称式布置

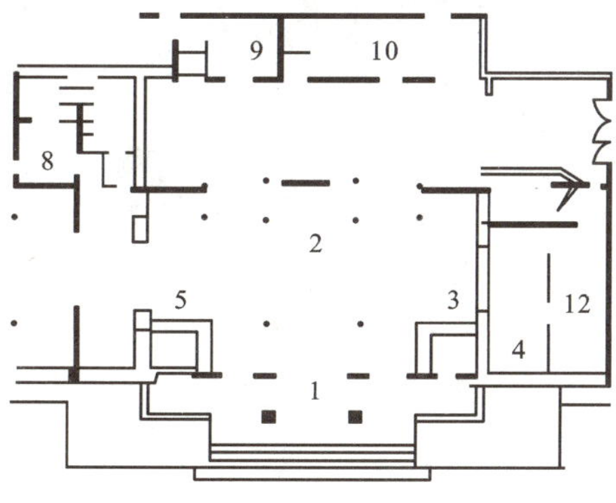

对称式布置

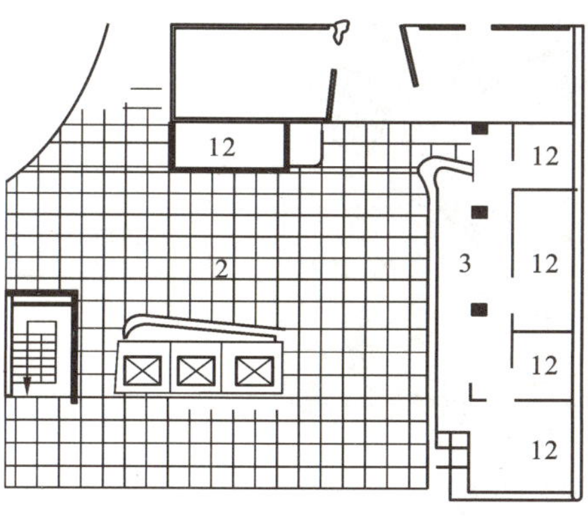

服务台位于一侧

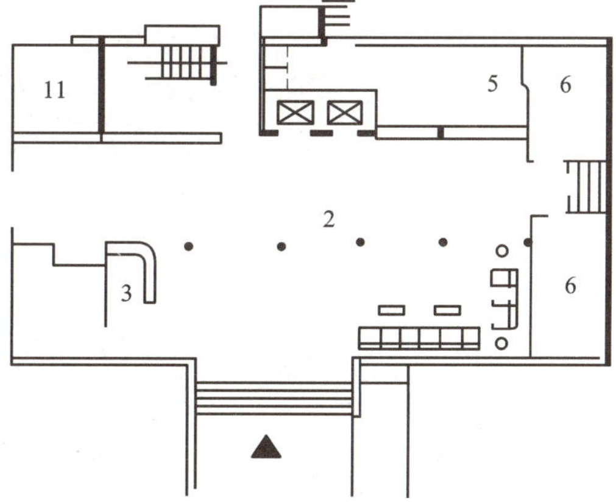

服务台位于正面侧

图 13-9　旅馆大堂实例(2)

1—门厅；2—大厅；3—接待处；4—衣帽间；5—小卖部；6—休息厅；7—电话间；
8—厕所；9—行李间；10—会议室；11—邮电；12—办公室

(1)注重与周围环境相结合。充分利用借景与造景手法,将室外景观引入室内,促进室内外环境的融合,丰富空间层次和视觉效果。

(2)注重对地域特色及文化传统的吸收与表现,营造有文化内涵和艺术品位的大堂环境。

(3)遵循变化与统一的美学原则。如利用相同的装饰母题或材料等贯穿大堂空间,成为整个空间的主线,从而获得既变化丰富又协调统一的空间感受。如香山饭店的大堂,借鉴中国传统造园手法,在室内外环境中塑造园林景观,并利用门洞和漏窗,相互借景,丰富了视觉效果和空间层次(图 13-10)。并以灰色的"○"和"◇"图案为装饰母题,贯穿整个建筑,形成了协调统一的艺术形象(图 13-11),极具中国江南园林的韵味。

图 13-10 香山饭店的漏窗

图 13-11 香山饭店大堂内的装饰

(4)营造视觉中心。大堂空间形态多变、内容丰富,动态因素多,通过视觉中心的营造,可以加强空间的整体性和统一感。作为视觉中心的景点,不但设计要有特点,同时也要和大堂空间体量以及尺度相协调。通常可以将入口正对的墙面,以大型壁画、浮雕或设置总服务台等作为视觉中心;也可以在大堂中央位置设置景观、放置花台、设置大型吊灯或悬吊装饰等形成空间的视觉中心(图 13-12)。大堂内如设有旋转式楼梯,则更易成为空间的视觉中心。

图 13-12 常州香格里拉大酒店大堂

大堂应营造出高贵、典雅、华丽的环境氛围,其界面设计以简洁为宜,墙地面应采用高级的装饰材料,通常采用天然石材,造型简洁,重点表现材料的自然美感。顶棚应结合照明设计,营造富丽、奢华的效果。家具与陈设应结合功能需要、设计主题、风格等,选择质地优良、做工精巧的家具，陈设应选择能够帮助强化风格，烘托艺术氛围的艺术品或实用性陈设，同时注意利用绿化景观丰富空间效果。

13.3.2　大堂各功能空间的设计要点

1. 大堂入口设计

大堂入口作为内外空间的衔接，应根据当地气候条件、等级及经营特点设置数量与位置。主要出入口位置要醒目，通过空间引导和标识引导旅客直接到达门厅。入口处应设置雨篷等作为室内外空间的过渡，必要时可以设前厅，加强室内外的过渡。中高档旅馆应在主要出入口设置无障碍出入口，应考虑机动车上下客的需要，并根据使用要求设置单车道或多车道，如图 13-13 所示。

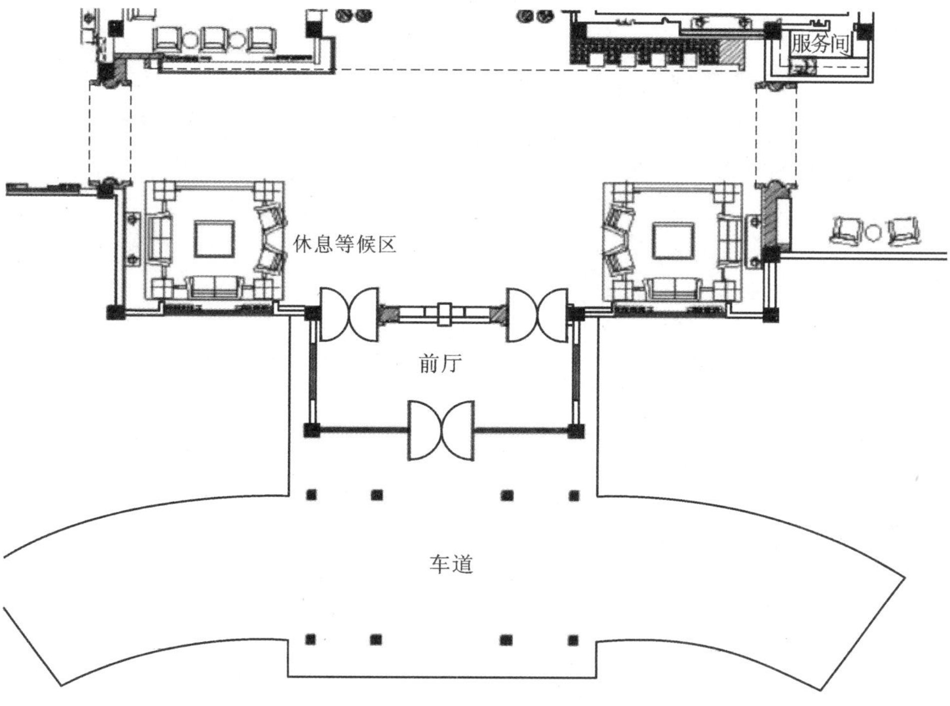

图 13-13　酒店入口实例

大堂的大门既要便于客人进出，又要便于行李进出，同时要求能防风，减少空调冷气外逸。一般旅馆常采用自动推拉门，利于防风；中高档旅馆常设置旋转门，尤其适合寒冷地区的旅馆，可防寒风侵入门厅，减少能源损耗，但携带行李出入不便，通行能力较弱，因此常在两侧设置弹簧门便于大量人流和行李出入。也有的旅馆设双道门或者加风幕，来防止空调冷气外逸。

2. 接待服务区

接待功能是大堂的主要功能之一，主要包括总服务台、大堂副理办公席、行李寄存处、前台办公室等功能区，如图 13-14 所示。

总服务台的位置应醒目、交通路线简捷，以便客人迅速办理各种手续。通常设置在入口对面或一侧，其形式应与旅馆建筑的管理方式、等级、规模相适应。服务台前应有足够的等候空间，前台办公室宜设在总服务台附近。服务台背景墙应重点设计，必要时可以与服务台共同构成大堂的构图中心。大堂副理是酒店总经理的代表，为一些重要的客人提供服务，如接受咨

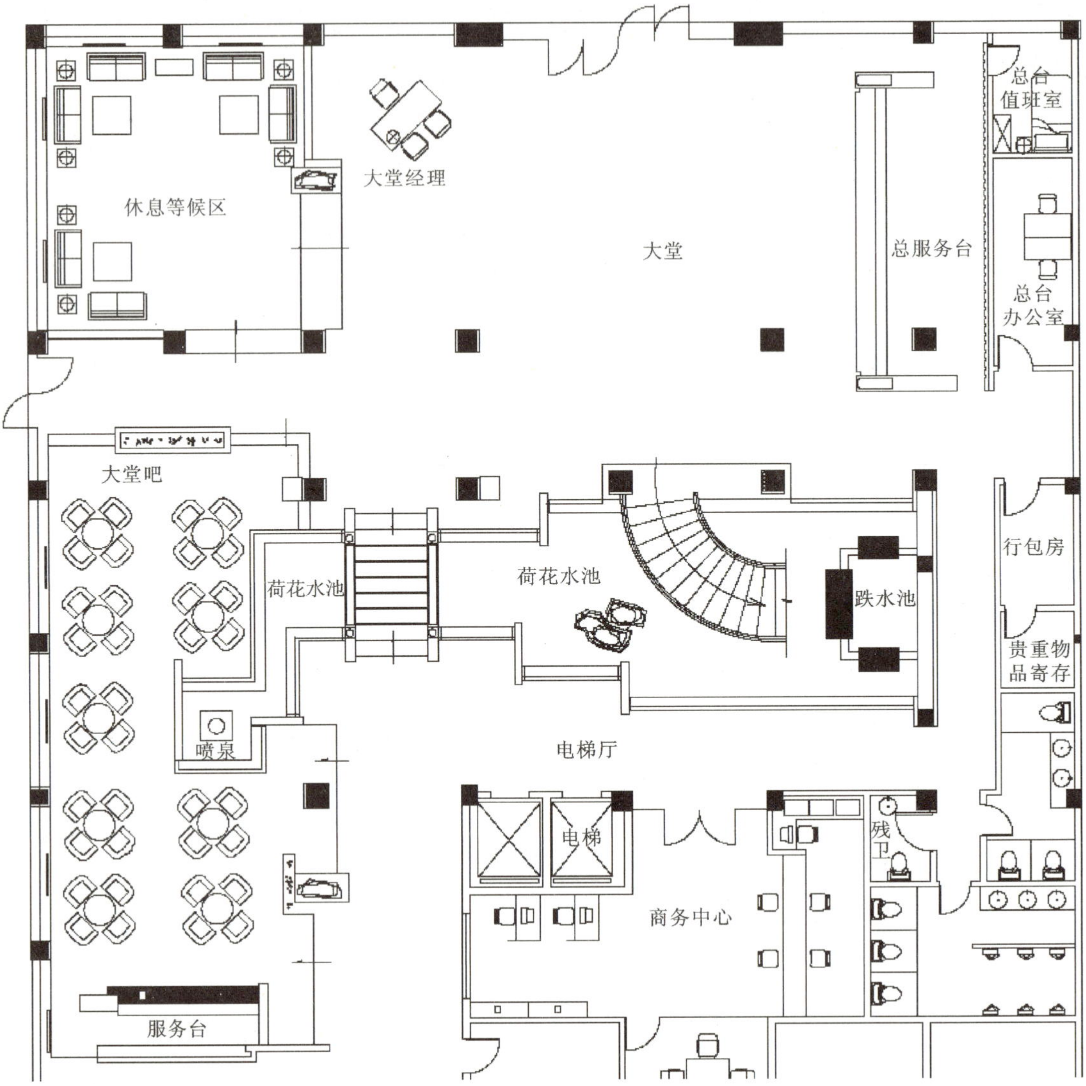

图 13-14　旅馆大堂实例

询、接受并处理客人的投诉、帮助客人解决困难、督导检查大堂工作情况等。其办公席一般设置办公桌椅和接待座椅，位置一般在总服务台附近，如图 13-15 所示。

图 13-15　某旅馆大堂副理办公席

3. 大堂休息区和大堂吧

休息区是大堂的主要功能区，休息区一般由沙发、休息座椅、茶几等组成。休息区相对独立布置，避免人流的穿插，尽量减少对休息区的干扰，同时注意避免休息者彼此之间的影响。

休息区作为大堂的一部分，为了保证大堂的整体性，一般采用具有虚拟空间特征的子空间形式，因此，休息区的空间分隔与限定尤为重要，常用的方法有：

(1)采用低矮的栏杆、矮墙、隔断等分隔空间，这类隔断的高度，应充分考虑人们坐视时的空间感觉，力求体现似隔非隔、隔而不断、交融渗透、形式灵巧的原则。

(2)通过水平界面标高及材质变化分隔限定空间。如局部降低吊顶来限定空间，近似的方法还有：在子空间上部设置不同造型的“屋顶”或“檐口”，或在子空间上部支起“伞罩”或下垂“幕罩”等，或者采用抬高或降低地面标高、改变地面材料及色彩，如地台空间、局部铺设地毯等方法限定空间。

(3)利用家具以及陈设、绿化等围合限定空间，如悬吊的灯具或装饰物等象征性分隔空间，利用绿色植物陈列分隔限定空间等(图 13-16)。

大堂吧是大堂内提供冷热饮服务的休闲区，可满足休息、社交等功能需求，需独立设置，自成一区，如图 13-17 所示。其空间分隔的方法与休息区相同，但空间限定更加明确。大堂吧内常设钢琴等音乐表演区。

图 13-16 文华东方酒店休息区

图 13-17 大堂吧

4. 中庭

中庭是旅馆内的共享空间(亦称波特曼空间)，可以视为大堂空间的扩展，有的旅馆将中庭作为旅馆的中心，成为旅馆空间序列的高潮部分。中庭内常见的功能空间有咖啡座、酒廊或茶吧以及音乐台、平台餐厅、小商亭、花店等。

中庭空间注重与其周围空间的互相流通、渗透、穿插，可以形成丰富多变、生动活泼的动态空间，如图 13-18 所示。可利用顶部采光，常将自然景观引入室内，通过光影变化塑造千变万化的视觉效果，使中庭显得明快亲切，生机勃勃，有自然的韵味。结合尺度宜人的咖啡座或茶吧等功能区，既可使人感受大空间的宏观，又有小空间的亲切安定感。

5. 其他功能空间

大堂其他功能空间有多种，如电梯厅、公共卫生间、商务中心、精品或礼品店、花店、书店、汇兑处等。电梯厅及楼梯的位置要明显，交通便捷，有足够的面积作为等待停留区域。公共卫

图 13-18　酒店中庭空间

生间位置应隐蔽，避免直冲大堂。卫生间应设前室，高档旅馆的男女卫生间应分别设前室。电梯厅、卫生间也是大堂形象的反映，应在大堂总体格调下精心设计，可适当作界面装饰，设置装饰陈设及绿化，增添艺术氛围，如图 13-19、图 13-20 所示。商店等辅助空间布局应适当，不必过于暴露，切忌喧宾夺主。

图 13-19　电梯厅

图 13-20　大堂公共卫生间前室

13.4　客房装饰设计

13.4.1　客房的种类和面积标准

1. 客房的种类

客房一般分为以下几类：

(1)标准间：放置两张单人床的房间，是最普遍采用的形式，如图 13-21 所示。

(2)单人间：放置一张单人床的房间。一般数量较少，面积也较小，适合出差或旅游的单身宾客。

(3)大床间:放置一张双人床的房间,适合旅游度假的夫妻或单身宾客居住。

(4)三人间:放置三张单人床的房间,属于经济型客房。多用于普通旅馆或招待所,高档酒店不设此类房型。

(5)套间:套间是指除卧室外,还有其他房间的客房类型。一般其他房间包括餐室、酒吧、客厅、办公或娱乐等房间,也有带厨房的公寓式套间。至于是二套间、三套间还是四套间则由旅馆及客房的等级和规模来决定。

(6)总统套房:是旅馆最豪华的套房,通常由 5 间以上的房间组成,多则可达 20 间,主要有男女主卧、会议室、卫生间、起居室、书房、厨房、餐室、警卫室、随从室、娱乐室等,房间装饰要富丽豪华,设备用品考究,艺术陈设名贵。总统套房价格昂贵,一般三星级以上的酒店才会设置。

旅馆中一般以布置两个单人床位的标准客房最多,客房标准层平面也常以此为标准,确定开间和进深。标准客房的单人床可以设置成一大一小,以满足一些中国家庭的需要。套间也常以二或三标准间连通,或在尽端、转角处常可划分出不同于标准间大小的房间作为套间。

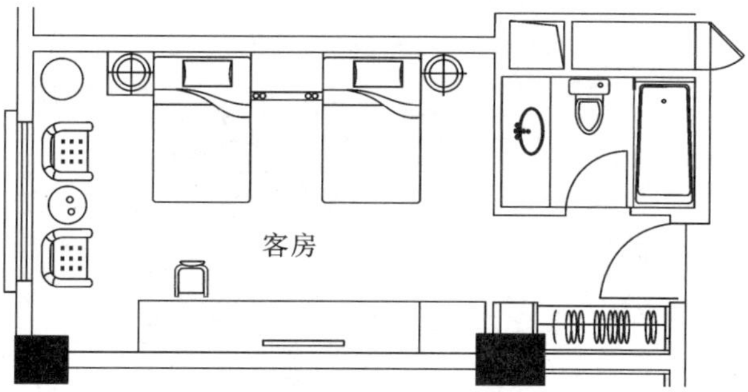

图 13-21　客房标准间平面布置图

2. 客房的面积标准

客房的净面积不应小于表 13-2 的规定。这里的净面积是指除客房阳台、卫生间和门内出入口小走道(门廊)以外的房间内面积(公寓式旅馆建筑的客房除外)。

表 13-2　客房净面积(m^2)

旅馆建筑等级	一级	二级	三级	四级	五级
单人床间	—	8	9	10	12
双床或双人床间	12	12	14	16	20
多床间(按每床计)	每床不小于 4			—	—

13.4.2　客房的家具设备

客房内的家具主要包括床、床头柜、写字台、化妆台、凳椅、行李架、衣柜(壁柜)、休息座椅(或沙发)与小茶几等,还有电视机、保险箱、冰箱、电话等设备。床头柜常装有电视机、音响、照明等设备的集中开关,而写字台、化妆台、行李架及冰箱常常做成组合柜形式。家具的款式、材质应相对一致,并结合织物等陈设,形成协调统一的效果。

客房常用的家具尺寸(单位:mm):

单人床:1000×2000,1200×2000;床高 450(不包括床头高度)。

双人床：1500×2000，1800×2000，2000×2100；床高 450（不包括床头高度）。

床头柜：通常为 500×450，高 450 左右。

衣柜：常见尺寸为（1500～1800）×（550～600），高 1800～2000，或根据房间吊顶高度确定。

行李架：宽 450～500，高 400～450。

写字台（梳妆台）：常见尺寸为（1100～1300）×（500～600），具体可根据房间大小变化，高 750 左右。

13.4.3　客房装饰设计要点

客房是旅馆的主体部分，是旅客住宿的场所。旅客来自四面八方，住宿需求、生活习惯等都不尽相同，因此，客房设计应做到形式多样、风格多样。

客房装饰设计首先满足功能要求，按不同的使用功能可以把客房分成若干个区域，如：睡眠区、盥洗区、休息区、工作区等。在进行布局设计时，则应使各个区域既有分隔又有联系（图 13-22）。

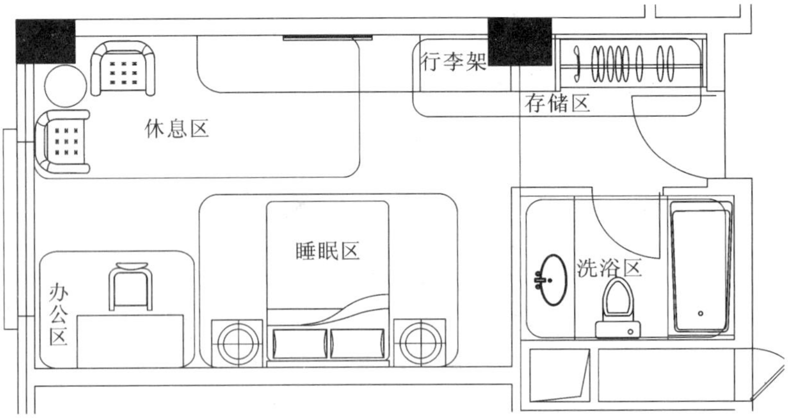

图 13-22　客房功能分区

客房的室内装饰应以宁静淡雅、低调奢华为原则，给旅客营造一个温馨、安静、舒适的环境，并适当表现当地的地域文化特色，或设计各种特色的主题客房，如动漫人物客房、音乐客房、海底世界客房、太空客房等，以满足宾客的个性化需求。同时，增加客房的文化艺术氛围，提升文化品位。

客房界面装饰以简洁为宜，切忌烦琐，客房的地面一般用地毯或木地板，墙面、顶棚应选用耐火、耐洗的墙纸或涂料，可结合床头设计做墙面造型或装饰，以形成房间的视觉中心，如图 13-23 所示。

客房内的家具布置应以床为中心，床一般靠避开房门的墙面布置。床对面及其他位置布置行李架、办公桌椅（兼梳妆台）及休息沙发、座椅等。家具的风格款式应与房间整体风格协调统一。

陈设宜精不宜多，重点在于织物的选择。织物在客房中运用较多，有床罩、窗帘、地毯、沙发面料、椅套、台布等，还可以用织物装饰墙面。一般说来，在同一房间内织物的品种、花色不宜过多，但由于用途不同，面料质地也略有不同，如沙发面料一般厚实、耐磨，床罩柔软细腻、触

图 13-23　客房墙面装饰

感舒适，窗帘应垂感好、遮光好。设置多层窗帘时，应选择花纹与图案相协调的面料。除必要的实用性陈设外，可适当陈列摄影作品、装饰画、花瓶等装饰性陈设，以提升客房的艺术品位。

13.4.4　客房内的照明

客房照明一般有整体照明、局部照明和装饰照明三种形式，但不一定三种照明形式都同时使用。从照明的位置可以分为：顶部照明、床头照明、台面照明、休息区照明、衣柜照明、夜间照明以及卫生间照明等。

顶部照明一般设在房间顶部中央或平均分布，提供房间的整体照明。过道处的顶部照明为房间入口、卫生间入口以及壁柜处提供整体照明，有的客房会在过道踢脚处设置地灯，以提供夜间照明。

床头照明为床上阅读等活动提供充足的光线，同时应注意其照射角度不应干扰同房的其他客人休息，多采用床头壁灯，其高度应大于人端坐床上时的头部高度，一般不小于 900mm，以避免碰头。

休息区的照明可采用可移动的地灯，方便客人来回移动，满足各种需要。写字台上设置台灯，以满足办公书写的要求。写字台兼有化妆功能时，可在化妆镜前设置镜前灯。

13.4.5　客房卫生间的设计

卫生间的设计已成为客房等级的重要标志之一，因此客房中的卫生间是客房设计中的重要内容。

1. 卫生间面积标准

客房卫生间分级标准要求见表 13-3。

表 13-3　客房附设卫生间分级标准要求

旅馆建筑等级	一级	二级	三级	四级	五级
净面积(m^2)	2.9	3.0	3.0	4.0	5.0
占客房总数百分比(%)	—	50	100	100	100
卫生器具(件)	2		3		

2. 卫生间的设备设置

卫生间的主要设备包括浴盆、淋浴器、坐便器、洗面盆以及冲洗器等。要求高的卫生间可将盥洗、沐浴、如厕分隔设置，如图 13-24 所示。

图 13-24　客房卫生间示例

洗面盆通常和石材或人造石材等宽台面结合布置，配大镜子使之兼有化妆和梳洗的功能，安装高度应考虑到站立洗漱的需要。另配毛巾架、吹风机等设施。浴盆和淋浴可以分别设置，也可以结合布置，中低档旅馆可以不设浴盆只设淋浴间。浴盆多采用陶瓷浴盆，也可以结合旅馆设计风格采用木质浴桶等，要求高的可以设置冲浪浴盆等。便器基本上以坐便器为主，另在适当位置配卫生纸盒等。

3. 设计要点

卫生间的墙地面应采用防水材料，地面还应该注意防滑。顶棚多采用铝合金扣板等轻质防潮的吊顶材料。

卫生间内色彩应以清新淡雅、彩度较低的色调为主，通常多采用白色或偏蓝绿的冷色调。卫生间内设备和界面常采用相同或相近的色彩，给人以整体感。若色彩过多会使人感到视觉刺激太强，造成不舒适感。

客房卫生间大多不能对外开窗，卫生间的采光主要是人工照明，一般以顶部照明为整体照明，同时在镜面上方设置镜前灯提供局部照明。由于各种设施及墙面均较光滑，易产生眩光，一般采用扩散型灯具、半间接型灯具或间接型灯具。卫生间照明要求有良好的显色性和光色，照度应满足相关规范的要求。同时应设置良好的排风系统，及时排出卫生间内的浊气和湿气，营造一个温湿度适宜的洁净清新的室内环境。

项目小结

<table>
<tr><td rowspan="6">项目考核</td><td>考核内容</td><td>成果考核标准</td><td>比例</td></tr>
<tr><td>旅馆空间认知</td><td>旅馆空间的功能要求和各功能空间的相互关系分析全面，功能分析图表达准确</td><td>10%</td></tr>
<tr><td>旅馆空间装饰设计案例分析</td><td>旅馆空间装饰设计的原则和依据分析到位，各功能空间设计要点案例选择恰当，分析全面，PPT 制作认真</td><td>10%</td></tr>
<tr><td rowspan="3">旅馆建筑装饰设计技能训练</td><td>立意准确，构思新颖，功能布局合理，空间组织设计方法运用恰当、其他各设计要素运用合理，风格突出，总体协调</td><td>40%</td></tr>
<tr><td>方案图表达准确、美观；图示规范</td><td>20%</td></tr>
<tr><td>施工图绘制符合制图规范和施工图深度要求，CAD 运用熟练</td><td>20%</td></tr>
<tr><td rowspan="3">项目评价</td><td>教师评价</td><td></td><td>50%</td></tr>
<tr><td>项目组互评</td><td></td><td>30%</td></tr>
<tr><td>内部评价</td><td></td><td>20%</td></tr>
<tr><td>项目总结</td><td colspan="3">师生共同回顾本单元项目教学过程，对各个学习情境的表现与成果进行综合评估，找出各自的得失及提出改进措施</td></tr>
</table>

附件

项目驱动教学实施的建议

1. 项目教学实施环境建议

1.1 教学环境

模拟设计工作室的“教、学、做”一体化教室，要求每生一台电脑，满足 CAD、3DMAX 等相关专业软件运行的需要，并有一定数量的专业绘图桌，满足手绘训练需要；网络、多媒体设备运行良好；配备相关专业设计规范、设计资料、设计书籍等。图书馆应满足相关资料查询、专业书籍借阅等需要。

1.2 教学资源

积极开发和利用网络资源，充分利用电子书籍、电子期刊、数字图书馆、专业设计网站或论坛等网上信息资源，为学生提供丰富的学习资源。加强校企合作和校外实训基地的开发利用，为学生提供更多的参观、真题真做等实践机会，接受企业资深设计人员或专家的指导。

1.3 师资队伍

本课程综合性强，教师必须具备较高、较全面的专业素养和专业技能，有一定的专业实践经验和设计素养，同时应聘请装饰设计公司的专业资深设计师来进行交流指导。

2. 项目教学组织形式的建议

建议采用模拟公司项目组的工作模式，由 3～5 名学生组成项目组，由综合素质较高的学生担任组长，负责组织活动、分配任务、协调工作等，其他同学根据个人特点有针对性地选择工作岗位（如 CAD 施工图设计与绘制、电脑效果图、手绘效果图等），还可以在不同项目中转换岗位。既使学生学有所长，又培养了团队合作精神，更有利于构思创意时集体智慧的迸发。

3. 项目教学实施步骤和方法建议

序号	工作任务	活动设计	
1	熟悉工作流程和设计程序	通过多媒体演示或参观，了解装饰企业在参与居住和公共空间装饰工程设计投标时的工作流程和设计程序	
2	设计准备阶段	熟悉设计任务书	下发设计任务书，指导学生认真研究设计任务书，熟悉任务要求，明确完成任务所需要的专业知识与技能 指导学生读懂建筑施工图，理解建筑师的设计意图
		咨询、洽谈	与业主洽谈，进一步明确设计任务，包括物质要求和精神要求，如使用性质、功能特点、设计规模、等级标准、总造价和所需创造的环境氛围、艺术风格等（真实项目了解业主实际情况，虚拟项目由学生或老师进行角色扮演）
		现场勘查	现场勘查房屋布局、建筑结构、管道设备、门窗位置等，进行必要的细部尺寸测量并绘制图纸（真实项目到实地测量，虚拟项目由老师提供模拟演练场所）
		搜集资料，分析案例	通过参观调研或利用网络、图书馆资料等搜集相关设计规范、设计案例等，并加以分析，熟悉相关设计规范的内容，理解相关设计项目的设计要求和方法

3	方案设计阶段	方案构思	根据设计条件与要求，进行方案立意与构思，通过多次草图的比较、整合、优化，完成至少两个初步方案，包括平面功能布局、室内空间组织及家具布置等，绘制方案草图（含局部效果图），阐述设计立意
		方案比较与深化	进行方案比较，修改、深化初步方案，完成方案图（含主要空间效果图）绘制
		方案讲评	分组讲解设计方案，听取其他各组意见，对设计方案进行调整修改，绘制出最终设计方案
4	施工图设计阶段	装饰施工图设计与绘制	根据最终方案，在专业机房以小组为单位独立完成CAD施工图设计与绘制，要求达到施工图设计深度，制图规范
		施工图讲评	详细介绍讲解施工图，分别说明各部位的材料与做法

4. 项目成果考核标准的建议

工　序	主要考核内容	标　准	比　例
设计准备阶段	调研资料、设计规范、设计案例	态度积极、资料内容翔实、案例分析准确	10%
方案图设计阶段	一草方案	立意准确，构思巧妙，平面功能布局基本合理	10%
	二草方案	功能布局、空间组织、界面造型与装饰材料选择、家具与陈设配置、色彩设计、灯光设计等方面基本合理，风格突出，总体协调	10%
	方案图	方案图内容和设计深度符合相关规范要求，图面美观，效果图透视正确，空间关系、环境氛围等表达准确	20%
施工图设计阶段	施工图	材料使用与构造设计正确，构造节点表达准确，CAD运用熟练，施工图绘制符合制图规范和施工图深度要求	40%
展示与评价	讲评	思路清晰，表述准确，重点突出	10%

参考文献

1.张绮曼. 室内设计的风格样式与流派. 北京:中国建筑工业出版社,2000.

2.彭一刚. 建筑空间组合论. 北京:中国建筑工业出版社,1983.

3.张月. 室内人体工程学 .2 版 . 北京:中国建筑工业出版社,2005.

4.中国建筑学会室内设计分会. 全国室内建筑师资格考试培训教材. 北京:中国建筑工业出版社,2003.

5.潘谷西. 中国建筑史 .4 版. 北京:中国建筑工业出版社,2001.

6. 来增祥,陆震纬. 室内设计原理. 北京:中国建筑工业出版社,1996.

7. 焦涛. 建筑装饰设计原理. 北京:机械工业出版社,2007.

8. 吴蒙友. 建筑室内灯光环境设计. 北京:中国建筑工业出版社,2007.

9. 田鲁. 光环境设计. 长沙:湖南大学出版社,2006.

10. 曹干,高海燕. 室内设计. 北京:科学出版社,2007.

11. 屠兰芬. 室内绿化与内庭. 北京:中国建筑工业出版社,2004.

12.陈希. 室内绿化设计. 北京:科学出版社,2008.

13. 刘玉楼. 室内绿化设计. 北京:中国建筑工业出版社,1999.

14. 高祥生. 现代建筑入口、门头设计精选. 南京:江苏科学技术出版社,2002.

15. 罗文媛,赵明耀. 建筑形式语言. 北京:中国建筑工业出版社,2001.

16. 张国崴. 建筑装饰设计. 北京:中国电力出版社,2007.

17. 邓宏. 办公空间设计教程. 重庆:西南师范大学出版社,2007.

18. 杰里米·迈尔森,菲利普·罗斯. 创新办公空间 . 张海峰,译. 沈阳:辽宁科学技术出版社,2007.

19. 郑曙旸. 公共空间设计. 乌鲁木齐:新疆科学技术出版社,2006.

20. 程瑞香. 室内与家具设计人体工程学. 北京:化学工业出版社,2008.

21.北京大苹果文化艺术有限公司. 居家故事. 北京:中国轻工业出版社,2002.

22.邓雪娴,周燕珉,夏晓国. 餐饮建筑设计. 北京:中国建筑工业出版社,1999.

23.吕辰. 国外最新样板间设计. 北京:中国建筑工业出版社,2003.

24.李茂虎. 公共室内空间设计. 上海:东方出版中心,2009.

25.李凤菘.家具设计.北京:中国建筑工业出版社,2005.

26.王乃霞. 室内色彩设计. 北京:化学工业出版社,2020.

27.陈根. 建筑设计看这本就够了. 北京:化学工业出版社,2019.

28.顾逊,薛刚. 商业空间设计. 北京:中国轻工业出版社,2021.

29.董君.酒店空间. 北京:中国林业出版社,2017.

30.编委会.顶级酒店空间. 北京:中国林业出版社,2013.

31.李壮.世博精品酒店. 北京:中国林业出版社,2017.

32.黄滢,马勇.主题酒店风格设计大观. 武汉:华中科技大学出版社,2015.